全国高职高专院校"十二五"规划教材（加工制造类）

机械设计基础项目化教程

主　编　包玉花　任仕伟

副主编　杨翠丽　杨景文　张超群　王复阳

中国水利水电出版社
www.waterpub.com.cn

内 容 提 要

本书从高职高专教育教学特点出发，以够用为度，介绍了机构运动与结构分析、传动件结构与运动分析、机构平衡与安全计算、机械零件设计与选择等。

本书系统性实用性较强，层次清楚，使用了大量图表，通俗易懂，可作为高等职业院校机电一体化技术专业、数控技术专业、机械制造及自动化等相关专业的教材，也可作为工程技术人员的参考书。

图书在版编目（ＣＩＰ）数据

机械设计基础项目化教程 / 包玉花,任仕伟主编.
-- 北京 ：中国水利水电出版社，2015.1
全国高职高专院校"十二五"规划教材（加工制造类）
ISBN 978-7-5170-2824-6

Ⅰ．①机… Ⅱ．①包… ②任… Ⅲ．①机械设计－计算机辅助设计－高等学校－教材 Ⅳ．①TH122

中国版本图书馆CIP数据核字(2015)第298615号

策划编辑：寇文杰/宋俊娥　　责任编辑：张玉玲　　封面设计：李 佳

书　　名	全国高职高专院校"十二五"规划教材（加工制造类） **机械设计基础项目化教程**
作　　者	主　编　包玉花　任仕伟 副主编　杨翠丽　杨景文　张超群　王复阳
出版发行	中国水利水电出版社 （北京市海淀区玉渊潭南路 1 号 D 座　100038） 网址：www.waterpub.com.cn E-mail:　mchannel@263.net（万水） 　　　　　sales@waterpub.com.cn 电话：（010）68367658（发行部）、82562819（万水）
经　　售	北京科水图书销售中心（零售） 电话：（010）88383994、63202643、68545874 全国各地新华书店和相关出版物销售网点
排　　版	北京万水电子信息有限公司
印　　刷	铭浩彩色印装有限公司
规　　格	184mm×260mm　16 开本　16 印张　408 千字
版　　次	2015 年 1 月第 1 版　2015 年 1 月第 1 次印刷
印　　数	0001—3000 册
定　　价	29.00 元

凡购买我社图书，如有缺页、倒页、脱页的，本社发行部负责调换

前　言

　　本书从高职高专教育教学特点出发，以够用为度，注重基础知识与技术应用之间的关系，在解决知识与技能、理论与实践、通用能力与专业能力的关系上进行精心的布置和安排，强调基础知识、基本技能在教学中的重要性。在选材上，本书渗透职业教育理念，体现以就业为导向，适应应用型、职业型人才培养需求。

　　本书系统讲述了机械设计的基础知识，包括从机械结构的受力分析到典型机构的应用和设计等，并且适当控制难度，讲解深入浅出，使学生获得一个完整的知识体系。在讲述机械设计基础的各个知识点时，力求简化理论推导，重点突出机械零件、机构的应用及其设计方法的介绍，并配有大量的图例。

　　本书由包玉花、任仕伟任主编，由杨翠丽、杨景文、张超群、王复阳任副主编。项目一由包玉花编写，项目二的任务一和任务二由陈美峰编写，项目二的任务三由任仕伟编写，项目二的任务四由王复阳编写，项目三的任务一由杨景文编写，项目三的任务二由郑学恩编写，项目四的任务一由杨翠丽编写，项目四的任务二由张超群编写。在本书编写过程中，编者引用了相关资料，在此向这些资料的作者致以诚挚的谢意。

　　由于编者水平有限，书中错误和不足之处在所难免，恳请广大读者批评指正。

编　者
2014 年 12 月

目 录

项目一　机构运动与结构分析

在各种机械中，原动件输出的运动一般以匀速旋转和往复直线运动为主，而实际生产中机械的各种执行部件要求的运动形式却是千变万化的，为此人们在生产劳动实践中创造了平面连杆机构、凸轮机构、螺旋机构、棘轮机构、槽轮机构等常用机构，这些机构都有典型的结构特征，可以实现各种运动的传递和变化。

知识要点：

- 平面四杆机构的结构分析、运动分析、受力分析
- 凸轮机构的结构分析、运动分析、受力分析
- 机构设计方法技能要求
- 绘制机构运动简图
- 结合实际加工设备分析机构运动情况和自由度计算
- 用图解法进行简单机构设计
- 机构创新与改进

任务一　剪切机平面机构运动与结构分析

【任务提出】

平面四杆机构是工厂中应用较多的一种机构。本任务通过剪切机中曲柄摇杆机构的引入介绍与其相关的平面四杆机构及判别方法，并讲述平面四杆机构的基本特性及在计算机上用图解法确定构件尺寸的主要方法，这些内容对其他机构的设计也有一定的参考作用。

【能力目标】

在计算机上用机械绘图软件确定平面四杆机构的主要尺寸，并能进行传动角等的检验。

【知识目标】

1. 能够判断平面四杆机构的基本类型，并掌握其工作原理。
2. 掌握急回特性、极位夹角、摆角、死点等概念。
3. 明确机构急回特性、传动角、压力角的作用。

【任务分析】

一、分析剪切机中的平面连杆机构

在图 1-1-1（a）的简易剪切机中，当构件 1 转动时通过构件 2 带动构件 3 摆动。构件 3 下面的刀剪断相关的物体，它的机构运动简图如图 1-1-1（b）所示。工厂中一些机器中的机构

都可以绘制成图 1-1-1（b）这样的机构运动简图。在这样的机构中，*AB* 构件作整周转动，通过 *BC* 构件 *CD* 构件作往复摆动。工程上将作整周转动的构件称为曲柄，作往复摆动的构件称为摇杆，而不与机架相连，在一般情况下作复杂运动的构件称为连杆，而把连接连杆与机架的构件称为连架杆。在这个机构中，由于连架杆中一个是曲柄，另一个是摇杆，因此人们把这种机构称为曲柄摇杆机构。从图 1-1-1 中可以看到，曲柄摇杆机构能把回转运动转换为往复摆动。

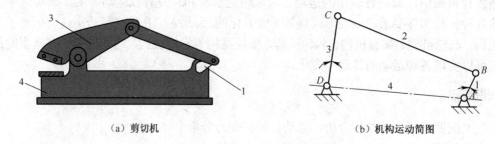

（a）剪切机 （b）机构运动简图

图 1-1-1　剪切机及其机构运动简图

二、确定剪切机中的主要数据

在设计平面连杆机构时，首先根据工作要求等情况确定一些构件的长度及相互位置，然后确定其他构件的主要尺寸，同时对传动角等进行校核，以确定设计是否达到运动、传动性能的要求。接着是根据构件所受的载荷进行必要的强度等方面的计算，绘制装配图进行结构设计，最后绘制零件图。因此平面连杆机构的设计第一步就是要确定各个构件的长度。确定各杆长度的方法有两种：一种是图解法，另一种是计算法。传统的图解法就是利用图板、丁字尺、三角板等作图工具在图纸上按比例把图画出来，然后量一下要求构件的尺寸、相关的角度等，有时候再稍加计算，就完成了相关参数的确定。这种方法容易学习和掌握，几何关系清晰，但求解的数据精度低，只能用于设计要求不高的机构中。计算法就是完全用计算的方法将要求的数据计算出来，它得到的结果精确，但计算复杂，花费的时间很多。由于计算机的出现和普及，工程技术人员现在已使用 AutoCAD、CAXA 等机械绘图软件在计算机上用图解法来确定平面机构的相关参数。在计算机上用图解法确定平面机构的相关参数，除了不用像传统的图解法那样按比例绘图外，而且作图更加快捷、方便。当作图时将绘图软件中的捕捉功能打开后，最后可得到与计算法一样精确的数据。因此在计算机上用图解法确定平面连杆机构的参数避免了传统图解法和计算法各自的不足，同时吸取了各自的长处，成为一种新颖的设计方法，值得其他图解法借鉴。为了便于理解与掌握，下面以图 1-1-1 所示的剪切机为例，叙述在计算机上用图解法确定平面连杆机构构件长度的方法。

在设计图 1-1-1 所示的剪切机时，首先根据剪切机的工作要求等情况确定摇杆 *CD* 的长度和位置、机架 *AD* 的长度（或曲柄回转中心 *A* 与摇杆摆动中心 *D* 之间的相互位置）。现根据工作要求等情况确定摇杆 *CD*、机架 *AD* 的尺寸及位置如图 1-1-2 所示。在计算机上用图解法确定曲柄 *AB* 的长度 L_{AB} 和连杆 *BC* 长度 L_{BC}，检验最小传动角 γ_{min} 的方法如下：

（1）打开计算机上的机械绘图，根据图 1-1-2 所示的尺寸用绘制直线、偏移命令绘出 *A* 点和 *D* 点，如图 1-1-3 所示。

（2）以 *D* 点为圆心，连杆长 260mm 为半径画圆弧 C_1 C_2；再从 *D* 点起绘制摇杆的两个极 DC_1、DC_2。

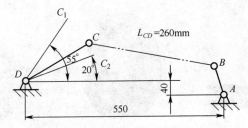

图 1-1-2 剪切机主要构件的尺寸与位置

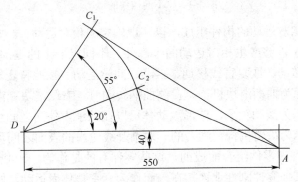

图 1-1-3 确定曲柄与连杆的尺寸

（3）连结 AC_1、AC_2，并用查询距离的命令查得 AC_1 的长度为 474.0206mm，AC_2 的长度为 331.7558mm。

（4）由于 AC_1 是连杆 BC 的长度 L_{BC} 和曲柄 AB 的长度 L_{AB} 之和，所以 $L_{BC}+L_{AB}=$ 474.0206mm；而 AC_2 是连杆 BC 的长度 L_{BC} 和曲柄 AB 的长度 L_{AB} 之差，所以 $L_{BC}-L_{AB}=$331.7558mm。求解方程组便得到曲柄 AB 的长度 L_{AB} =71.1324mm，连杆 BC 的长度 L_{BC} =402.8882mm。

（5）在图 1-1-2 上，以 A 为圆心，曲柄 AB 的长度 71.1324mm 为半径画圆，再连结 AD 并延长至 B''，与圆交于 B'、B'' 点。

（6）分别以 B'、B'' 点为圆心，连杆 BC 长度 402.8882 为半径画圆弧，与圆弧 C_1C_2 交于 C'、C'' 点。连结 $B'C'$、DC'、$B''C''$、DC''。

（7）在标注式样中将角度标注的精度设置为 0.000，然后用角度标注命令标注出 $\angle DC'B'$=90.216°，$\angle DC''B''$=138.825°，则该机构在 $AB'C'D$ 位置时的传动角 $\gamma_{1\min}$ =180°－90.216°=89.784°，在 $AB''C''D$ 位置时的传动角 $\gamma_{2\min}$=180°－138.825°=41.175°，故该机构的最小传动角 $\gamma_{\min}$=41.175°＞40°，满足机构传力性能的要求。

（8）由于 71.1324+551.4526=622.585mm，402.8882+260=662.8882mm 满足最短杆加最长杆长度之和小于其余两杆长度之和，且最短杆的邻杆为机架，所以设计的该机构确属曲柄摇杆机构。

【知识链接】

一、平面机构的结构分析

在各类机械中，为了传递运动或变换运动形式使用了各种类型的机构，如图 1-1-4 所示。

（a）曲柄滑块机构　　　　　（b）滚动轴承　　　　（c）齿轮机构

图 1-1-4　不同构件的运动

机构由具有确定相对运动的构件组成，以实现确定的相对运动。

机器中大都包含了能够产生相对运动的零部件，不同机器上的零部件的运动形式和运动规律具有多样性，如转动、往复直线移动、摆动、间歇运动、按照特定轨迹运动等。

图 1-1-4（a）所示为曲柄滑块机构，左侧曲柄转动时，右侧滑块在滑槽内作直线移动。

图 1-1-4（b）所示为滚动轴承，球形滚动体可以在轴承内外圈之间自由滚动。

图 1-1-4（c）所示为齿轮机构，啮合的一对渐开线轮齿的表面之间可以相互滑动。

任何机器都是由许多零件组合而成的，这些零件有的是作为一个独立的运动单元体而运动的，有的则需要与其他零件刚性地连接在一起作为一个整体而运动。如图 1-1-5 所示的连杆就是由多个零件组合而成的。

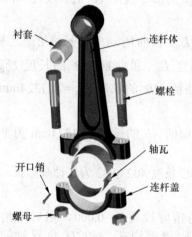

衬套　　　　　　　　　连杆体

螺栓

轴瓦

开口销

连杆盖

螺母

图 1-1-5　连杆

根据机器功能和结构的不同，一些零件需要固联成没有相对运动的刚性组合，成为一个独立的运动单元，这就是构件。

构件与零件的本质区别在于：构件是运动的基本单元，而零件是制造的基本单元。

一个构件中可以包含多个固联在一起的零件，一个单独的零件可以是一个最简单的构件。

二、平面运动副

（一）运动副的概念

1. 构件的自由度

构件的自由度——构件所具有的独立运动的数目，如图 1-1-6 所示。

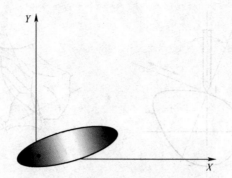

图 1-1-6　平面运动自由构件的自由度

2．运动副

运动副——由两个构件组成，既具有一定约束又具有一定相对运动的联接，称为运动副。两构件组成的运动副，是通过点、线或面接触来实现的。

按照接触方式不同，通常把运动副分为低副和高副两类。这两种运动副都是平面运动副，构件工作时主要作平面运动。如果构件可以在三维空间中运动，则构成空间运动副。

（二）运动副的类型及其特点

平面机构中，由于运动副将各构件的运动限制在同一平面或相互平行的平面内，故这种运动副也称为平面运动副。

根据构件间接触形式的不同，平面运动副可分为低副和高副。

1．低副

低副——两构件通过面接触组成的运动副。

根据两构件间相对运动形式的不同，常见的平面低副有转动副和移动副两种。

（1）转动副。

转动副——两构件间只能产生相对转动的运动副，又称回转副或铰链，如图 1-1-7 所示，分为固定铰链和活动铰链（中间铰链）。

（2）移动副。

移动副——两构件间只能产生相对移动的运动副，如图 1-1-8 所示。

图 1-1-7　转动副

图 1-1-8　移动副

2．高副

两构件通过点或线接触组成的运动副称为高副（如图 1-1-9 所示），常见的高副有凸轮副、齿轮副等。

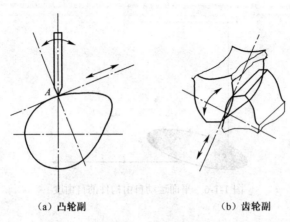

（a）凸轮副　　　　　　　　　　（b）齿轮副

图 1-1-9　高副

齿轮啮合时，两齿轮可沿接触处公切线 t-t 方向作相对移动，也能在回转平面内绕轴线转动，但沿接触处法线方向的相对移动受到约束。高副通常引入一个约束。

3. 空间运动副

前面介绍的运动副中，组成运动副的两个构件通常作平面运动，因此是平面运动副。

在机械运动中通常还使用球面副和螺旋副等传动副。球面副中的构件可绕空间坐标系作空间转动；而螺旋副中的两构件同时作转动和移动的合成运动，通常称为螺旋运动。这些运动副中的两构件间的相对运动是空间运动，因而称为空间运动副，如图 1-1-10 所示。

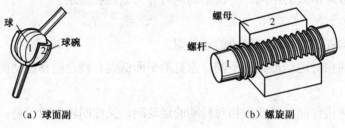

（a）球面副　　　　　　　　　　（b）螺旋副

图 1-1-10　空间运动副

（三）运动链

构件通过运动副的连接而构成的可相对运动的系统称为运动链，如图 1-1-11 所示。

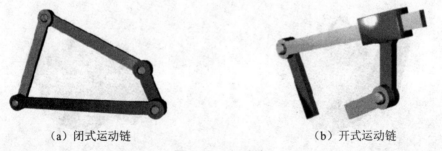

（a）闭式运动链　　　　　　　　　（b）开式运动链

图 1-1-11　运动链

（四）机构

在运动链中，如果将其中某一构件加以固定而成为机架，则该运动链便成为机构，如图 1-1-12 所示。

图 1-1-12　四杆机构

机构通常由机架、原动件和从动件组成，如图 1-1-13 所示。

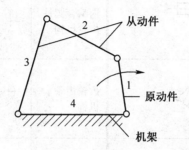

图 1-1-13　机构的组成

机构中的固定构件称为机架，工作时通常不作任何运动。

机构中按给定的已知运动规律独立运动的构件称为原动件，常在其上加箭头表示。

机构中的其余活动构件则为从动件，从动件的运动规律决定于原动件的运动规律和机构的结构及构件的尺寸。

三、平面机构的运动简图

（一）平面机构运动简图的概念

机构是由若干构件通过若干运动副组合在一起的。在研究机构运动时，为了便于分析，常常撇开它们因强度等原因形成的复杂外形及具体构造，仅用简单的符号和线条表示，并按一定的比例定出各运动副及构件的位置，这种简明表示机构各构件之间相对运动关系的图形称为机构运动简图。

（二）构件的分类及带有运动副元素的构件的图示

1. 构件的分类

机构中的构件按其运动性质可分为三类：

（1）机架。机架是机构中视作固定不动的构件，它用来支承其他可动构件。例如各种机床的床身是机架，它支承着轴、齿轮等活动构件。在机构简图中，将机架打上斜线表示。

（2）原动件。已给定运动规律的活动构件，即直接接受能源或最先接受能源作用有驱动力或力矩的构件。例如柴油机中的活塞，它的运动是外界输入的，因此又称为输入构件。在机构简图中，将原动件标上箭头表示。

（3）从动件。机构中随着原动件的运动而运动的其他活动构件。如柴油机中的连杆、曲轴、齿轮等都是从动件。当从动件输出运动或实现机构的功能时，便称其为执行件。

2. 带有运动副元素的构件的图示

运动副以及带有运动副元素的构件的画法如表 1-1-1 所示。

表 1-1-1　机构运动简图常用符号（摘自 GB4460-85）

名称	符号	名称	符号
固定构件	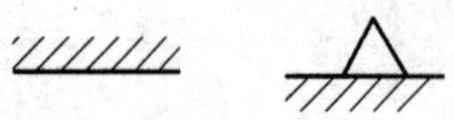	外啮合圆柱齿轮机构	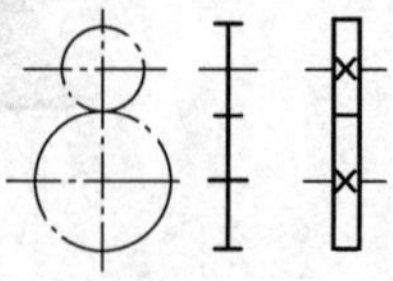
两副元素构件	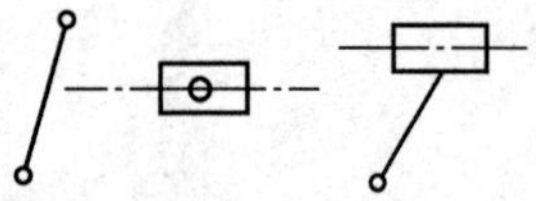	内啮合圆柱齿轮机构	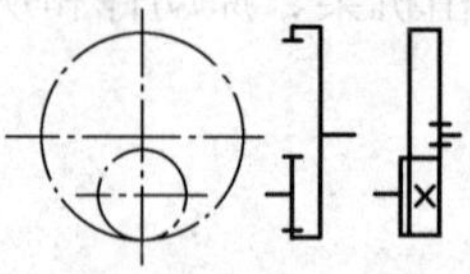
三副元素构件	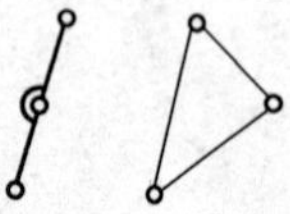	齿轮齿条机构	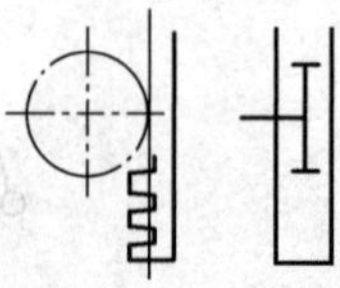
转动副	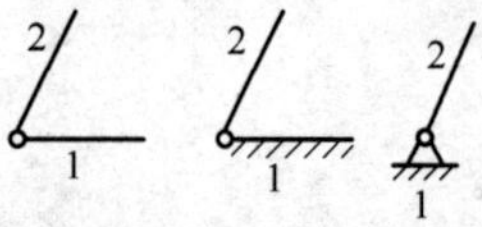	圆锥齿轮机构	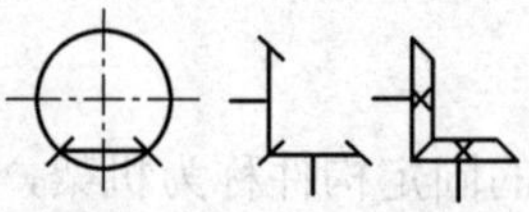
移动副		蜗杆蜗轮机构	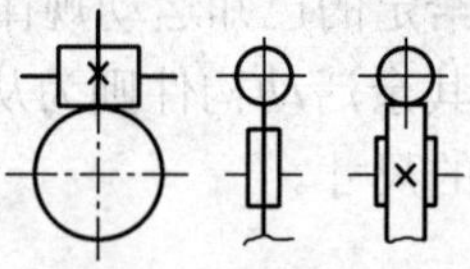
平面高副	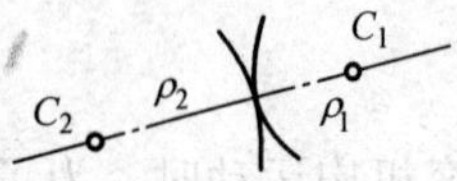	带传动	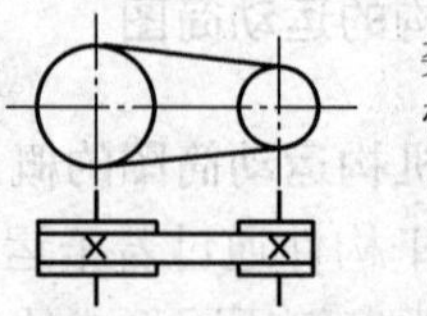 类型符号，标注在带的上方　V带　圆带　平带　▽　○　—
凸轮机构	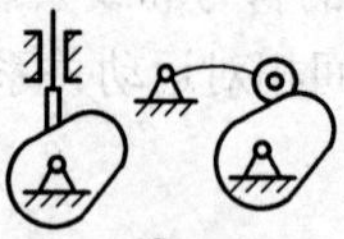	链传动	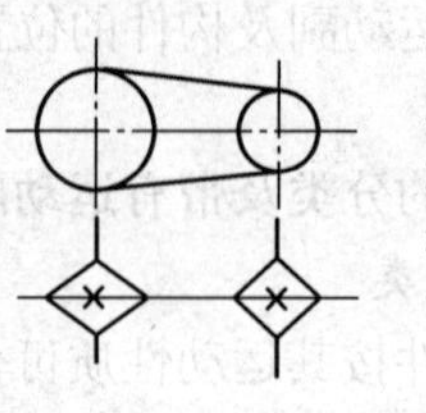 类型符号，标注在轮轴连心线上方　滚子链 #　齿形链 W
棘轮机构	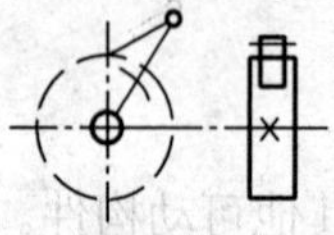		

（三）平面机构运动简图的绘制

在绘制机构运动简图时，首先必须分析该机构的实际构造和运动情况，分清机构中的主动件（输入构件）和从动件；然后从主动件（输入构件）开始，顺着运动传递路线仔细分析各构件之间的相对运动情况，从而确定组成该机构的构件数、运动副数及性质，在此基础上按一定的比例及特定的构件和运动副符号正确绘制出机构运动简图。绘制时应撇开与运动无关的构件的复杂外形和运动副的具体构造。同时应注意，选择恰当的原动件位置进行绘制，避免构件相互重叠或交叉。

绘制机构运动简图的步骤如图 1-1-14 所示。

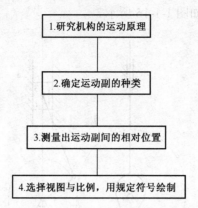

图 1-1-14　绘制机构运动简图的步骤

（1）分析机构，观察相对运动。

（2）确定所有的构件（数目与形状）、运动副（数目和类型）。

（3）选择合理的位置，即能充分反映机构的特性。

（4）确定比例尺：$\mu_l = \dfrac{\text{实际尺寸（m）}}{\text{图上尺寸（mm）}}$。

（5）用规定的符号和线条绘制成简图（从原动件开始画）。

例 1-1-1　画出如图 1-1-15 所示内燃机的机构运动简图。

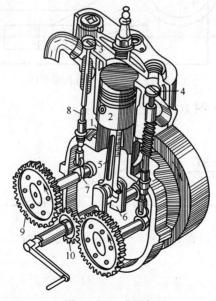

图 1-1-15　内燃机

解：

（1）此内燃机由齿轮机构、凸轮机构和四杆机构构成，共有 4 个转动副、3 个移动副、1 个齿轮副和 2 个凸轮副。

（2）选择视图平面。

（3）选择比例尺，并根据机构运动尺寸确定各运动副间的相对位置。

（4）画出各运动副和机构符号，并画出各构件。

（5）完成必要的标注，如图1-1-16所示。

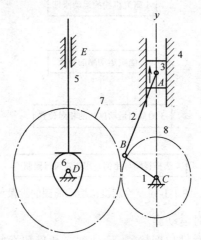

图1-1-16　内燃机的运动简图

例1-1-2　如图1-1-17所示为一偏心轮机构模型图，试绘制其运动简图。

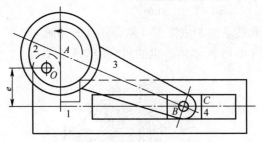

图1-1-17　一偏心轮机构模型图

解：该机构的运动简图如图1-1-18所示。

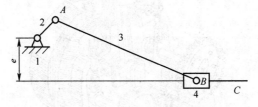

图1-1-18　一偏心轮机构运动简图

四、平面机构的自由度

构件通过运动副相联接起来的构件系统怎样才能成为机构呢？要想判定若干个构件通过运动副相联接起来的构件系统是否为机构，就必须研究平面机构自由度的计算。

（一）平面机构的自由度

一个作平面运动的自由构件具有三个自由度。若一个平面机构共有 n 个活动构件。在未用运动副联接前，则活动构件自由度总数为 $3n$。当用运动副将这些活动构件与机架联接组成机构后，则各活动构件具有的自由度受到约束。

若机构中有 P_L 个低副、P_H 个高副，则受到的约束，即减少的自由度总数应为 $2P_L + P_H$。因此,该机构相对于固定构件的自由度数应为活动构件的自由度数与引入运动副减少的自由度数之差，该差值称为机构的自由度，以 F 表示:

$$F = 3n - 2P_L - P_H$$

由上式可知，机构要能运动，它的自由度必须大于零。

机构的自由度表明机构具有的独立运动数目。由于每一个原动件只可从外界接受一个独立运动规律（如内燃机的活塞具有一个独立的移动），因此，当机构的自由度为 1 时，只需有一个原动件；当机构的自由度为 2 时，则需要有两个原动件。

机构具有确定运动的条件是：原动件数目应等于机构的自由度数目。

例 1-1-3 试计算如图 1-1-19 所示航空照相机快门机构的自由度。

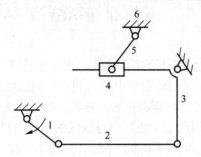

图 1-1-19   航空照相机快门机构

解：该机构的构件总数 $N = 6$，活动构件数 $n = 5$，6 个转动副、1 个移动副，没有高副。由此可得机构的自由度数为:

$$F = 3n - 2P_L - P_H = 3 \times 5 - 2 \times 7 - 0 = 1$$

例 1-1-4 试计算如图 1-1-20 所示牛头刨床工作机构的自由度。

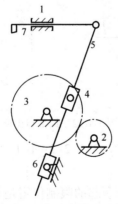

图 1-1-20   牛头刨床工作机构

解：该机构的构件总数 $N = 7$，活动构件数 $n = 6$，5 个转动副、3 个移动副、1 个高副。由此可得机构的自由度数为:

$$F = 3n - 2P_L - P_H = 3 \times 6 - 2 \times 8 - 1 = 1$$

（二）计算平面机构自由度应注意的事项

应用 $F = 3n - 2P_L - P_H$ 计算平面机构自由度时，应注意以下几点:

（1）复合铰链。

两个以上构件组成两个或更多个共轴线的转动副，即为复合铰链。如图 1-1-21 所示构件在（a）中构成的复合铰链。由图（b）可知，此三构件共组成两个共轴线的转动副，当有 k 个构件在同一处构成复合铰链时，就构成 $k-1$ 个共线转动副。在计算机构自由度时，应仔细观察是否有复合铰链存在，以免算错运动副的数目。

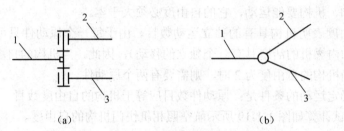

图 1-1-21   复合铰链

（2）局部自由度。

与输出件运动无关的自由度称为机构的局部自由度，在计算机构的自由度时，可预先排除。

如图 1-1-22（a）所示的平面凸轮机构中，为减少高副接触处的磨损，在从动件 2 上安装一个滚子 3，使其与凸轮 1 的轮廓线滚动接触。显然，滚子绕其自身轴线的转动与否并不影响凸轮与从动件间的相对运动，因此滚子绕其自身轴线的转动为机构的局部自由度。在计算机构的自由度时应预先将转动副 C 和构件 3 除去不计，如图 1-1-22（b）所示，设想将滚子 3 与从动件 2 固连在一起，作为一个构件来考虑。此时该机构中，$n=2$，$P_L=2$，$P_H=1$。

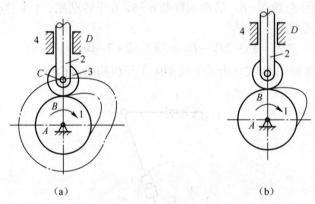

图 1-1-22   局部自由度

该机构自由度为：$F=3n-2P_L-P_H=3\times2-2\times2-1=1$

（3）虚约束。

在特殊的几何条件下，有些约束所起的限制作用是重复的，这种不起独立限制作用的约束称为虚约束，在计算自由度时应予以去除，如图 1-1-23 所示。

平面机构的虚约束常出现于下列情况：

● 不同构件上两点间的距离保持恒定。

● 两构件构成各个移动副且导路互相平行。

● 机构中对运动不起限制作用的对称部分。

● 被联接件上点的轨迹与机构上联接点的轨迹重合。

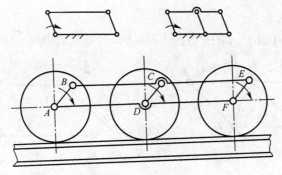

图 1-1-23　虚约束

例 1-1-5　计算如图 1-1-24 所示摇杆机构的自由度。

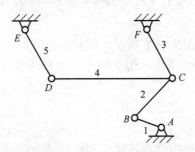

图 1-1-24　摇杆机构

解：该机构包括 4 个活动构件以及 A、B、C、D、E 和 F 这 6 个铰链组成的 6 个回转副，其中在铰链 C 构成了复合铰链。

自由度：$F = 3n - 2P_L - P_H = 3 \times 5 - 2 \times 7 - 0 = 1$

例 1-1-6　计算如图 1-1-25（a）所示凸轮机构的自由度，其中凸轮为原动件。

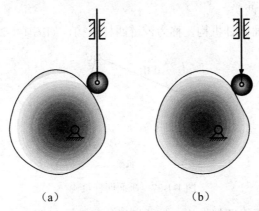

（a）　　　　　　　（b）

图 1-1-25　凸轮机构

解：该机构中有 3 个活动构件（凸轮、滚子和推杆）、2 个转动副、1 个移动副、1 个高副。计算其自由度为：

$$F = 3n - 2P_L - P_H = 3 \times 3 - 2 \times 3 - 1 = 2$$

无确定的运动。

但其中滚子的运动和整个机构的运动无关，可以当作一个局部自由度，所以：

$$F = 3n - 2P_L - P_H = 3 \times 2 - 2 \times 2 - 1 = 1$$

具有确定的运动。

例1-1-7   观察图1-1-26所示的平行四边形机构，计算其自由度，判断是否具有确定的运动。

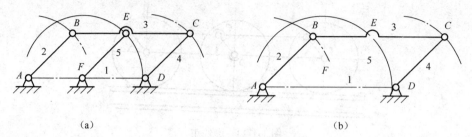

（a）　　　　　　　　　　　　　　　　　（b）

图1-1-26   平行四边形机构

对图（a），自由度：$F = 3n - 2P_L - P_H = 3 \times 4 - 2 \times 6 - 0 = 0$，说明平行四边形机构不能运动，与实际不符。

取消EF杆，运动不变，如图（b）所示，此时自由度：

$$F = 3n - 2P_L - P_H = 3 \times 3 - 2 \times 4 - 0 = 1$$

具有确定的运动。

五、平面连杆机构

平面连杆机构由若干个刚性构件通过转动副或移动副连接而成，也称平面低副机构，组成平面连杆机构的各构件的相对运动均在同一平面或相互平行的平面内。

平面连杆机构的构件形状多样，但大多数是杆状，故常把平面连杆机构中的构件称为"杆"。

其中最常用的是由4个构件组成的平面连杆机构——平面四杆机构，简称"四杆机构"，它不仅得到广泛应用，而且还是分析多杆机构的基础。

平面四杆机构可分为两类：

（1）全转动副的平面四杆机构，称为铰链四杆机构，如图1-1-27所示。

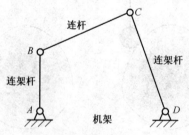

图1-1-27   平面四杆机构

（2）含有移动副的平面四杆机构，如曲柄滑块机构，如图1-1-28所示。

图1-1-28   曲柄滑块机构

（一）铰链四杆机构的基本形式

全部用转动副相连的平面四杆机构称为铰链四杆机构，是四杆机构中最常见和最基础的类型，如图 1-1-29 所示。

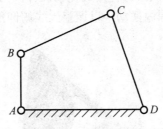

图 1-1-29　铰链四杆机构

铰链四杆机构的主要组成部分如下：

- 机架：机构中固定不动的构件，如杆 *AD*。
- 连架杆：与机架相连的构件，如杆 *AB* 和 *CD*。
- 连杆：不与机架直接相连的构件，如杆 *BC*。
- 曲柄：连架杆中，能作整周回转的杆件称为曲柄。
- 摇杆：连架杆中，只能作往复摆动的杆件称为摇杆。

铰链四杆机构中存在曲柄的条件：

- 最短杆与最长杆的长度之和小于或等于其余两杆长度之和。
- 连架杆和机架中必有一个是最短杆。

根据上述曲柄存在的条件可得到以下推论：

- 铰链四杆机构中，若最短杆与最长杆的长度之和小于或等于其余两杆长度之和，则取最短杆的相邻杆为机架时，得曲柄摇杆机构；取最短杆为机架时，得双曲柄机构；取与最短杆相对的杆为机架时，得双摇杆机构。
- 铰链四杆机构中，若最短杆与最长杆的长度之和大于其余两杆长度之和，则不论取何杆为机架时均无曲柄存在，而只能得双摇杆机构，如图 1-1-30 所示。

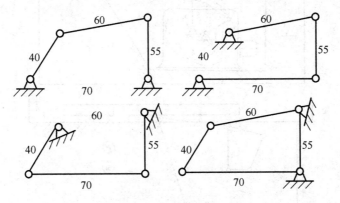

图 1-1-30　存在曲柄的条件

根据两连架杆中曲柄（或摇杆）的数目，铰链四杆机构可分为曲柄摇杆机构、双曲柄机构和双摇杆机构。

1. 曲柄摇杆机构

两个连架杆中，一个是曲柄，另一个是摇杆的铰链四杆机构称为曲柄摇杆机构。通常曲柄作为主动件，可以将曲柄的连续转动转化为摇杆的往复摆动，而连杆则作平面复杂运动。

如图 1-1-31 所示为调整雷达天线俯仰角的曲柄摇杆机构。由柄 1 缓慢地匀速转动，通过连杆 2，使摇杆 3 在一定角度范围内摆动，以调整天线俯仰角的大小。

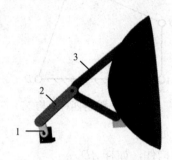

图 1-1-31   雷达

2. 双曲柄机构

在铰链四杆机构中，如果两个连架杆都是曲柄，该机构则为双曲柄机构。

双曲柄机构的运动特点为：如果两个曲柄的长度不相等，则当主动曲柄作匀速转动时，从动曲柄作周期性的变速运动。

在双曲柄机构中，如果两个曲柄的长度相等，且机架与连杆的长度也相等，则为平行双曲柄机构，当机架与连杆平行时，也称为正平行四边形机构。

图 1-1-32 所示的惯性筛中的构件 1、构件 2、构件 3、构件 4 组成的机构为双曲柄机构。在惯性筛机构中，主轴曲柄 *AB* 等角速度回转一周，曲柄 *CD* 变角速度回转一周，进而带动筛子 *EF* 往复运动筛选物料。

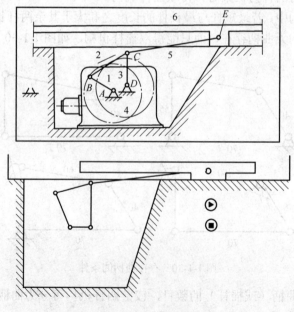

图 1-1-32   惯性筛

在双曲柄机构中，用得较多的是平行双曲柄机构，或称平行四边形机构，如图 1-1-33 所示。这种机构的对边长度相等，组成平行四边形。当杆 AB 等角速度转动时，杆 CD 也以相同角速度同向转动，连杆 BC 则作平移运动。

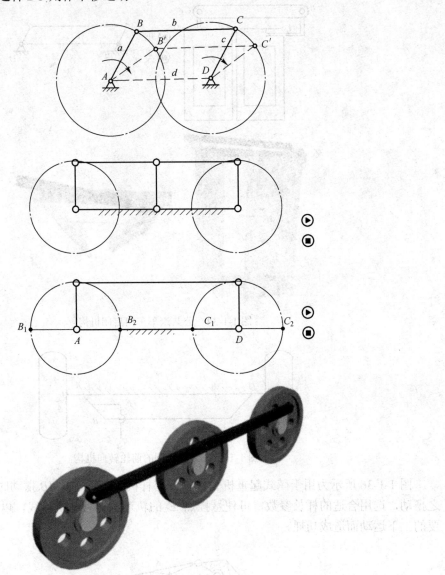

图 1-1-33　机车车轮联动机构

此外，还有反平行四边形机构。如公共汽车车门启闭机构，如图 1-1-34 所示。当主动曲柄转动时，通过连杆从动曲柄朝相反方向转动，从而保证两扇车门同时开启和关闭。

3. 双摇杆机构

若铰链四杆机构的两个连架杆都是摇杆，则称为双摇杆机构。

如图 1-1-35 所示轮式车辆的前轮转向机构为双摇杆机构，该机构两摇杆长度相等，称为等腰梯形机构。车子转弯时，与前轮轴固联的两个摇杆的摆角 α 和 β 如果在任意位置都能使两前轮轴线的交点 P 落在后轴线的延长线上，则当整个车身绕 P 点转动时，四个车轮都能在地面上纯滚动，避免轮胎因滑动而损伤。等腰梯形机构就能近似地满足这一要求。

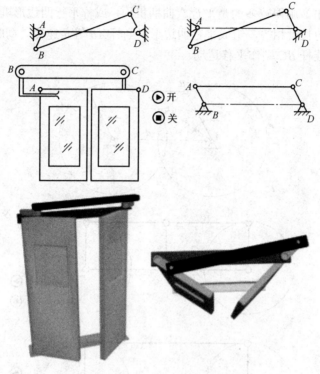

图 1-1-34　公共汽车车门启闭机构

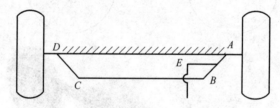

图 1-1-35　轮式车辆的前轮转向机构

图 1-1-36 所示为用于鹤式起重机变幅的双摇杆机构。当摇杆 *AB* 摆动时，另一摇杆 *CD* 随之摆动，选用合适的杆长参数，可使悬挂点 *E* 的轨迹近似为水平直线，以免被吊重物作不必要的上下运动而造成功耗。

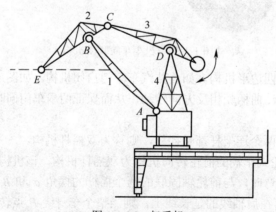

图 1-1-36　起重机

（二）平面四杆机构的基本特性

1. 急回特性

在曲柄摇杆机构中，AB 为曲柄，是原动件，等角速度转动，BC 为连杆，CD 为摇杆，当 CD 杆处于 C_1D 位置为初始位置，C_2D 为终止位置，摇杆在两极限位置之间所夹角度称为摇杆的摆角，用 φ 表示。当摇杆 CD 由 C_1D 摆动到 C_2D 位置时，所需时间为 t_1，平均速度为：

$$v_1 = \frac{C_1C_2}{t_1}$$

曲柄 AB 以等角速度顺时针从 AB_1 转到 AB_2，转过角度为：$\varphi_1 = 180° + \theta$，当摇杆 CD 由 C_2D 摆回到 C_1D 位置时，所需时间为 t_2，平均速度为：

$$v_2 = \frac{C_1C_2}{t_2}$$

曲柄 AB 以等角速度顺时针从 AB_2 转到 φ_2，转过的角度为：$\varphi_2 = 180° - \theta$，由于曲柄 AB 等角速度转动，所以 $\varphi_1 > \varphi_2$，$t_1 > t_2$，因此 $v_2 > v_1$。

由此可见，主动件曲柄 AB 以等角速度转动时，从动件摇杆 CD 往复摆动的平均速度不相等。往往我们把行程平均速度定为 v_1，而空行程返回速度为 v_2，显而易见，从动件反回程速度比行程速度快。这个性质称为机构的急回特性。我们把回程平均速度与行程平均速度之比称为行程速比系数，用 K 表示：

$$K = \frac{v_2}{v_1} = \frac{C_1C_2 / t_2}{C_1C_2 / t_1} = \frac{t_1}{t_2} = \frac{\varphi_1}{\varphi_2} = \frac{180° + \theta}{180° - \theta}$$

或

$$\theta = 180° \frac{K-1}{K+1}$$

式中 θ 称为极位夹角，即摇杆在极限位置时曲柄两位置之间所夹锐角。θ 表示了急回程度的大小，θ 越大急回程度越强，$\theta = 0$，机构无急回特性。

2. 行程速比系数和极位夹角

图 1-1-37 所示的行程速比系数为：

$$K = \frac{v_2}{v_1} = \frac{t_1}{t_2} = \frac{\varphi_1}{\varphi_2} = \frac{180° + \theta}{180° - \theta}$$

或

$$\theta = 180° \frac{K-1}{K+1}$$

θ 称为极位夹角

机构急回运动的程度取决于极位夹角 θ 的大小，θ 越大，K 越大，机构的急回特性越显著。

3. 压力角和传动角

在生产中，不仅要求连杆机构能实现预定的运动规律，而且希望运转轻便，效率较高。曲柄摇杆机构，如不计各杆质量和运动副中的摩擦，则连杆 BC 为二力杆，它作用于从动摇杆 CD 上的力 P 是沿 BC 方向的。作用在从动件上的驱动力 P 与该力作用点绝对速度 v_c 之间所夹的锐角 α 称为压力角。

可见，力 P 在 v_c 方向的有效分力为 $P_t = P\cos_\alpha$，这说明压力角越小，有效分力就越大。也就是说，压力角可作为判断机构传动性能的标志。在连杆设计中，为了度量方便，习惯用压

力角 α 的余角 γ（即连杆和从动摇杆之间所夹的锐角）来判断传力性能，γ 称为传动角。因为 $\gamma = 90° - \alpha$，所以 α 越小，γ 越大，机构传力性能越好；反之，α 越大，γ 越小，机构传力越费劲，传动效率越低。

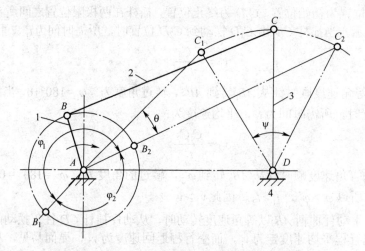

图 1-1-37　曲柄摇杆机构的急回运动

机构运转时，传动角是变化的，为了保证机构正常工作，必须规定最小传动角 $\gamma_{\min}$。对于一般工件，通常取 $\gamma_{\min} \geqslant 40°$；对于颚式破碎机、冲床等大功率机械，最小传动角应当取大一些，可取 $\gamma_{\min} \geqslant 50°$；对于小功率的控制机构和仪表，$\gamma_{\min}$ 可略小于 40°。

如图 1-1-38 所示，从动件所受压力 F 与受力点速度之间所夹的锐角 α 称为压力角；以压力角 α 的余角 $\gamma = 90° - \alpha$ 来判断连杆机构的传力性能，γ 称为传动角。

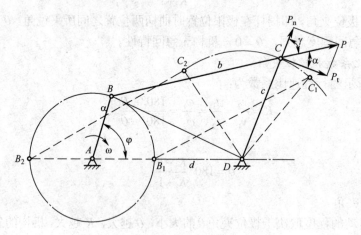

图 1-1-38　四杆机构的传动角和压力角

4. 死点位置

在曲柄摇杆机构中，当摇杆 CD 为主动件、曲柄 AB 为从动件时，当连杆 BC 与曲柄 AB 处于共线位置时，连杆 BC 与曲柄 AB 之间的传动角 $\gamma = 0°$，压力角 $a = 90°$，这时连杆 BC 无论给从动件曲柄 AB 的力多大，曲柄 AB 都不动，机构所处的这种位置称为死点位置。

例如在家用缝纫机的踏板机构中就存在死点位置。机构存在死点位置是不利的，对于连续运转的机器，采取以下措施使机构顺利地通过死点位置：

- 利用从动件的惯性顺利地通过死点位置。家用缝纫机的踏板机构中大带轮就相当于飞轮,利用惯性通过死点。
- 采用错位排列的方式顺利地通过死点位置,例如 V 型发动机。

有时可利用死点位置实现某种功能。如图 1-1-39 所示,当工件被夹具夹紧后,四杆机构的铰链中心与 B、C、D 处于同一条直线上,工件经杆 1 和杆 2 传给杆 3 的力通过回转中心 D,此力不能使杆 3 转动,因此当 F 去掉后仍能夹紧工件。

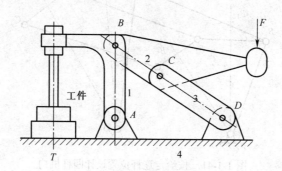

图 1-1-39　夹紧机构

如图 1-1-40 所示,以摇杆 CD 为原动件,曲柄 1 为从动件,在摇杆处于极限位置 C_1D 和 C_2D 时,连杆与曲柄两次共线,此时传动角为 0,出现死点。

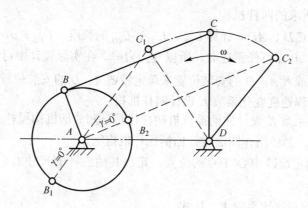

图 1-1-40　死点的位置

当机构处于死点位置时,从动件将发生自锁,出现卡死现象;或受到突然外力的影响,从动件会出现运动方向不确定的现象。

六、平面四杆机构的设计

平面连杆机构设计的基本问题:

(1)实现构件给定位置,即要求连杆机构能引导构件按规定顺序精确或近似地经过给定的若干位置。

(2)实现已知运动规律,即要求主、从动件满足已知的若干组对应位置关系,包括满足一定的急回特性要求,或者在主动件运动规律一定时,从动件能精确或近似地按给定规律运动。

(3)实现已知运动轨迹,即要求连杆机构中作平面运动的构件上某一点精确或近似地沿着给定的轨迹运动。

四杆机构设计的方法有解析法、几何作图法和实验法。本任务仅介绍几何作图法。

（一）按给定连杆位置设计四杆机构

如图 1-1-41 所示，给定连杆的两个位置 B_1C_1 和 B_2C_2 时与给定连杆的三个位置相似，设计四杆机构过程如下：

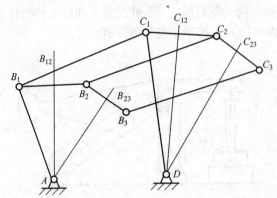

图 1-1-41　按给定连杆位置设计四杆机构

（1）选定长度比例尺，绘出连杆的两个位置 B_1C_1 和 B_2C_2。

（2）连接 B_1B_2、C_1C_2，分别作线段 B_1B_2 和 C_1C_2 的垂直平分线 B_{12} 和 C_{12}，分别在 B_{12} 和 C_{12} 上任意取 A、D 两点，A、D 两点即是两个连架杆的固定铰链中心。连接 AB_1、C_1D、B_1C_1、AD，AB_1C_1D 即为所求的四杆机构。

（3）测量 AB_1、C_1D、AD，计算 L_{AB}、L_{CD}、L_{AD} 的长度，$L_{AB}=\mu_i\cdot AB_1$，$L_{CD}=\mu_i\cdot CD$，$L_{AD}=\mu_i\cdot AD$，由于 A 点可任意选取，所以有无穷解。在实际设计中可根据其他辅助条件，例如限制最小传动角或者 A、D 的安装位置来确定铰链 A、D 的安装位置。

（二）按给定行程速度变化系数 K 设计四杆机构

按行程速度变化系数 K 设计曲柄摇杆机构往往是已知曲柄机构摇杆 L_3 的长度及摇杆摆角 φ 和速度变化系数 K。怎样用作图法设计曲柄摇杆机构呢？

设计的实质是确定铰链中心 A 点的位置，定出其他三杆的尺寸 L_1、L_2 和 L_4。设计步骤如下：

（1）由给定的行程速比系数 K，按式

$$\theta = 180°\frac{K-1}{K+1}$$

求出极位夹角 θ。

（2）任选固定铰链中心位置 D，由摇杆长度 L_3 和摆角 φ 作出摇杆两个极限位置 C_1D 和 C_2D。

（3）连接 C_1 和 C_2，并作 C_1M 垂直于 C_1C_2。

（4）作 $\angle C_1C_2O=90°-\theta$，$\angle C_2C_1O=90°-\theta$，$C_2O$ 与 C_1O 相交于 O 点，由图可见，$\angle C_1OC_2=2\theta$。

（5）作 $\triangle C_1OC_2$ 的外接圆，此圆上任取一点 A 作为曲柄的固定铰链中心。连 AC_1 和 AC_2，因同一圆弧的圆周角相等，故 $\angle C_1AC_2 = \angle C_1OC_2/2 = \theta$。

（6）因极限位置处曲柄与连杆共线，故 $AC_1=L_2+L_1$，从而得曲柄长度 $L_1=(AC_2-AC_1/2)$。再以圆心 A 和 L_1 为半径作圆，交 C_1A 的延长线于 B_1，交 C_2A 于 B_2，即

得 $B_1C_1 = B_2C_2 = L_2$ 及 $AD = L_4$。

由于 A 点是 $\triangle C_1DC_2$ 外接圆上任选的点，所以若仅按行程速比系数 K 设计，可得无穷多的解。A 点位置不同，机构传动角的大小也不同。如想获得良好的传动质量，可按照最小传动角最优或其他辅助条件来确定点 A 的位置，如图 1-1-42 所示。

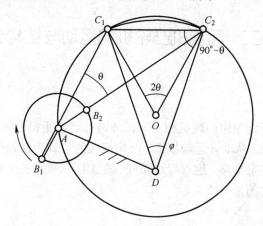

图 1-1-42　按给定行程速比系数 K 设计四杆机构

【任务总结】

完成此任务首先要搞清楚机构、运动副、运动链、自由度与约束及机构具有确定运动的条件等基本概念；绘制机构运动简图时只要搞清运动传递路线、分析构件数、运动副以及运动副所在的位置，就不难将其机构运动简图正确地绘制出来。掌握平面铰链四杆机构的曲柄存在条件、压力角、传动角、死点、行程速比系数等基本概念是分析和设计平面铰链四杆机构的基础。曲柄存在的条件取决于各杆长的相对关系和机架的选择；压力角、传动角是机构动力分析的基础，影响机构的动力学性能；了解死点的特性，克服其缺点，利用其优点；行程速比系数反映了机构的急回运动性质。

【技能训练】

训练内容：

试用图解法设计一偏置曲柄滑块机构。已知行程速比系数 $K = 1.4$，滑块行程 $H = 20\text{mm}$，偏距 $E = 10\text{mm}$，当 $\varphi = 20°$ 时，$F = 10\text{kN}$，求作用在 AB 上的力偶矩。

训练目的：

1. 熟悉极位角和行程速比系数之间的关系。
2. 提高用图解法设计四杆机构的能力。
3. 掌握平面机构的受力计算。

训练过程：

本训练主要是用图解法设计计算曲柄滑块机构。

训练总结：

通过本训练使学生会用图解法对平面连杆机构进行设计计算。

思考问题：

1. 不同类型的铰链四杆机构各有什么运动特性？

2．什么是连杆机构的压力角、传动角和极位角？如何在机构运动简图上正确地作出这些角？

3．加大原动件上的驱动力，能否使机构超越止点？有人说，止点位置就是采用任何方法都不能使机构运动的位置，对吗？

任务二　起重机凸轮机构运动与结构分析

【任务提出】

在起重设备中，广泛地使用凸轮机构。本任务通过对起重机中所用到的凸轮机构的分析，介绍凸轮机构的基本知识、从动杆运动规律、凸轮机构的设计方法及凸轮零件图的绘制。同时讲述凸轮的安装和维护注意事项，这对后续课程、在工厂从事相关工作有一定的帮助，对其他凸轮机构的设计也有一定的指导意义。

【能力目标】

具有设计移动从动件凸轮机构的能力。

【知识目标】

1．掌握凸轮机构的基本常识。
2．明确常用的从动杆运动规律对凸轮机构的影响。
3．能用反转法绘制尖项、滚子移动从动杆凸轮轮廓曲线。
4．明确基圆、滚子半径、压力角等对凸轮机构的影响。
5．知道凸轮的维护注意事项。

【任务分析】

如图 1-2-1 所示，凸轮控制器用于起重设备中对中小型交流异步电动机的控制。当凸轮绕轴心旋转时，凸轮的凸出部分压动滚子，通过杠杆带动触头，使触头打开；当滚子落入凸轮的凹面里时，触头变为闭合，凸轮的形状不同，触头的分合规律也不同。

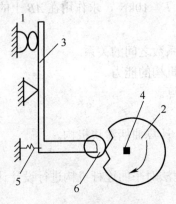

图 1-2-1　凸轮控制器

【知识链接】

一、凸轮机构从动件的运动规律

凸轮机构设计的基本任务是根据工作要求选定合适的凸轮机构类型，确定从动件的运动规律，并按此运动规律设计凸轮轮廓和有关尺寸。因此，确定从动件的运动规律是凸轮设计的前提。

从动件的运动规律即是从动件的位移 s、速度 v 和加速度 a 随时间 t 变化的规律。当凸轮作匀速转动时，其转角 φ 与时间 t 成正比（$\varphi = \omega t$），通常用从动件运动线图直观地表述这些关系。

现以对心移动尖顶从动件盘形凸轮机构为例，说明凸轮与从动件的运动关系，如图 1-2-2（a）所示。以凸轮轮廓曲线的最小向径 r_b 为半径所作的圆称为凸轮的基圆，r_b 称为基圆半径。点 A 为凸轮轮廓曲线的起始点。当凸轮与从动件在 A 点接触时，从动件处于最低位置（即从动件处于距凸轮轴心 O 最近位置）。当凸轮以匀角速 ω 逆时针转动 δ_1 时，凸轮轮廓 AB 段的向径逐渐增加，推动从动件以一定的运动规律到达最高位置 B（此时从动件处于距凸轮轴心 O 最远位置），这个过程称为推程。这时从动件移动的距离 h 称为升程，对应的凸轮转角 δ_1 称为推程运动角。当凸轮继续转动 δ_2 时，凸轮轮廓 BC 段向径不变，此时从动件处于最远位置停留不动，相应的凸轮转角 δ_2 称为远休止角。当凸轮继续转动 δ_3 时，凸轮轮廓 CD 段的向径逐渐减小，从动件在重力或弹簧力的作用下，以一定的运动规律回到起始位置，这个过程称为回程。对应的凸轮转角 δ_3 称为回程运动角。当凸轮继续转动 δ_1 时，凸轮轮廓 DA 段的向径不变，此时从动件在最近位置停留不动，相应的凸轮转角 δ_1 称为近休止角。当凸轮再继续转动时，从动件重复上述运动循环。如果以直角坐标系的纵坐标代表从动件的位移 s，横坐标代表凸轮的转角 δ，则可以画出从动件位移 s 与凸轮转角 δ 之间的关系线图，如图 1-2-2（b）所示，它简称为从动件 $\delta - s$ 位移曲线。

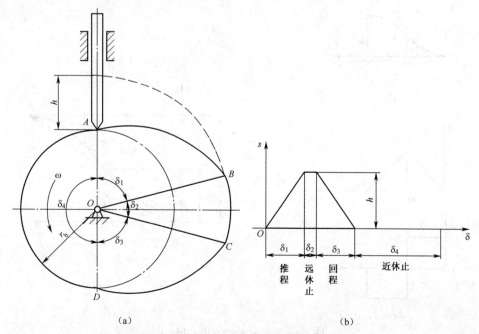

(a)　　　　　　　　　　　　　(b)

图 1-2-2　凸轮与转角的关系

下面介绍几种常用的从动件运动规律。

（一）等速运动规律

从动件速度为定值的运动规律称为等速运动规律。当凸轮以等角速度 ω 转动时，从动件在推程或回程中的速度为常数，如图 1-2-3 所示。

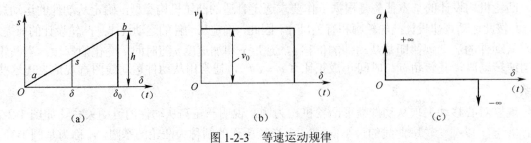

图 1-2-3　等速运动规律

由图 1-2-3 可知，从动件在推程开始和终止的瞬时，速度有突变，其加速度在理论上为无穷大（实际上，由于材料的弹性变形，其加速度不可能达到无穷大），致使从动件在极短的时间内产生很大的惯性力，因而使凸轮机构受到极大的冲击。这种从动件在某瞬时速度突变，其加速度和惯性力在理论上趋于无穷大时所引起的冲击，称为刚性冲击。因此，等速运动规律只适用于低速轻载的凸轮机构。

图 1-2-3 为等速运动规律的位移、速度、加速度线图。其位移方程表达式为：

$$s = \frac{h}{\delta_0}\delta \qquad (1\text{-}2\text{-}1)$$

（二）等加速等减速运动规律

从动件在行程的前半段为等加速，而后半段为等减速的运动规律，称为等加速等减速运动规律，如图 1-2-4 所示。

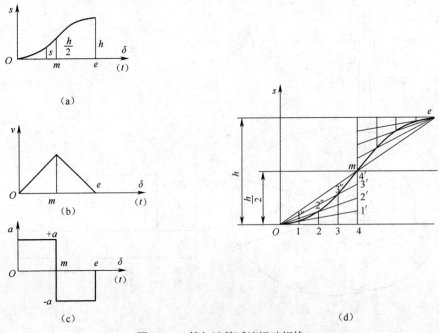

图 1-2-4　等加速等减速运动规律

从动件在升 h 中，先作等加速运动，后作等减速运动，直至停止。等加速度和等减速度的绝对值相等。这样，由于从动件等加速段的初速度和等减速段的末速度为 0，故两段升程所需的时间必相等，即凸轮转角均为 $\delta_1/2$；两段升程也必相等，即均为 $h/2$。

等加速段的运动时间为 $T/2$（即 $\delta_1/2\omega_1$），对应的凸轮转角为 $\delta_1/2$。由于是等加速运动，推程的后半行程从动件作等减速运动，此时凸轮的转角是由 $\delta_1/2$ 开始到 δ_1 为止。

图 1-2-4（a）为按公式作出的等加速等减速运动线图。该图的位移曲线是一凹一凸两段抛物线连接的曲线，等加速部分的抛物线可按下述方法画出，如图 1-2-4（d）：在横坐标轴上将线段分成若干等份（图中为 4 等份），得 1、2、3、4 各点，过这些点作横轴的垂线，在中间位置，将 $h/2$ 作 4 等份，1'、2'、3'、4'。再过点 O 作斜线 $O1'$、$O2'$、$O3'$、$O4'$，分别与横轴的垂线相交于 1″、2″、3″、4″点，将这些点连接成光滑的曲线，即为等加速段的抛物线。用同样的方法可得等减速段的抛物线。

由加速度线图 1-2-4（c）可知，从动件在升程始末，以及由等加速过渡到等减速的瞬时（即 O、m、e 三处），加速度出现有限值的突然变化，这将产生有限惯性力的突变，从而引起冲击。这种从动件在瞬时加速度发生有限值的突变时所引起的冲击称为柔性冲击。所以等加速等减速运动规律不适用于高速凸轮机构，仅用于中低速凸轮机构。

等加速等减速运动规律其前半个行程作等加速的位移方程表达式为：

$$s = \frac{2h}{\delta_0^2}\delta^2 \tag{1-2-2}$$

后半个行程作等减速的位移方程表达式为：

$$s = h - \frac{2h}{\delta_0}(\delta_0 - \delta)^2 \tag{1-2-3}$$

（三）余弦加速运动规律

余弦加速运动规律是指从动杆在推程（或回程）中作余弦加速运动，如图 1-2-5 所示。

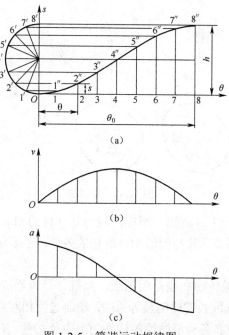

（a）

（b）

（c）

图 1-2-5　简谐运动规律图

　　余弦加速运动规律位移线图的作法为：把从动件的行程 h 作为直径画半圆，将此半圆分成若干等份得 1′、2′、3′、4′……点。再把凸轮运动角也分成相应的等份，并作垂线 11″、22″、33″、44″、……，然后将圆周上的等分点投影到相应的垂直线上得 1″、2″、3″、4″、……点。用光滑的曲线连接这些点，即得到从动件的位移线图。

　　由加速度线图可见，一般情况下，这种运动规律的从动件在行程的始点和终点有柔性冲击；只有当加速度曲线保持连续时，这种运动规律才能避免冲击。

　　余弦运动规律的柔性冲击次数比等加速等减速运动规律要少。余弦运动规律用于中速中载的凸轮机构中。

　　余弦运动规律的位移方程表达式为：

$$s = \frac{h}{2}\left[1 - \cos\left(\frac{\pi}{\delta_0}\delta\right)\right] \qquad (1\text{-}2\text{-}4)$$

二、凸轮轮廓曲线的绘制

下面介绍用图解法绘制凸轮轮廓曲线的方法。

　　凸轮机构工作时，通常凸轮是运动的。用图解法绘制凸轮轮廓曲线时，却需要凸轮与图纸相对静止。为此可用"反转法"将凸轮轮廓曲线绘制出来。原理为：图 1-2-6 所示为一对心移动尖顶从动杆盘形凸轮机构。设凸轮的轮廓曲线已按预定的从动件运动规律设计出来。当凸轮以角速度 ω 绕轴 O 逆时针转动时，从动杆的尖顶沿凸轮轮廓曲线相对其导路按预定的运动规律移动。现设想给整个凸轮机构加上一个公共角速度 ω 绕轴 O 转动，则凸轮相对静止，而从动杆既随着机架作 ω 的顺时针方向转动，又沿自身的导路作相对移动。由于从动杆尖顶始终与凸轮轮廓相接触，显然，从动杆在这种复合运动中，其尖顶的运动轨迹就是凸轮的轮廓。按这种设计凸轮轮廓曲线的方法称为"反转法"。

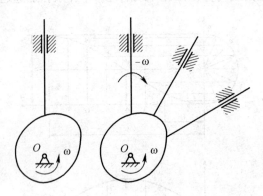

图 1-2-6　反转法

　　由于给整个凸轮机构一个 ω 转速，所以凸轮与从动件的相对运动关系没有变，而这时凸轮静止了。这符合作图时需要凸轮与图纸相对静止的条件，这就为我们用图解法绘制凸轮轮廓曲线带来了方便。

　　传统的图解法绘制凸轮轮廓曲线是用图纸、圆规、量角器等工具将凸轮的轮廓曲线绘制出来。但这种方法由于要选取长度比例尺等原因，绘制过程相对麻烦、作图时间长，特别是作图的精度差。计算机的普及和各种机械绘图软件的出现及完善，使得原来在图纸上设计凸轮轮廊的方法获得了新生,并具有强大的生命力。在计算机上用图解法设计凸轮轮廓曲线除了克服在图纸上设计凸轮轮廓曲线的不足外,还可以方便地进行存储、修改,这使得设计效率、设计的可靠性大大提高。为了能容易理解在计算机上用图解法绘制凸轮轮廓曲线,下面结合具体的例题进行叙述。

例 1-2-1　绘制尖顶从杆盘形凸轮轮廓曲线。已知凸轮的基圆半径 $r_b = 40\text{mm}$,凸轮按逆时针方向转动。从动杆的运动规律为:

凸轮转角 δ	0°~120°	120°~180°	180°~270°	270°~360°
从动件的运动规律	等速上 20mm	停止不动	等加速等减速下降至原位	停止不动

解:

(1) 在计算机上打开机械绘图软件,作图 1-2-7 所示的 δ-s 位移线图。首先在纵轴上取从动件的升程 20mm,在横坐标上取适当的长度,按一定的间隔(如每 4°/mm)分配推程运动角、远休止角、回程运动角、近休止角,并将推程运动角 120°、远休止角 60°、回程运动角 90°、近休止角 90°表示出来。接着将 $\delta - s$ 位移线图绘制出来。再将推程运动角的 120°分成六等份(可以多取一些等分点,等分点越多作图越精确)得 1、2、3、4、5、6 这些点,考虑到后面绘制凸轮轮廓曲线的方便,用粗一些的实线通过这些点作垂线,与位移曲线相交得到 1′、2′、3′、4′、5′、6′几个点,则相应凸轮各转角时从动件的位移分别为线段 11′、22′、33′、44′、55′、66′。同理按等加速等减速运动规律作出从动件回程时的位移线段,如图 1-2-7 所示。

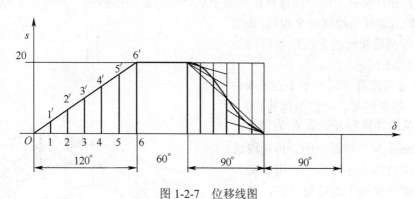

图 1-2-7　位移线图

(2) 画水平线与垂直线得到交点 ω,并以 ω 为圆心,$r = 40\text{mm}$ 为半径画基圆。此基圆与从动件导路线的交点 B_0 即为从动件尖顶的起始位置。从 B_0 起反方向按推程运动角 120°、远休止角 60°、回程运动角 90°、近休止角 90°将基圆分成若干份。然后用环形阵列的命令将推程部分分成和 $\delta - s$ 位移曲线横坐标推程部分相同的等份,得直线 OB_1、OB_2、……、OB_6。这些直线与基圆交于 B_1、B_2、B_3、B_4、B_5、B_6 这些点。

(3) 应用机械绘图软件中的捕捉、拷贝功能,将图 1-2-7 中的粗线段 11′、22′、……、66′ 精确地复制到图 1-2-8 中对应的 B_1、B_2、B_3、B_4、B_5、B_6 点。然后将它们各自旋转一个角度,与各自的直线重合,得到 B_1'、B_2'、B_3'、B_4'、B_5'、B_6' 这些点。再将这些点连成光滑曲线,即得凸轮推程部分的轮廓曲线。用同样的方法得到回程部分的轮廓曲线。对于远休止、近休止部分只以 O 为圆心画圆弧即可。这此曲线和圆弧组成了凸轮的轮廓曲线,如图 1-2-8 所示。

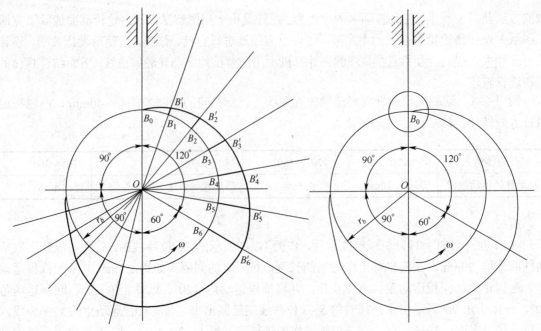

图 1-2-8　滚子从动件凸轮理论轮廓曲线

例 1-2-2　将例 1-2-1 中的尖顶从动杆改为滚子从动杆，滚子半径 $r_1 = 10\text{mm}$，其余条件不变，试画出凸轮轮廓曲线。

解：（1）在计算机上用绘图软件绘制滚子从动件凸轮轮廓曲线，前面部分的绘制与尖顶从动件凸轮轮廓曲线的绘制完全相同，按绘制尖顶从动件凸轮轮廓的方法绘制后得到的图形如图 1-2-8 所示。

（2）在推程部分分成若干个点（本例取 15 等份，等份越多，则作图越精确）。接着以滚子从动件推程开始点 B_0 为圆心，滚子半径 10mm 为半径画一圆。再选取该圆，捕捉该圆的圆心作为基点，用复制的功能，并捕捉该曲线上的各等分点，复制得到许多小圆。然后用样条曲线的命令，并捕捉这些小圆的切点，绘制得到推程部分的轮廓曲线。

（3）用同样的方法绘制回程部分的轮廓曲线。在远停程部分只需以回转中心 O 为圆心，以 O 至从动件上升最高处滚子的底部为半径画一段圆弧，并与推程部分和回程部分相接。同理绘制出近停程部分的轮廓曲线。推程部分、远停程部分、近停程部分和回程部分的轮廓曲线组成了该滚子从动件凸轮轮廓的曲线，如图 1-2-9 所示。

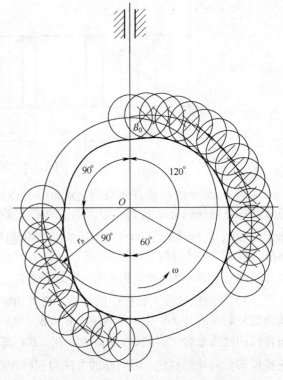

图 1-2-9　滚子从动件凸轮实际轮廓曲线

从图 1-2-9 中可以看出，滚子从动件凸轮的轮廓曲线有两条。人们把第一条曲线称为理论轮廓曲线，第二条曲线称为实际轮廓曲线。

三、凸轮轮廓径向尺寸的确定

作为凸轮的设计，只有将凸轮的零件图正确无误地绘制出来才算设计凸轮的任务完成。因此用绘图法将凸轮的轮廓曲线绘制完成后，还需要将凸轮轮廓的径向尺寸确定出来。图 1-2-10 所示的凸轮轮廓（含水平线、垂直线）是根据例 1-2-2 在计算机上已绘制完成的滚子从动件实际凸轮轮廓曲线，现就确定该轮廓的径向尺寸作如下叙述：

（1）用环形阵列的命令将推程部分分成若干等份，等份越多越精确，一般为 5°，该图中为 10°，得到 OC_1、OC_2、……、OC_{12} 直线。

（2）在标注样式中设置主单位标注精度小数点后面两位（或三位），并且将字体、箭头等设置到适当的大小。再打开相关的捕捉命令，用标注尺寸的命令从 O 点起标注 OC_1、OC_2、……、OC_{12} 直线的尺寸，得到推程部分凸轮轮廓尺寸。用同样的方法获得回程部分凸轮轮廓尺寸。由于远停程部分、近停程部分凸轮轮廓都是以回转中心 O 为圆心的圆弧，所以可以不标注。最后凸轮轮廓尺寸如图 1-2-11 所示。

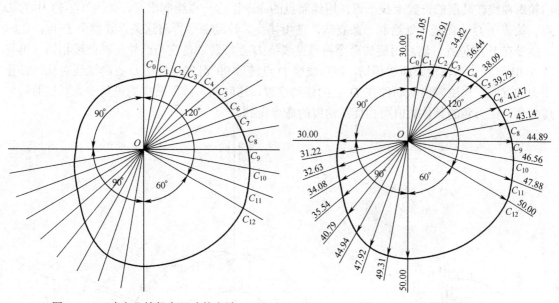

图 1-2-10　确定凸轮径向尺寸的方法　　　　图 1-2-11　凸轮径向尺寸

凸轮轮廓径向尺寸除了用尺寸标注的方法确定外，还可以用剪切的命令将图 1-2-10 所示轮廓外面的线段全部剪去，再选中整个图形，用 list 命令将它方便地确定出来。

四、凸轮设计时应注意的几个问题与其故障处理

（一）压力角的选择与校核

当按已知条件绘出的凸轮轮廓加工出来并安装在机器上组成凸轮机构后，在工作过程中会发现凸轮转动时消耗的功率相对大，有时凸轮甚至转动不起来，从动杆停止不动，达不到从动杆上升的目的。产生这个问题的原因是凸轮的压力角太大，如图 1-2-12 所示。

从图 1-2-12 中可以看出，凸轮在 A 点法线方向上对从动件的作用力 F 可以分解成两个分

力，即沿着从动件运动方向的分力 F_1 和垂直于运动方向的分力 F_2。前者是推动从动杆克服载荷的有效分力，而后者将增大从动杆与导路间的侧向压力，它是一种有害分力。压力角 α 越大，有害分力越大，由此而引起的摩擦阻力也越大；当压力角 α 增加到某一数值时，有害分力所引起的摩擦阻力将大于有效分力 F_1，这时无论凸轮给从动杆的作用力有多大，都不能推动从动杆运动，即机构将发生自锁。因此，从减小有害分力，避免自锁，使机构具有良好的受力状况的观点来看，压力角 α 应越小越好。

压力角的大小反映了凸轮机构传力性能的好坏，是凸轮机构设计的重要参数。为使凸轮机构工作可靠，受力情况良好，必须对压力角加以限制。由于在不同的位置，凸轮的压力角的大小是不同的。在设计凸轮机构时，应使最大压力角 α_{max} 不超过许用值 $[\alpha]$，即 $\alpha_{max} \leqslant [\alpha]$。根据理论分析和实践的经验，对移动从动杆许用压力角 $[\alpha]$ 规定：推程时，$[\alpha] = 30°$；回程时，$[\alpha] = 80°$。因为回程时受力较小且一般无自锁问题，故许用压力角可取得大一些。另外压力角最大值是 90°，80° 与它的差值不大，回程时一般都能满足这个条件，所以通常不考虑回程压力角的问题。

为了使 $\alpha_{max} \leqslant [\alpha]$，必须找出凸轮机构的最大压力角 α_{max}。凸轮机构的最大压力角 α_{max} 出现在凸轮轮廓较陡削的位置。为此在计算机上把凸轮的理论轮廓曲线绘制出来后，在推程部分的轮廓曲线较陡削的位置上找一点，用绘制点的命令把这一点绘制出来，如图 1-2-13 中的 D 点。接着在 D 点附近 I 处绘制一条直线，使用捕捉、移动命令再将这条直线移至 D 点，此时直线处在 II 的位置。然后用旋转命令将该直线绕 D 点旋转，使它与凸轮轮廓曲线相切。再将其在 III 位置与凸轮轮廓曲线相切，该直线绕 D 点转过 90° 得到凸轮在 D 点的法线对从动件作用力的方向。再绘制出从动件在 D 点的移动位置，这时两直线间所夹的锐角即为要找的最大压力角。压力角的具体数值可由标注角度的命令得到。

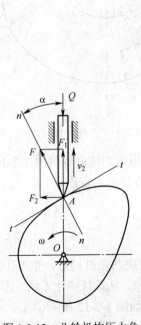

图 1-2-12　凸轮机构压力角

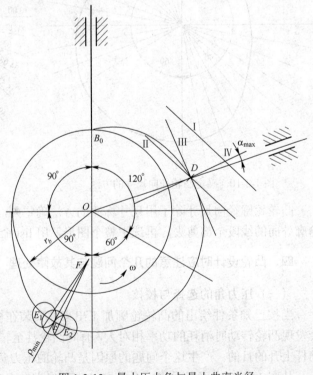

图 1-2-13　最大压力角与最小曲率半径

当 $\alpha_{max} > [\alpha]$ 时,可采用增大基圆半径的办法使 α_{max} 减小。

(二)滚子半径的选择

在设计滚子从动件凸轮机构时,滚子的半径既不能太大,也不能太小。当理论轮廓曲线上某处的曲率半径 ρ_{min} 等于滚子半径 r_t 时,凸轮实际轮廓曲线会出现变尖,如图 1-2-14(a)所示。由于尖顶在工作时很容易磨损,一旦磨损会使这部分运动无法实现,这种现象称为运动失真。所以设计凸轮不允许 $r_t = \rho_{min}$。当 $r_t > \rho_{min}$ 时,在凸轮工作轮廓曲线上会出现相交,如图 1-2-14(b)所示,图中阴影部分的轮廓在实际加工时被切去,同样会使运动失真,所以 r_t 不能大于 ρ_{min}。只有当 $r_t < \rho_{min}$ 才不会出现运动失真的现象。为了保险起见,通常使 $\rho_{min} \geqslant r_t + (3\sim5)mm$。当不满足这个条件时,则增大基圆半径,使它满足这个条件。设计时一般取滚子半径 $r_t = (10\sim20)mm$。

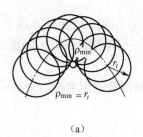
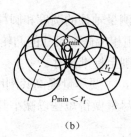
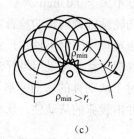

（a）　　　　　　　　　　（b）　　　　　　　　　　（c）

图 1-2-14　滚子半径的选择

理论轮廓曲线曲率半径 ρ_{min} 可以通过如下方法求出:在计算机上把凸轮的理论轮廓曲线绘制出来,在估计曲率半径最小的位置作一小圆,如图 1-2-13 中的 E 点,该小圆与轮廓曲线相交得到 E_1、E_2 点。分别以 E_1 与 E_2 点为圆心作两个小圆得到四个交点。通过这些交点用直线连接后得到 F 点,FE 长即为该处的曲率半径 ρ_{min}。最小曲率半径 ρ_{min} 的具体数值可由标注尺寸等的命令得到。

(三)凸轮基圆半径 r_b 的确定

在设计凸轮机构时,凸轮的基圆半径取得越小,所设计的凸轮机构越紧凑。但基圆半径过小会引起压力角增大,致使机构工作情况变坏。另外基圆半径过小还使凸轮实际轮廓曲线出现变尖、交叉等情况,从而使运动失真。因此实际设计中,只能在保证凸轮轮廓的最大压力角不超过许用值的前提下,考虑缩小凸轮的尺寸。

设计时可取基圆半径 $r_b \geqslant 1.8r + r_t + (6\sim10)mm$,式中 r 为装凸轮的轴的半径。通常取凸轮厚度 $b = (8\sim15)mm$,滚子宽度取 $B = b + (2\sim5)mm$。

(四)凸轮和材料

凸轮机构的主要失效形式是工作表面磨损、擦伤和疲劳点蚀,这就要求凸轮和滚子的工作表面硬度高、耐磨,并有足够的表面接触强度。对于经常受冲击的凸轮机构要求凸轮心部有较大的韧性。低速、中小载荷场合,凸轮采用 45 号钢、$40C_r$ 钢,并表面淬火,硬度 40～50HRC。滚子材料可采用 $20C_r$,经渗碳淬火,表面硬度达 56～62 HRC。也可用滚动轴承作为滚子。

(五)凸轮机构的故障与修理

凸轮机构除了工作表面磨损、擦伤和疲劳点蚀外,凸轮轴还会出现弯曲变形、凸轮轴轴颈的磨损、从动件的弯曲变形和磨损等故障。

凸轮的擦伤和点蚀,一般可用检查直接发现。对于凸轮加工尺寸和凸轮磨损,可采用专用量具对几个关键点位的向径进行检测。

凸轮发生擦伤和点蚀而失效时,需要更换凸轮。对凸轮磨损后的修理方法,应根据其升程高度减小值而定。如升程高度减小值在允许范围内,可直接在专用凸轮磨床上磨削;当升程高度磨损超过允许范围内时,可先振动堆焊,即以一定频率和振幅的电脉冲自动堆焊,然后再经过凸轮磨床磨削至标准轮廓尺寸。

凸轮轴弯曲变形故障的修理可以汽车发动机的凸轮轴为例。将凸轮轴安装于车床两顶针面间,或以 V 型铁块安放于平板上,以两端轴颈作为支点,用百分表测杆触头与中间轴颈表面接触,并缓慢转动凸轮一圈,如百分表摆差在0.05mm～0.10mm 范围内,其修理可以结合凸轮轴轴颈磨修加以修整;如百分表摆差大于0.10mm,其修理应采用冷压校正,要求校正后的弯曲度不大于0.03mm。

凸轮轴轴颈磨损的检查方法是测量轴颈的圆度和圆柱度误差,如超过规定值,应予修理。可用修理尺寸法缩小轴颈尺寸,配用相应修理尺寸的凸轮轴轴颈。凸轮轴轴颈磨损如超过最后一级修理尺寸,可采用堆焊,再磨削至标准尺寸。

对于从动件的弯曲变形和磨损,主要尽量提高其刚度和接触部分的耐磨性。对载荷较大和受冲击载荷的从动件,从动件应尽量做得短些以减小其变形。

五、半自动钻床盘状凸轮的设计

设计图 1-2-1 所示半自动钻床中逆时针转动的凸轮 4。已知装凸轮轴处的直径 d=25mm,从动件升程 h=25mm,工作循环如下:

凸轮轴转角	0～60°	60°～210°	210°～270°	270°～360°
定位	快进	停止	快退	停止

1. 运动过程设计

凸轮机构采用移动滚子盘形凸轮,利用弹簧力来使滚子与凸轮保持接触,实现定位功能。为了使从动件快进时平稳,快退时迅速退出,快进时采用等速运动规律,快退时采用等加速等减速运动规律,故从动件运动规律为:

凸轮轴转角δ	0～60°	60°～210°	210°～270°	270°～360°
从动件的运动规律	等速上 25mm	停止不动	等加速等减速下降至原位	停止不动

2. 滚子与基圆半径、凸轮厚度与滚子宽度的确定

滚子半径 $r_t = 10$mm,滚子宽度 B =15mm

基圆半径 $r_b \geqslant 1.8r + r_t + (6\sim10)$mm $= 1.8 \times 25/2 + 10 + (6\sim10)$mm $= (38.5\sim42.5)$ mm,取基圆半径 $r_b = 40$mm。

凸轮厚度 $b = 20$mm。

3. 凸轮轮廓曲线的绘制

（1）绘制从动件 $\delta - s$ 位移线图。

根据上述从动件的运动规律，绘制的 $\delta - s$ 位移线图如图 1-2-15 所示。

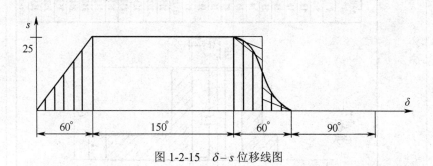

图 1-2-15 $\delta - s$ 位移线图

（2）绘制凸轮轮廓曲线。

根据基圆半径 $r_b = 40\text{mm}$ 及图 1-2-15 所示的 $\delta - s$ 位移线图绘制的凸轮轮廓曲线如图 1-2-16 所示。其中推程部分的最大压力角 $\alpha_{\max} = 19.76° < [\alpha] = 30°$ 满足要求，最小曲率半径 $\rho_{\min} = 27.97 > r_t + (3\sim5)\text{mm} = 10 + (3\sim5)\text{mm} = 13\text{mm}\sim15\text{mm}$，满足条件。

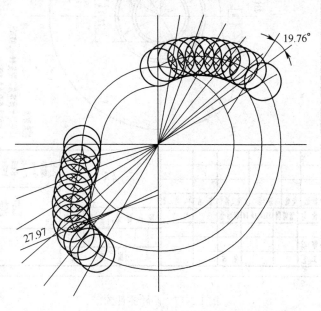

图 1-2-16 绘制凸轮轮廓曲线

4. 绘制凸轮零件图

据图 1-2-16 得到的凸轮轮廓曲线，装凸轮轴处的直径 $d = 25\text{mm}$，并参考齿轮轮毂尺寸的计算等后绘制的该凸轮零件图如图 1-2-17 所示。

【任务总结】

凸轮传动是通过凸轮与从动件间的接触来传递运动和动力，是一种常见的高副机构，结构简单，只要设计出适当的凸轮轮廓曲线，就可以使从动件实现任何预定的复杂运动规律。

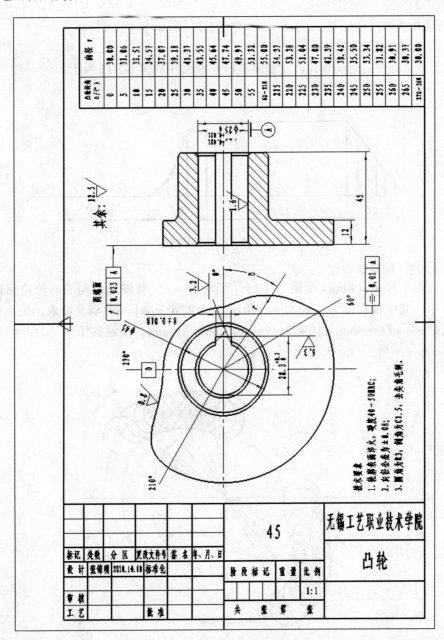

凸轮转角 δ/(°)	半径 r
0	30.00
5	31.06
10	32.51
15	34.57
20	37.07
25	39.18
30	41.37
35	43.55
40	45.64
45	47.74
50	49.91
55	51.32
60~210	55.00
215	54.37
220	53.38
225	51.04
230	47.00
235	42.39
240	38.42
245	35.50
250	33.34
255	31.82
260	30.91
265	30.37
270~360	30.00

技术要求：
1. 热处理表面淬火，硬度40～50HRC；
2. 孔径公差为0.08；
3. 圆角为R3，倒角为C1.5，去尽毛刺。

图 1-2-17　凸轮零件图

【技能训练】

训练内容：

已知一对心直动滚子从动件盘形凸轮机构中，凸轮沿顺时针方向等速转动，基圆半径 $r_b = 30\,\text{mm}$，滚子半径 $r_t = 8\,\text{mm}$，从动件升程 $h = 30\,\text{mm}$，推程为简谐运动，推程运动角 $\varphi = 120°$，远停程角 $\varphi_s = 60°$，回程为等加速等减速运动，回程运动角 $\varphi' = 150°$，试用图解法确定凸轮轮廓。

训练目的：

学会用图解法设计平面凸轮轮廓。

训练过程：

本训练主要是用图解法设计及计算确定凸轮轮廓，设计过程可参考图 1-2-18。

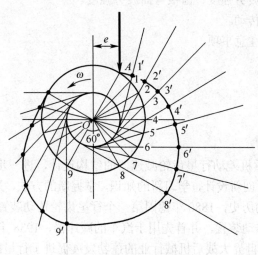

图 1-2-18　凸轮轮廓

训练总结：

通过本训练，学生会根据已知参数自行确定从动件运动规律，设计凸轮轮廓。

思考问题：

1．凸轮的常用材料有哪些？
2．凸轮的结构有几种形式？
3．滚子从动件的结构有几种形式？

任务三　起重机齿轮机构运动与结构分析

【任务提出】

双电动机行星减速器传动分三种情况：一种是两个电动机同向旋转时，输出功率为两个电动机之和，另一种两个电动机反向旋转，其中一个电动机处于发电状态；还有一种情况就是一个电动机闸住，就是行星轮系，特点是起重机有三种速度分析情况。差动轮系效率高，它与适当的定轴轮系组合并配两个动力源，形成行星差动变速机构，这种机构可以在一定范围内解决多速驱动问题，根据两个电动机协同工作情况，可使卷筒有四个转数，以满足某些起重机工作的需要。

【能力目标】

具有设计起重机差动行星齿轮减速器的能力。

【知识目标】

1. 掌握齿轮机构的基本常识。
2. 明确受力分析、轮齿的计算载荷对设计齿轮的影响。
3. 能计算齿面接触疲劳强度、齿根弯曲疲劳强度。
4. 能设计计算齿轮传动。
5. 知道齿轮的维护注意事项。

【任务分析】

一、齿轮

（一）行星齿轮

本次设计通过对起重机差动行星齿轮减速器的结构设计，进一步巩固和掌握机械设计的基本原理与方法，并进行创新设计，学习新的知识，掌握新的方法，开阔视野。国内外对行星齿轮研究已经有相当长的历史，1880 年德国第一个行星齿轮传动装置的专利出现，1920 年首次成批制造出行星齿轮传动装置，并首先用于汽车的减速器，1938 年起集中发展汽车用的行星齿轮传动装置。第二次世界大战后机械行业的蓬勃发展促进了行星齿轮传动的发展。高速大功率行星齿轮传动广泛的实际应用于 1951 年首先在德国获得成功。1958 年后，英、意、日、美、苏、瑞士等国也获得成功。低速重载行星减速器已由系列产品发展到生产特殊用途产品，如法国 Citroen 生产用于水泥磨、榨糖机、矿山设备的行星减速器，重量达 125t，输出转矩 3900kN·m；我国从 20 世纪 60 年代起开始研制应用行星齿轮减速器，20 世纪 70 年代制订了 NGW 型渐开线行星齿轮减速器标准系列 JB1799-1976。已试制成功高速大功率的多种行星齿轮减速器，如列车电站燃气轮机（3000kW）/高速汽轮机（500kW）和万立方米制氧透平压缩机 6300kW 的行星齿轮箱,低速大转矩的行星减速器也已批量生产,如矿井提升机的 $XL-30$ 型行星减速器（800kW）。

行星齿轮传动在设计上日趋完善，制造技术不断进步，使行星齿轮传动已达到了较高水平，我国与世界先进水平虽存在明显差距，但随着改革开放带来了设备引进、技术引进，在消化吸收国外先进技术方面取得了长足的进步。目前行星齿轮传动正朝以下几个方向发展：

（1）无级变速行星齿轮传动。实现无级变速就是让行星齿轮传动中三个基本结构都转动并传递功率，这只要对原行星结构中固定的结构加一个转动（如采用液压泵及液压马达系统来实现），就成为无级变速器。

（2）少齿行星齿轮传动。这类传动主要用于大传动比、小功率传动。

（3）复合式行星齿轮传动。近几年来，国外蜗杆传动、螺旋齿轮传动、圆锥齿轮与行星齿轮组合使用，构成复合式行星齿轮箱。其高速级用前述各种定轴类型传动，低速级用行星齿轮传动箱。这样可适应相交轴和交错轴间的传动，可实现大传动比和大转矩输出等不同用途，充分利用各类传动的特点，克服各自的缺点，以适应市场上多样化的需求。如制碱工业澄清桶用蜗杆涡轮——行星齿轮减速器，总传动比 $i = 125r/min$，输出转矩 27200N·m。

（4）高速大功率及低速大转矩。例如年产 300kt 合成氨透平压缩机的行星齿轮增速器，其齿轮圆周速度已达 150m/s；日本生产了巨型船舰推进系统用的行星齿轮箱，功率为 22065 kW；大型水泥球磨机所用 80/125 型行星齿轮箱，输出转矩高达 4150kN·m，在这类产品的设计与制造中需要继续解决均载、平衡、密封、润滑、零件材料及热处理、高效率、长寿命、可靠性等一系列设计制造技术问题。

（5）制造技术。采用新型优质钢材，经热处理获得高硬齿面（内齿轮离子渗碳，外齿轮渗碳淬火），精密加工以获得高齿轮精度及低粗糙度（内齿轮精插齿度 5-6 级精度，外齿轮经磨齿达 5 级精度，粗糙度为 $0.2\sim0.4\mu m$），从而提高承载能力，保证可靠性和使用寿命。

（二）起重机起升结构简介

起升结构包括：起升机构是塔式起重机最重要的传动机构，它要求重载低速，轻载高速，调速范围大。起升机构调速方式的优劣直接影响整机性能。4 绳最大起重量小于等于 6t 的小中型塔机竞争激烈，成本控制严格，国内以多速电动机变极调速为主，方案简单，尚能满足工作需要。8t 和 8t 以上的中大型塔机需要较好的调速性能，调速方式很多，选择原则有三个：第一要平稳，冲击小；第二要经济和可靠，符合国情；第三要便于维修。起重不同的物品，需要不同的取物装置，其驱动装置亦稍有不同，但布置方式基本相同。当起重量超过 10t 时，常设两个起升结构：主起升结构（起重量大）和副起升结构（起重量小）。对于双梁桥式龙门起重机，主副钩起升结构的卷筒中心线通常布置成互相平行而且与中心线垂直，对于单梁桥式起重机，主副卷筒的中心线也可布置成互相垂直的。对于单主梁龙门起重机，为了适应吊运大尺寸构件，常需采用分离的双吊点悬挂系统，为了支持物品重量，在起升机构的电动机轴上都装设常闭式制动器。起升机构驱动装置的典型布置方式有以下两种：

（1）展开式布置：吊钩起重机、电磁起重机、抓斗起重机。

（2）同轴式布置。

钢丝绳卷绕系统中，在钢丝绳绕过卷筒或滑轮时要发生 $1\sim2$ 次弯折，反复弯折的次数越多，钢丝绳中的钢丝便越易疲劳，而钢丝绳同向弯折的耐久性要比反向弯折的耐久性高一倍，这相当于钢丝绳寿命相同时，同向弯折次数要比反向弯折的次数高一倍。为了提高钢丝绳的耐久性，应尽量减少钢丝绳反向弯折的次数。但在某些起重机的卷绕系统中，反向弯折是不可避免的，此时可用增大滑轮直径来补偿由此引发的钢丝绳寿命的降低。

（三）驱动装置的机械变速方案

此起重装置是利用差动轮系来实现变速传动，用 NGW 型差动轮系构成的复合轮系，两台电动机的转向相同或相反，或者只启动一个电动机，另一台制动，就可得到 4 种不同的输出转速，但本任务只考虑三种情况：两个电动机同向旋转、两个电动机反向旋转、一个旋转一个闸住，这种传动可以解决在一定范围内的多速驱动问题，与定轴传动采用滑移齿轮变速相比，差动轮系变速箱轴向尺寸小，变速时齿轮始终处于啮合状态，传动不会中断，故变速可靠，同时还可以实现带重负荷起动。

（四）反求设计简介

反求设计是对已有的产品或技术进行分析研究，掌握其功能原理、零部件的设计参数、材料、结构、尺寸、关键技术等指标，再根据现代设计理论与方法，对原产品进行仿造设计、改进设计或创新设计。本任务运用已有的数据对齿轮变速结构进行验算。

反求设计中关键性问题的分析：

（1）探索原产品的设计思想：探索原产品设计的指导思想是产品改进设计的前提。了解原产品的设计思想后，可按认知规律对零件进行推导。

（2）探索原产品的原理方案设计：各种产品都是按一定的要求设计的，而满足一定要求的产品可能有多种不同的形式。所以产品的功能目标是产品设计的核心问题。不同的功能目标可引出不同的原理方案。探索原产品的原理方案设计，可以了解功能目标的确定原则，这对产品的改进设计有极大的帮助。

（3）研究产品的结构设计：产品中零部件的具体结构是产品功能目标的保证，对产品的性能、成本、寿命、可靠性有着极大的影响。

（4）对产品的零部件进行测绘：对产品的零部件进行测绘是反求设计中工作量很大的一部分工作。用现代设计方法对所测绘的零件进行分析，进而确定反求时的设计方法。

二、配齿计算及运动分析

齿轮传动是机械传动中最重要的传动之一，形式很多，应用广泛。齿轮传动的主要特点有：

- 工作可靠、寿命长。设计制造正确合理、使用维护良好的齿轮传动工作十分可靠。
- 效率高。在常用的机械传动中，以齿轮传动的效率最高，如一级圆柱齿轮传动的效率可达 99%。
- 结构紧凑。在同样的使用条件下，齿轮传动所需的空间尺寸一般较小，传动比较稳定。

（一）传动原理图

如图 1-3-1 和图 1-3-2 所示为起重机用三速差动行星齿轮减速装置的传动简图和原理图，针对此原理图可得知起重机在运行过程中有以下三种情况：

（1）当 Z_5 闸住，Z_1 旋转时：

$$i_0 = \frac{Z_2}{Z_1} \times \frac{Z_4}{Z_3} \times \left(1 + \frac{Z_a}{Z_3}\right) = \frac{128}{22} \times \frac{70}{30} \times \left(1 + \frac{20}{82}\right) = 16.89$$

（2）当 Z_5 与 Z_1 同向旋转时：

$$n = \left[Z_1 \times Z \times \frac{n_{01}}{(Z_{a+}Z_b)} + Z_5 \times Z_a \times \frac{n^{02}}{Z_6(2_a + Z_a)}\right] \times \frac{Z_3}{Z_4}$$

（3）当 Z_5 和 Z_1 反向旋转时：

$$n = \left[Z_1 \times Z_b \times \frac{n_{01}}{Z_2(Z_a + Z_b)} - Z_5 \, Z_a \times \frac{n_{02}}{Z_6(Z_a + Z_b)}\right] \times \frac{Z_3}{Z_4}$$

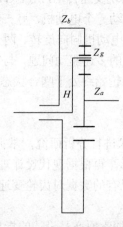

图 1-3-1　三速起重机齿轮传动简图

根据图 1-3-2，我们对此差动轮系有进一步的了解，根据以往经验，为使 NGW 型轮系效率较高，我们按 $i_0 = 2.5 \sim 4.5$。

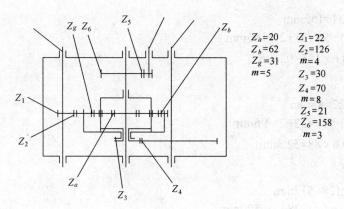

Z_a=20 Z_1=22
Z_b=62 Z_2=126
Z_g=31 m=4
m=5 Z_3=30
   Z_4=70
   m=8
   Z_5=21
   Z_6=158
   m=3

图 1-3-2 起重机差动行星齿轮减速器传动原理图

本次我们取 i_0 =4.1。

$i_0 = \dfrac{Z_b}{Z_a}$，而传动比

$$i_a{}_hb = 1 + \frac{Z_b}{Z_a} = 1 + 82/20 = 1 + 4.1 = 5.1$$

K=2（两个行星轮系）

$$Z_a : Z_g : Z_b : \delta = Z_1 : \frac{Z_1(i_a h_b - 2)}{2} : Z_1(i_a h_b - 1) : Z_1 \times \frac{i_{ab}}{K}$$

$$= Z_1 : \frac{Z_1(5.1 - 2)}{2} : Z_1(5.1 - 1) : \frac{Z_1 \times 5.1}{2}$$

$$= 20 : 31 : 82 : 51$$

其中 Z_a=20，Z_g=31，Z_b=82。

（二）齿轮的几何尺寸计算

分度圆：$d = mz$

齿顶圆：$d_a = d_1 + 2h_a$

基圆直径：$d_b = d \cos a$

齿宽：$d_宽 = \phi a \times d$

齿顶高系数：太阳轮、行星轮——$h_a^* = 1$

下面对减速箱的各个齿轮的几何尺寸进行计算。

m =5 Z_a =20

$d = m \times z = 5 \times 20 = 100 \text{mm}$

$d_a = m \times (z + 2) = 5 \times (20 + 2) = 110 \text{mm}$

$d_宽 = \phi a \times d = 0.6 \times 100 = 60 \text{mm}$

m=5 Z_b=82

$d = m \times z = 5 \times 82 = 410 \text{mm}$

$d_a = m(z + 2) = 5 \times (82 + 2) = 420 \text{mm}$

$d_宽 = \phi a \times d = 0.6 \times 410 = 246 \text{mm}$

m =5 Z_g =31

$d = m \times z = 5 \times 31 = 155mm$

$d_a = m \times (z + 2) = 5 \times (31+2) = 165mm$

$d_{宽} = \phi a \times d = 0.6 \times 155 = 93mm$

$m = 4 \quad Z_1 = 22$

$d = m \times z = 4 \times 22 = 88mm$

$d_a = m \times (z + 2) = 4 \times (22+2) = 96mm$

$d_{宽} = \phi a \times d = 0.6 \times 88 = 52.8mm$

$m = 4 \quad Z_2 = 128$

$d = m \times z = 4 \times 128 = 512mm$

$d_a = m \times (z + 2) = 4 \times (128+2) = 520mm$

$d_{宽} = \phi a \times d = 0.6 \times 512 = 307.2mm$

$m = 8 \quad Z_3 = 30$

$d = m \times z = 8 \times 30 = 240mm$

$m = m \times (z + 2) = 8 \times (30+2) = 256mm$

$d_{宽} = \phi a \times d = 0.6 \times 240 = 144mm$

$m = 8 \quad Z_4 = 70$

$d = m \times z = 8 \times 70 = 560mm$

$d_a = m \times (z + 2) = 8 \times (70+2) = 576mm$

$d_{宽} = \phi a \times d = 0.6 \times 560 = 336mm$

$m = 3 \quad Z_5 = 21$

$d = m \times z = 3 \times 21 = 63mm$

$d_a = m \times (z + 2) = 3 \times (21+2) = 69mm$

$d_{宽} = \phi a \times d = 0.6 \times 63 = 37.8mm$

$m = 3 \quad Z_6 = 158$

$d = m \times z = 3 \times 158 = 474mm$

$d_a = m \times (z + 2) = 3 \times (158+2) = 480mm$

$d_{宽} = \phi a \times d = 0.6 \times 474 = 284.4mm$

齿轮中心距：

$$a = m \times \frac{Z_1 + Z_2}{2} = 3 \times \frac{21+158}{2} = 268.5$$

其他中心距可以依据此公式进行类推。

（三）运动分析

根据机械原理上的运动分析，参照图 1-3-3 可得：

$$W_h = \frac{W_a + W_b i_0}{1 + i_0}$$

主动轮，从动轮：

$$W_b = \frac{715 \times 22}{128} = 122.89$$

$$W_a = \frac{855 \times 21}{158} = 117.63$$

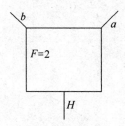

图 1-3-3　差动轮系

两个电动机同向旋转，输出转速 $N=52$ r/min。

$$W_h = \frac{W_a + W_b i_0}{1 + i_0} = \frac{117.63 + 4.1 \times 122.89}{1 + 4.1} = 121.86$$

$$N_{出} = W_h \times \frac{3}{7} = 121.86 \times \frac{3}{7} = 52.22 \text{r/min}$$

一个电动机反转时可得：

$$W_h = \frac{-117.63 + 4.1 \times 122.89}{1 + 4.1} = 75.73$$

$$N_{出} = 75.73 \times \frac{3}{7} = 32.45 \text{r/min}$$

当一个电动机闸住时：

$$W_a = 0 \qquad W_b = 122.89$$

$$W_h = \frac{0 + 4.1 \times 122.89}{1 + 4.1} = 98.79$$

$$N_{出} = 98.79 \times \frac{3}{7} = 42.34 \text{r/min}$$

经过上述推导可以得到电动机的三种转速：52r/min、42r/min、32r/min。

三、功率流分析

（1）当 a、b 两电动机转向相同时：

$$\frac{P_a}{P_b} = \frac{M_a \times W_a}{M_b \times W_b} = \frac{i_{ab}}{i_0}$$

$$\frac{M_a}{-1} = \frac{M_b}{-i_0} = \frac{MH}{1 + i_0}$$

则
$$\frac{M_a}{M_b} = \frac{+1}{+i_0} = \frac{Z_b}{Z_a} > 0$$

$$\frac{P_a}{P_b} > 0$$

推导出 h 电动机为主动电动机。

（2）当 a、b 电动机反向旋转时：

$$\frac{P_a}{P_b} = \frac{M_a \times W_a}{M_b \times W_b} = \frac{i_{ab}}{i_0}$$

$$\frac{M_a}{1} = \frac{M_b}{-i_0} = \frac{MH}{1 + i_0}$$

则
$$\frac{M_a}{M_b} = \frac{+1}{-i_0} = \frac{Z_b}{Z_a} < 0$$

$$\frac{P_a}{P_b} < 0$$

推导出 h 电动机为从动电动机。

（3）$n_a = 0$ 时，为行星轮系，则 b 电动机为直接输入，H 电动机为输出。

四、效率计算

在进行行星齿轮传动的运动分析时，是通过转臂固定的转化机构的运动关系求得各构件的转速和传动比的。根据相同的原理，行星齿轮的效率也可以通过转化机构的功率关系或力矩关系求得。因此，假定行星齿轮传动的摩擦损失功率 P_f 等于它的转化机构的摩擦损失功率 P_f^H，然后通过转化机构的摩擦损失功率的计算关系进而求得行星齿轮传动的效率。

上述的假定是建立在这样的基础上的：首先，啮合摩擦损失是功率损失的主要部分，其大小取决于齿廓间的摩擦系数、作用力和相对滑动速度，而行星轮系变为转化机构之后，各构件间的相对速度、齿廓间的作用力和摩擦系数并没有改变；其次，略去了行星齿轮传动中由于行星轮的离心作用而增加的轴承摩擦损失。实际上行星传动中转臂等处的摩擦损失不转化，机构中该轴承的损失略有增加，但因为行星传动中常用滚动轴承，摩擦系数很小，消耗在全部轴承中的功率损失占整个功率损失的比例较小，故这一差异可忽略不计。

1. 当 a 为主动轮（即 $P_a > 0$，$P_H < 0$）时

（1）若 $i_{ab}^H < 0$ 或 $i_{ab}^H > 1$，依照公式，则 $\phi_a > 0$，又已知 $P_a > 0$，则 $P_a^H = P_a \phi_a > 0$，这表明转化机构中的 a 轮仍为主动件。故代入公式求得其传动效率为：

$$\eta_{aH}^b = 1 - \frac{i_{ab}^H}{i_{ab}^H - 1}(1 - \eta_{ab}^H) = \frac{1 - i_{ab}^H \eta_{ab}^H}{1 - i_{ab}^H}$$

当用 $i_{ab}^H < 0$ 代入时：

$$\eta_{aH}^b = 1 - \frac{i_{ab}^H}{i_{ab}^H - 1}\mu^H = 1 - \frac{\mu^H}{1 - \frac{1}{i_{ab}^H}} = 1 - \frac{\mu^H}{1 + \left| i_{ba}^H \right|}$$

当用 $i_{ab}^H > 1$ 代入时：

$$\eta_{aH}^b = 1 - \frac{i_{ab}^H}{i_{ab}^H - 1}\mu^H = 1 - \frac{1 - i_{aH}^b}{(1 - i_{aH}^b) - 1}\mu^H = 1 - \frac{1 - i_{aH}^b}{-i_{aH}^b}\mu^H = 1 - \left(1 - \frac{1}{i_{aH}^b}\right)\mu^H$$

$$= 1 - (1 - i_{Ha}^b)\mu^H = 1 - \left| i_{aH}^b - 1 \right|\mu^H$$

（2）若 $1 > i_{ab}^H > 0$，依照公式，则 $\phi_a < 0$，又已知 $P_a > 0$，则 $P_a^H = P_a\phi_a < 0$，表明转化机构中的 a 轮变为从动件。故代入公式求得传动效率为：

$$\eta_{aH}^b = 1 + \frac{i_{ab}^H}{i_{ab}^H - 1}\left(\frac{1 - \eta_{ba}^H}{\eta_{ba}^H}\right) = 1 + \frac{i_{ab}^H - i_{ab}^H \cdot \eta_{ba}^H}{i_{ab}^H \eta_{ba}^H - \eta_{ba}^H} = \frac{i_{ab}^H \eta_{ba}^H - \eta_{ba}^H + i_{ab}^H - i_{ab}^H \eta_{ba}^H}{i_{ab}^H \eta_{ba}^H - \eta_{ba}^H}$$

$$= \frac{-1 + i_{ab}^H / \eta_{ba}^H}{i_{ab}^H - 1} = \frac{1 - i_{ab}^H / \eta_{ba}^H}{1 - i_{ba}^H} = \frac{1 - \mu^H - i_{ab}^H}{(1 - \mu^H)(1 - i_{ab}^H)}$$

$$= \frac{1 - \frac{\mu^H}{1 - i_{ab}^H}}{1 - \mu^H} = \frac{1 - \mu^H \left| i_{aH}^b \right|}{1 - \mu^H}$$

2. 当转臂 H 为主动轮（即 $P_H > 0$，$P_a < 0$）时

（1）依照公式，则 $\phi_a > 0$。又因为 $P_a < 0$，故 $P_a^H < 0$（因为 $\phi_a = \frac{P_a^H}{P_a}$），这表明转化机构中的 a 轮仍为从动件，故代入公式求其效率为：

$$\eta_{Ha}^b = \frac{1}{1 + \frac{i_{ab}^H}{i_{ab}^H - 1}\left(\frac{1 - \eta_{ba}^H}{\eta_{ba}^H}\right)} = \frac{1}{\frac{i_{ab}^H \eta_{ba}^H - \eta_{ba}^H + i_{ab}^H - i_{ab}^H \eta_{ba}^H}{i_{ab}^H \eta_{ba}^H - i_{ba}^H}} = \frac{1 - i_{ab}^H}{1 - \frac{i_{ab}^H}{\eta_{ba}^H}} = \frac{1 - i_{ab}^H}{1 - \mu^H - i_{ab}^H}$$

$$= \frac{(1 - i_{ab}^H)(1 - \mu^H)}{1 - \mu^H - i_{ab}^H} = 1 + \frac{i_{ab}^H \mu^H}{1 - \mu^H - i_{ab}^H}$$

当 $i_{ab}^H < 0$ 时，μ^H 占分母很小一部分，可以忽略，又 $i_{ab}^H = \frac{1}{i_{ba}^H}$，代入上式，得：

$$\eta_{Ha}^b = 1 + \frac{\mu^H}{i_{ba}^H - i_{ba}^H i_{ab}^H} = 1 + \frac{\mu^H}{i_{ba}^H - 1} = 1 - \frac{\mu^H}{1 - i_{ba}^H} = 1 - \frac{\mu^H}{1 + \left| i_{ba}^H \right|}$$

（2）若 $i_{ab}^H > 1$，依照公式，则 $\phi_a > 0$。又因为 $P_a < 0$，故 $P_a^H < 0$（因为 $\phi_a = \frac{P_a^H}{P_a}$），这表明转化机构中的 a 轮仍为从动件，故代入公式求效率的过程与上面相似：

$$\eta_{Ha}^b = \frac{(1 - i_{ab}^H)(1 - \mu^H)}{1 - \mu^H - i_{ab}^H} = \frac{1 - \mu^H}{1 - \frac{\mu^H}{1 - i_{ab}^H}} = \frac{1 - \mu^H}{1 + \frac{\mu^H}{i_{ab}^H - 1}}$$

因为 $i_{ab}^H > 1$，所以有 $i_{ab}^H - 1 = \left| 1 - i_{ab}^H \right|$，则有：

$$\eta_{Ha}^b = \frac{1-\mu^H}{1+\dfrac{\mu^H}{\left|1-i_{ab}^H\right|}} = \frac{1-\mu^H}{1+\dfrac{\mu^H}{\left|1-(1-i_{Ha}^b)\right|}} = \frac{1-\mu^H}{1+\dfrac{\mu^H}{\left|i_{aH}^b\right|}} = \frac{1-\mu^H}{1+\left|i_{Ha}^b\right|\mu^H}$$

（3）若 $0 < i_{ab}^H < 1$，依照公式，则 $\phi_a < 0$。又因为 $P_a < 0$，故 $P_a^H > 0$（因为 $\phi_a = \dfrac{P_a^H}{P_a}$），这

表明转化机构中的 a 轮仍为主动件，故代入公式求其效率为：

$$\eta_{Ha}^b = \frac{1}{1-\dfrac{i_{ab}^H(1-\eta_{ba}^H)}{i_{ab}^H-1}} = \frac{1}{\dfrac{i_{ab}^H-1-i_{ab}^H+i_{ab}^H\eta_{ba}^H}{i_{ab}^H-1}} = \frac{1-i_{ab}^H}{1-i_{ab}^H\eta_{ba}^H} = \frac{1-i_{ab}^H}{1-i_{ab}^H(1-\mu^H)}$$

$$= \frac{1-i_{ab}^H}{1-i_{ab}^H+i_{ab}^H\mu^H} = \frac{1}{1+\dfrac{i_{ab}^H\mu^H}{1-i_{ab}^H}}$$

因为 $0 < i_{ab}^H < 1$，$(1-i_{ab}^H) = \left|1-i_{ab}^H\right|$，代入上式，得：

$$\eta_{Ha}^b = \frac{1}{1+\dfrac{i_{ab}^H\mu^H}{\left|1-i_{ab}^H\right|}} = \frac{1}{1+\dfrac{(1-i_{aH}^b)\mu^H}{\left|1-(1-i_{aH}^b)\right|}} = \frac{1}{1+\dfrac{(1-i_{aH}^b)\mu^H}{\left|i_{aH}^b\right|}}$$

$$= \frac{1}{1+\left|\dfrac{1}{i_{aH}^b}-1\right|\mu^H} = \frac{1}{1+\left|i_{Ha}^b-1\right|\mu^H}$$

最常见的四种形式的 2K-H 传动的效率计算公式如表 1-3-1 所示。

表 1-3-1   2K-H 类行星传动效率计算公式

类型	固定件	主动件	从动件	转化机构传动比	传动效率
NGW	b	a H	H a	$i_{ab}^H < 0$	$\eta_{aH}^b = 1 - \dfrac{\mu^H}{1+\left|i_{ba}^H\right|}$
WW	b	a	H	$0 < i_{ab}^H < 1$	$\eta_{aH}^b = \dfrac{1-\left|i_{Ha}^b\right|\mu^H}{1-\mu^H}$
		a	H	$i_{ab}^H > 1$	$\eta_{aH}^b = 1 - \left|i_{Ha}^b-1\right|\mu^H$
		H	a	$i_{ab}^H > 1$	$\eta_{Ha}^b = \dfrac{1-\mu^H}{1+\left|i_{Ha}^b\right|\mu^H}$
		H	a	$0 < i_{ab}^H < 1$	$\eta_{Ha}^b = \dfrac{1}{1+\left|i_{Ha}^b-1\right|\mu^H}$
NW	b	a	H	$i_{ab}^H < 0$	同 NGW
		H	a		
NN	b	a	H	$0 < i_{ab}^H < 1$	同 WW
		H	a		

根据机械原理，因为此轮系为 2K-H 差动轮系，当转速为 52r/min 时差动轮系：

$$\eta = (\eta_0 + i_0)\frac{W_a + W_b i_0}{1 + i_0}(\eta_0 W_a + i_0 \times W_b)$$

$$\eta_0 = \eta_1 \times \eta_2 = 0.99 \times 0.99 = 0.98$$

$$i_0 = 4.1 \quad W_a = 117.63 \quad W_b = 122.89$$

代入上式得

$$\eta = (0.98 + 4.1) \times \left(\frac{117.63 + 4.1 \times 122.89}{1 + 4.1}\right) \times (0.98 \times 117.63 + 4.1 \times 122.89)$$

$$= \frac{3157.11332}{3157.54465} = 0.9998$$

当转速为 32 r/min 时，差动轮系：

$$\eta = \frac{(n_0 + j_0)W_h - W_a}{(1 + i_0)W_h - \eta_0 W_a}$$

$$\eta_0 = 99 \times 0.99 = 0.98 \quad i_0 = 4.1 \quad W_a = 117.63 \quad W_h = 75.73$$

代入上式得

$$\eta = \frac{(0.98 + 4.1) \times 75.73 - 117.63}{(1 + 4.1) \times 75.73 - 0.98 \times 117.63} = \frac{267.0784}{270.9456} = 0.98$$

当转速为 42r/min 时，行星轮系：

$$\eta = \frac{\eta_0 + i_0}{1 + i_0}$$

$$\eta_0 = 0.99 \times 0.99 = 0.98 \quad i_0 = 4.1$$

代入上式得：

$$\eta = \frac{0.98 + 4.1}{1 + 4.1} = 0.996$$

3. 公式验算

（1）2K-H 型行星齿轮装置。

在表 1-3-2 所示的 2K-H 行星齿轮结构中，将太阳内齿轮 C 固定，系杆 S 顺时针方向（作为正方向）以角速度（$\omega_S > 0$）作主动件旋转，太阳外齿轮 A 以角速度 ω_a 旋转，是被动件，在这种情况下，我们来求计算速比 μ 和效率 η 及作用在各基本轴上的转矩的计算式，ω_a 采用表 1-3-2 很容易求得。

表 1-3-2 用合成法求旋转角速度

	C	B	A	S
使整个系统同时旋转	ω_S	ω_S	ω_S	s
系杆固定	$-\omega_S \times \dfrac{Z_c}{Z_b}$	ω_S	$\dfrac{Z_c}{Z_b} \times \left(\dfrac{Z_a}{Z_b}\right)$	0
合计	0	$\omega_S\left(1 - \dfrac{Z_c}{Z_b}\right)$	$\omega_S\left(1 + \dfrac{Z_c}{Z_a}\right)$	ω_S

由此得：

$$\omega_a = \omega_S \left(1 + \frac{Z_c}{Z_a}\right) = \omega_S \left(1 + i_0\right) \tag{1-3-1}$$

$$\eta = \frac{\omega_a}{\omega \omega_s} = 1 + i_0 \tag{1-3-2}$$

其中，$i_0 = \dfrac{Z_c}{Z_a}$（$2 < i_0 < 11$），Z_a、Z_c 表示齿轮 A 和 C 的齿数，由式（1-3-1）可知，齿轮 A 与系杆回转方向相同（正方向），而且是增速旋转。

当系杆 S 绕 O 点以角速度 ω_S 顺时针回转时，则太阳外齿轮 A 以角速度 ω_a 作顺时针旋转，当在行星齿轮 B 的中心点加的力为 ω_S，则齿轮 A 对齿轮 B 的作用力为反力 ω_A，作用点为行星齿轮 B 和太阳齿轮 A 的啮合点，固定内齿轮 C 对行星齿轮 B 的作用力为 ω_C。这三个力以图 1-3-4 所示的状态保持平衡，行星齿轮 B 可以看成是以内齿轮 C 的轴心为支点的"杠杆"，据此力 ω_S、ω_A、ω_C 对 O 点的转矩 M_S、M_A、M_C 的方向如图 1-3-4 来决定，这几个转矩的平衡式为：

$$-M_A - M_C + M_S = 0 \tag{1-3-3}$$

如以

$$\eta = \frac{M_A}{M_S} \left(\frac{\omega_A}{\omega_S}\right) \tag{1-3-4}$$

当对表 1-3-2 "合计"栏所示的各运动都分别加上一个系杆的旋转方向相反的回转角速度（$-\omega_S$）时，则得到"系杆固定"栏所示的将系杆固定时的运动。因为不论是对 A、B、C、S 各要素上作用力，还是各要素之间的相对运动在以上两个"栏目"中均不发生变化，因此就可以求出这个行星齿轮机构的效率，这就是在表 1-3-2 的"系杆固定"栏中，内齿轮 C 的角速度是 $\omega_C(-\omega_S)$ 是负方向，齿轮 A 的角速度 $\omega_a' = (\omega_S \times \dfrac{Z_c}{Z_a} = \omega_a \times i_0)$ 是正方向。现在将转矩与旋转方向相同一侧作为主动侧，转矩与旋转方向相反的一侧作为从动侧，因为这时 M_C 是负方向，M_A 也是负方向，所以齿轮 C 是驱动侧，齿轮 A 是从动侧，于是将系杆 S 固定时得到基准啮合效率，可由式（1-3-5）求得：

$$\eta_0 = \frac{M_A}{M_C} \left(\frac{\omega_A}{\omega_C}\right) = \frac{M_A}{M_C} \left(i_0\right) \tag{1-3-5}$$

而由式（1-3-3）得：

$$M_C = M_S - M_A$$

将此式代入式（1-3-5）则得：

$$\eta_0 = \frac{M_A}{(M_S - M_A) i_0}$$

据此得：

$$\frac{M_A}{M_S} = \frac{\eta_0}{\eta_0 + i_0} \tag{1-3-6}$$

将式（1-3-2）和（1-3-6）式代入（1-3-4）式，则得下式：

$$\eta = \frac{M_A}{M_S} \left(\frac{\omega_A}{\omega_S}\right) = \eta_0 \frac{1 + i_0}{\eta_0 + i_0} \tag{1-3-7}$$

现设齿轮 A 与 B 的啮合效率为 η_1，齿轮 B 和 C 的啮合效率为 η_2，则将系杆 S 固定时的效率（基准效率）η 用式（1-3-8）表示：

$$\eta_0 = \eta_1 \times \eta_2 \tag{1-3-8}$$

式（1-3-7）就是使齿轮 C 固定，系杆 S 为主动件，齿轮 A 为从动件的效率计算式，用同样的方法可以求得当 C 固定时，以 A 为主动件，S 为被动件时，还有将 A 固定，S 为主动件，C 为从动件时，以及将 A 固定，C 为主轴，S 为从动件时的速比和效率的计算式，由式（1-3-6）得：

$$M_A = \frac{\eta_0}{\eta_0 + i_0} \times M_S \tag{1-3-9}$$

由式（1-3-3）得：

$$M_C = M_S - M_A$$

将式（1-3-9）代入得：

$$M_C = \frac{i_0}{\eta_0 + i_0} \times M_S \tag{1-3-10}$$

由式（1-3-9）和式（1-3-10）就可以求出当作用在主动轴上的转矩 M_S 已知时，作用在从动轴 A 和固定轴 C 上的转矩。

（2）2K-H 型差动齿轮装置。

在图 1-3-5 所示的 2K-H 型差动齿轮机构中，我们试求以轴 A 和轴 C 为主动轴，系杆 S 为从动轴时的效率和轴转矩的计算式。

加在行星轮 B 上的力和回转角速度的关系如图 1-3-4 所示，这时设 ω_A、ω_C、ω_S 分别为齿轮 A、C 和系杆 S 作用于行星轮 B 的力，ω_A、ω_C、ω_S 为齿轮 A、C 和系杆 S 的旋转速度，往往设 ω_S 为顺时针方向。转矩与转速方向相同时为输入一侧，转矩与转速方向相反时为从动一侧，加在行星轮 B 的力的平衡关系如图 1-3-4 所示。

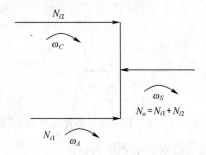

图 1-3-4　加在行星轮 B 上的力和转速的关系

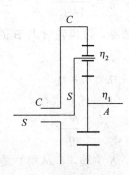

图 1-3-5　2K-H 型差动齿轮机构（Ⅰ型）

在图 1-3-5 所示的 2K-H 差动齿轮装置中，式（1-3-11）成立

$$\omega_S = \frac{Z_A \omega_A + Z_C \omega_C}{Z_A + Z_C} = \frac{\omega_A + i_0 \omega_C}{1 + i_0} \qquad (1\text{-}3\text{-}11)$$

其中，当以 Z_A、Z_C 分别表示齿轮 A、C 时，则 i_0 以式（1-3-12）表示：

$$i_0 = \frac{Z_C}{Z_A} \qquad (1\text{-}3\text{-}12)$$

将式（1-3-11）变形则：

$$\frac{\omega_A - \omega_S}{\omega_S - \omega_C} = i_0 \times \frac{Z_C}{Z_A} > 1$$

如果 $\omega_A > \omega_S$，则由式（1-3-11）得 $\omega_S > \omega_C$，由此得：

$$0 < \omega_C < \omega_S < \omega_A \qquad (1\text{-}3\text{-}13)$$

如果 $\omega_A < \omega_S$，则由式（1-3-11）得 $\omega_S < \omega_C$，由此得：

$$0 < \omega_A < \omega_S < \omega_C \qquad (1\text{-}3\text{-}14)$$

这个差动齿轮装置可看作是当将太阳内轮 C 固定，使太阳外齿轮回转的第一成分行星齿轮装置和将太阳外齿轮 A 固定，使太阳内齿轮 C 旋转的第二成分行星齿轮装置组合而成的，$\omega_A > \omega_S$ 时，第一成分行星齿轮装置（C 固定，A 主动，S 从动）是将图 1-3-4 的全体加上一个 $-\omega_C$ 得到的装置，这时候因为式（1-3-13）成立，有 $\omega_A = (\omega_A - \omega_C) > 0$，$\omega_S = (\omega_S - \omega_C) > 0$，则 ω' 的方向如图 1-3-6 所示，A 是主动侧，S 是从动侧，也就是将内齿轮 C 固定，由于太阳外齿轮 A 驱动，使系杆 S 以角速度 ω_{S1} 而传递输出功率 N_{01}，因为 $\omega_C = 0$，由式（1-3-11）得：

$$\omega_{S1} = \omega_A / (1 + i_0) \qquad (1\text{-}3\text{-}15)$$

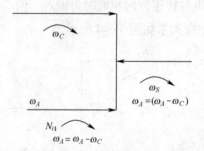

图 1-3-6　第一成分行星齿轮装置的 W 和 ω' 的关系

这个第一成分行星齿轮装置的效率 η_i 表示为：

$$\eta_i = \frac{1 + \eta_0 i_0}{1 + i_0} \qquad (1\text{-}3\text{-}16)$$

其中 η_0 是系杆 S 固定时的基准效率，设齿轮 A 与 B 的啮合效率为 η_1，齿轮 B 和 C 的啮合效率为 η_2，则 η_0 可由式（1-3-17）求得：

$$\eta_0 = \eta_1 \times \eta_2 \qquad (1\text{-}3\text{-}17)$$

这时由轴 A 输入的功率 N_{i1} 由式（1-3-18）求得：

$$N_{i1} = \frac{N_{0i}}{\eta_i} \qquad (1\text{-}3\text{-}18)$$

第二成分行星齿轮装置（A 固定，S 主动，C 从动）是将图 1-3-4 的全体加上一个 $-\omega_A$ 所得的装置，因为这时式（1-3-3）成立，有 $\omega_C = (\omega_C - \omega_A) < 0$，$\omega_S = (\omega_S - \omega_A) < 0$，所以 ω' 的方向

如图 1-3-7 所示，从图中可知：S 是主动侧，C 是从动侧，也就是可堪称是将外齿轮 A 固定由系杆 S 驱动，由 C 输出功率为 N_{i2} 的第二成分行星齿轮装置，因为 $\omega_A = 0$，由式（1-3-1）得：

$$\omega_{S2} = \omega_C \times \frac{i_0}{1 + i_0} \tag{1-3-19}$$

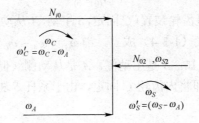

图 1-3-7　第二成分行星齿轮装置的 W 和 ω' 的关系

$$\eta_{ii} = \eta_0 \frac{1 + i_0}{1 + \eta_0 i_0} \tag{1-3-20}$$

由图 1-3-7 式（1-3-21）成立：

$$N_{i0} = N_{02} \times \eta_{ii} \tag{1-3-21}$$

于是设从动轴 S 输出的总输出功率为 N_0，则整体效率 η 为：

$$\eta = \frac{N_0}{N_i} = \frac{N_0}{N_{i0} + N_{i2}} = \frac{N_0}{\left(\dfrac{N_{01}}{\eta_I} \right) + N_{02} \times \eta_{ii}} \tag{1-3-22}$$

现设输出转矩为 M_S，则下式成立：

$$N_0 = M_S \times \omega_S = M_S (\omega_{S1} + \omega_{S2}) = N_{i0} + N_{02}$$

即得：

$$M_S = \frac{N_0}{\omega_S} = \frac{N_{01}}{\omega_{S1}} = \frac{N_{02}}{\omega_{S2}}$$

由此得：

$$N_{01} = \omega_{S1} \times \frac{N_0}{\omega_S} = \omega_A \times \frac{N_0}{\omega_0 + i_0 \times \omega_C} \tag{1-3-23}$$

$$N_{02} = \omega_{S2} \times \frac{N_0}{\omega_S} = \omega_A \times \frac{N_0}{\omega_0 + i_0 \times \omega_C} \tag{1-3-24}$$

将式（1-3-23）和式（1-3-24）代入式（1-3-22），又将式（1-3-6）和式（1-3-10）用在这里，则得：

$$\eta = \frac{(1 + \eta_0 i_0)(\omega_A + i_0 \omega_0)}{(1 + i_0)(\omega_A + \eta_0 \times i_0 \omega_C)} \tag{1-3-25}$$

现在，若设轴 A 的轴转矩为 M_A，轴 C 的轴转矩为 M_C，则式（1-3-26）成立：

$$M_A = \frac{N_{i1}}{\omega_A} = \frac{N_{0i}}{\omega_A \times \eta_1} = \frac{M_S \times \omega_{S1}}{\omega_A \times \eta_1} \tag{1-3-26}$$

$$M_C = \frac{N_{i2}}{\omega_C} = N_{02} \times \frac{\eta_{ii}}{\omega_C} = M_S \times \omega_{S2} \times \frac{\eta_{ii}}{\omega_C} \tag{1-3-27}$$

将式（1-3-5）式（1-3-6）代入式（1-3-26），得：

$$M_A = \frac{M_S}{1 + \eta_0 \times i_0} \tag{1-3-28}$$

将式（1-3-9）和式（1-3-10）代入式（1-3-27），得：

$$M_C = \frac{\eta_0 \times i_0 \times M_S}{1 + \eta_0 \times i_0} \tag{1-3-29}$$

$\omega_A < \omega_S$ 时，第一成分行星齿轮装置（C固定，S主动，A从动）是给图1-3-4的全体加$-J-\omega_C$而得到的装置。这时，因为式（1-3-4）成立，当 $\omega_A = (\omega_A - \omega_C) < 0$，$\omega_S = (\omega_S - \omega_C) < 0$，$\omega'$的方向如图1-3-8所示，由图可知：$S$是主动侧，$A$是从动侧（但是，这个差动齿轮装置本来是$A$为驱动侧，$S$为从动侧），即将内齿轮$C$固定，由于系杆$S$驱动将输入功率传递，由齿轮$A$输出功率 N_{iI}。

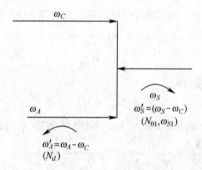

图 1-3-8　第一成分行星齿轮装置的 W 和 ω' 的关系

因为 $\omega_C = 0$，据式（1-3-1）的 ω_{S1} 得到式（1-3-5）式，这个第一成分行星齿轮装置的效率 η_I 表示为：

$$\eta_I = \frac{\eta_0(1 + i_0)}{\eta_0 + i_0} \tag{1-3-30}$$

其中，η_0 是将系杆S固定时的基准效率，可由式（1-3-7）算得，而且这种情况下式（1-3-31）成立：

$$N_{iI} = N_{01} \times \eta_I \tag{1-3-31}$$

第二成分行星齿轮装置（A固定、C主动、S从动）是将图1-3-5的全体加上一个$-\omega_a$所得。因为这时式（1-3-4）成立，有 $\omega_C = (\omega_C - \omega_A) > 0$，$\omega_S = (\omega_S - \omega_A) > 0$，则$\omega'$的方向如图1-3-9所示。

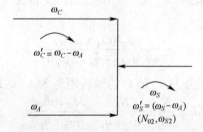

图 1-3-9　第二成分行星齿轮装置的 W 和 ω' 的关系

从这个图可知C是主动侧，S是从动侧，即将齿轮A固定时，由于齿轮C的驱动，系杆S以角速度 ω'_{S2} 传递输出功率 N_{02}，因为 $\omega_A = 0$，由式（1-3-1）算得 ω_{S2}，得到式（1-3-9），这个第二成分行星齿轮装置的效率 η_{II} 表示为：

$$\eta_{II} = \frac{\eta + i_0}{1 + i_0} \quad\quad (1\text{-}3\text{-}32)$$

而且，由图得到：

$$N_{i2} = \frac{N_{02}}{\eta_{II}} \quad\quad (1\text{-}3\text{-}33)$$

于是，设由 S 轴输出的总功率为 N_0 时，全体的效率 η 由下式计算：

$$\eta = \frac{N_0}{N_i} = \frac{N_0}{N_{01} \times \eta\left(\dfrac{N_{02}}{\eta_{II}}\right)} \quad\quad (1\text{-}3\text{-}34)$$

N_{01} 由式（1-3-23）求得，N_{02} 由式（1-3-24）求得。

将式（1-3-23）、（1-3-24）、（1-3-30）和（1-3-32）代入式（1-3-34）得到：

$$\eta = (\eta_0 + i_0) \times \frac{\omega_A + i_0 \omega_C}{(1 + i_0)(\eta_0 \times \omega_A + i_0 \times \omega_C)} \quad\quad (1\text{-}3\text{-}35)$$

轴 A 的转矩 M_A 和轴 C 的转矩 M_C 由下式求得：

$$M_A = \frac{N_{i1}}{\omega_A} = \frac{M_S \times \omega_{S1} \times \eta_i}{\omega_A} \quad\quad (1\text{-}3\text{-}36)$$

$$M_C = \frac{N_{i2}}{\omega_C} = \frac{N_{02}}{\eta_{II} \times \omega_C} = M_S \times M_A = \eta_0 \times \frac{M_S}{\eta_0 + i_0} \frac{S_2}{\eta_{II} \times \omega_C} \quad\quad (1\text{-}3\text{-}37)$$

把式（1-3-5）和式（1-3-30）代入式（1-3-36）得到：

$$M_A = \frac{M_S + \eta_0}{\eta_0 + i_0} \quad\quad (1\text{-}3\text{-}38)$$

把式（1-3-9）和式（1-3-32）代入式（1-3-37）得到：

$$M_C = \frac{M_S + i_0}{\eta_0 + i_0} \quad\quad (1\text{-}3\text{-}39)$$

求当太阳外齿轮 A 为主动件，太阳内齿轮 C 和系杆 S 为从动件时效率和轴转矩的计算式。根据加在行星轮上的力的平衡，力 W 和回转角速度 ω 的关系如图 1-3-10 所示。

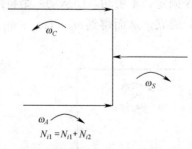

图 1-3-10 加在行星轮 B 上的力与回转角速度的关系

这种啮合设 W_A、W_C、W_S 分别为齿轮 A、C 和系杆 S 加在行星齿轮 B 上的力，设 ω_A、ω_C、ω_S 为齿轮 A、C 和系杆 S 的旋转角速度，ω_S 通常定为顺时针方向。转矩与回转角速度同向时为主动侧，相反时则为从动侧。规定 W 和 ω 的关系就如图 1-3-10 所示，那么在这个 I 型 2K-H 差动齿轮装置中式（1-3-1）成立，将此式变形得：

$$\omega_A = (1 + i_0) \times \omega_S - i_0 \times \omega_C \qquad (1\text{-}3\text{-}40)$$

还有因式（1-3-1）成立，然后因为从图 1-3-10 可见 $\omega_C < 0$，据式（1-3-1）$\omega_A > \omega_S$，据此得：

$$\omega_C < \omega_S < \omega_A \qquad (1\text{-}3\text{-}41)$$

其中 $\omega_C < 0$，可认为把这个差动齿轮装置的太阳内齿轮固定，使太阳外齿轮 A 旋转，成为第一成分行星齿轮装置，以及将系杆 S 固定，使齿轮 A 回转的第二成分行星齿轮装置组合而成。

第一成分行星齿轮装置（C 固定、A 驱动、S 从动）是给图 1-3-10 的整个图加上 $-J - \omega_C$ 得到的。因为这时式（1-3-40）成立，由此得出 $\omega_A = (\omega_A - \omega_C) > 0$，$\omega_S = (\omega_S - \eta_1) > 0$，$\omega'$ 的方向如图 1-3-11 所示。

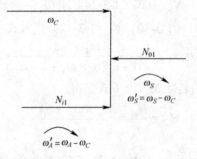

图 1-3-11　第一成分行星齿轮装置的 W 和 ω' 的关系

因此得出 A 为主动侧，S 为从动侧，即中心内齿轮 C 固定，由主动中心齿轮 A 输入功率 N_{i1}，系杆从动输出功率 N_{01}，因为 $\omega_C = 0$，由式（1-3-40）得：

$$\omega_{A1} = (1 + i_0) \omega_S \qquad (1\text{-}3\text{-}42)$$

这时的效率 η_i 表示为：

$$\eta_i = \frac{1 + \eta_0 i_0}{1 + i_0} \qquad (1\text{-}3\text{-}43)$$

而且，往系杆 S 输出的功率 N_{01} 表示为：

$$N_{01} = N_{i1} \times \eta_i \qquad (1\text{-}3\text{-}44)$$

第二成分行星齿轮装置（S 固定、A 主动、C 从动）是将图 1-3-10 整个图加上 $-J - \omega_S$ 得到的，这时，因为式（1-3-41）成立，从而得到 $\omega_A = (\omega_A - \omega_S) > 0$，$\omega_C = (\omega_C - \omega_S) < 0$，$\omega'$ 的方向如图 1-3-12 所示。

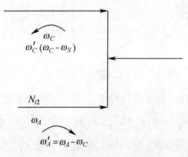

图 1-3-12　第二成分行星齿轮装置的 W 和 ω' 的关系

从这个图知：A 是主动侧，C 是从动侧，也就是说，系杆 S 固定，太阳外齿轮 A 以输入功

率 N_{i2} 驱动，太阳内齿轮 C 输出功率为 N_{02}，是从动件，在这个第二成分行星齿轮装置里，因为 $\omega_S = 0$，由式（1-3-40）得到：

$$\omega_{A2} = -i_0 \times \omega_C \qquad (1\text{-}3\text{-}45)$$

这时的效率表示为：

$$\eta_{II} = \eta_0 \qquad (1\text{-}3\text{-}46)$$

而且，从图 1-3-12 得：

$$N_{02} = N_{i0} \times \eta_{II} \qquad (1\text{-}3\text{-}47)$$

现设往中心齿轮 A 输入的总功率为 N_i，轴转矩为 M_A，则得：

$$N_i = M_A \times \omega_A = M_A(\omega_{A1} + \omega_{A2}) = N_{i1} + N_{i2}$$

由此得：

$$M_A = \frac{N_i}{\omega_A} = \frac{N_{i1}}{\omega_{A1}} = \frac{N_{i2}}{\omega_{A2}}$$

于是得：

$$N_{i1} = \omega_{A1} \times \frac{N_i}{\omega_A} = (1 + i_0) \times \frac{N_i}{(1 + i_0)\omega_S} \times i_0\omega_C = M_A \times \omega_{A1} \qquad (1\text{-}3\text{-}48)$$

$$N_{i2} = \omega_{A2} \times \frac{N_i}{\omega_A} = -i_0 \times \omega_C \times \frac{N_i}{(1 + i_0)} \times -i_0 \times \omega_C = M_A \times \omega_{A2} \qquad (1\text{-}3\text{-}49)$$

然而式（1-3-50）成立：

$$\eta = \frac{N_0}{N_i} = \frac{N_{01} + N_{02}}{N_i} = \frac{N_{i1} \times \eta_I + N_{i2} \times \eta_{II}}{\eta_I} \qquad (1\text{-}3\text{-}50)$$

将式（1-3-43）、（1-3-46）、（1-3-48）、（1-3-49）代入式（1-3-50）得：

$$\eta = \frac{(1 + \eta_0 \times i_0)\omega_S - \eta_0 i_0 \times \omega_C}{(1 + i_0)\omega_S - i_0\omega_C} \qquad (1\text{-}3\text{-}51)$$

先设系杆 S 的轴转矩为 M_S，中心齿轮 C 的转矩为 M_C，则得：

$$M_S = \frac{N_{01}}{\omega_S} = N_{i1} \times \frac{\eta_I}{\omega_S} = M_A \times \omega_{A1} \times \frac{N_I}{\omega_S} \qquad (1\text{-}3\text{-}52)$$

$$M_C = \frac{N_{02}}{\omega_C} = N_{i2} \times \frac{\eta_{II}}{\omega_C} = M_A \times \omega_{A2} \times \frac{\eta_{II}}{\omega_C} \qquad (1\text{-}3\text{-}53)$$

将式（1-3-42）和（1-3-43）代入式（1-3-52）得：

$$M_S = (1 + \eta_0 \times i_0)M_A \qquad (1\text{-}3\text{-}54)$$

由此

$$M_A = \frac{M_S}{1 + \eta_0 \times i_0} \qquad (1\text{-}3\text{-}55)$$

又将式（1-3-45）和（1-3-46）代入式（1-3-53）得：

$$M_C = -\eta_0 \times i_0 \times M_A \qquad (1\text{-}3\text{-}56)$$

将式（1-3-55）代入式（1-3-56），则得：

$$M_C = \frac{-\eta_0 \times i_0 \times M_S}{1 + \eta_0 \times i_0} \qquad (1\text{-}3\text{-}57)$$

用同样的方法可求得 I 型 $2K\text{-}H$ 差动行星齿轮机构的角速度和效率以及转矩的计算式。

五、强度验算

（一）行星齿轮系的强度设计

行星齿轮传动都可以分解为两对齿轮副的啮合传动（外啮合齿轮副和内啮合齿轮副），因此，其齿轮强度可分别采用定轴线齿轮传动的公式，但需要考虑行星传动的特点——多个行星齿轮啮合（对于 NGW 型传动，行星齿轮的轮齿既参与外啮合又参与内啮合）和运动特点（行星齿轮既自转又公转）。在一般情况下，NGW 型行星齿轮的承载能力注意取决于外啮合副，因而要计算啮合齿轮副的强度。但是，对于太阳轮和行星齿轮的轮齿为渗碳淬火、磨削加工，而内齿圈为调质处理、插齿加工的行星传动，且速比较小，内齿圈的强度为薄弱环节，也需要进行强度校核。

每一种行星轮系传动结构皆可分解为几对齿轮副，因此其齿轮强度可分别采用前面定轴齿轮传动的公式计算，但要考虑行星轮系传动的结构特点（多个行星啮合特点，对于 NGW 型行星轮系传动，行星轮的轮齿既参与外啮合，又参与内啮合）和运动特点（行星轮即作自转又作公转）。一般情况下，NGW 型行星轮系的承载能力主要取决于外啮合齿轮副，因而要计算外啮合齿轮副的强度。

对于 NGW 型行星轮系的行星轮，各齿轮副中小齿轮的计算转矩 M_1 为：

对于 1.2 齿轮副：

当 $Z_1 \leqslant Z_2$ 时：$M_j = M_1 \times \dfrac{K_p}{k}$

当 $Z_1 > Z_2$ 时：$M_j = M_1 \times K_P \times \dfrac{Z_2}{k} \times Z_1$

对于 2-3 齿轮副：$M_j = M_1 \times K_P \times \dfrac{Z_2}{k} \times Z_1$

对于 2K-H 型行星齿轮传动，其承载能力取决于外啮合副（a-g），同时又是硬齿面，通常弯曲强度是主要矛盾，只要满足弯曲强度，则齿面接触强度和内啮合副（a-b）的强度一般是较易通过校核计算的。

$$d_1 \geqslant 1 \times 3(2\,T_1\,K\,Z_1\,/B_d * [\sigma]Yf)$$

式中，Z_1 为 a-g 副中小齿轮的齿数；K 为载荷系数，取决于使用工况和过载能力，通常 $K=1.1 \sim 1.8$，一般取 $K=1.2$；$B_d *$ 为齿宽系数，通常 $b_d *=0.5$，当 $Z_a \leqslant Z_g$ 时，取 $B_d * \leqslant 0.7$；在 $Z_g < Z_a$ 时，则 $B_d * \leqslant 0.6$；Yf 为齿形系数，根据齿数 Z_1 和变位系数；[σF] 为钢制齿轮的许用弯曲应力。

$$M = M_1 \times K_P /K$$

输入转矩：

$$T_a = M_1 = 9550 \times \frac{p}{n} = \frac{9550 \times 7.5}{75} = 101.6 \text{N} \cdot \text{mm}$$

小齿轮转矩 T_1：

$$T_1 = T_a \times \frac{K_p}{n_p} = 58.4 \text{N} \cdot \text{mm}$$

（二）电动机的选定

用类比法查找电动机手册。

主电动机：YZR160L-8(S3,FC40%)　7.5kW　　705r/min

副电动机：YZR112H-6(S3,FC40%)　1.5kW　　866r/min

　　　　1.5×4.1=6.15kW

根据论文：1.5×4.1=6.15kW

输出功率：1.5+6.15=7.55kW

不管是分别启动每个电动机，还是两台电动机同时启动，转矩 M_h 是按恒转矩输出的。

（三）强度的校核

$$P_1 + P_2 = M_h \times \frac{nhg}{9549}$$

$$M_h = \frac{9550(1.5 \times 6.15)}{52} = 1404 \text{N} \cdot \text{m} \sim 1400 \text{N} \cdot \text{m}$$

$$T_1 = T_a \times \frac{K_p}{n_p} = 1400 \times \frac{1.15}{3} = 536.6 \text{N} \cdot \text{m} = 536666 \text{N} \cdot \text{mm}$$

当转速为 52r/min 时：

$$M_a = \eta_0 \times \frac{M_h}{\eta_0 + i_0} = \frac{0.98 M_h}{4.1 + 0.98} = \frac{1 M_h}{5}$$

$$M_b = i_0 \times \frac{M_h}{\eta_0 + i_0} = \frac{4.1 M_h}{4.1 + 0.98} = \frac{4 M_h}{5}$$

当转速为 32r/min 时，a、h 为从动轮，b 为主动轮：

$$M_h = \frac{9550 \times (6.15 - 1.5)}{32} = 1387.7 \text{N} \cdot \text{m} \sim 1388 \text{N} \cdot \text{m}$$

根据上述原理可得：

$$M_a = \frac{1 MH}{5}$$

$$M_b = \frac{4 MH}{5}$$

当转速为 42r/min 时，一个电动机闸住：

$$M_h = \frac{9550 \times 6.15}{42} = 1398.4 \text{N} \cdot \text{m} \sim 1398 \text{N} \cdot \text{m}$$

$$M_a = \frac{1 MH}{5}$$

$$M_b = \frac{4 MH}{5}$$

验算：

$$M_{出} = 1400 \text{N} \cdot \text{m} = T_{出}$$

$$T_1 = \frac{1400 \times 3}{7} = 600$$

$$52 \times \frac{7}{3} = H$$

许应力：

$m=3$

$$\sigma F_1 = \frac{2 \times K \times T_1 \times YF_1}{\varphi_1 \times Z_1 \times 2 \times m \times 3} = \frac{2 \times 1 \times 2.73 \times 1151 \times 10 \times 3 \times 4.12}{0.6 \times 30 \times 2 \times 8 \times 3} = 80.73 < 165$$

$m=4$

$$\sigma F_2 = \frac{2 \times 1.4 \times 2.73 \times 4.3 \times 83000}{0.6 \times 22 \times 2 \times 3 \times 4} = 146.78 < 165$$

$m=5$

$$\sigma F_3 = \frac{2 \times 1.4 \times 2.5 \times 4.3 \times 83000}{0.6 \times 20 \times 2 \times 3 \times 5} = \frac{2498300}{30000} = 83.27 < 165$$

$m=8$

$$\sigma F_4 = \frac{2 \times 1.4 \times 2.5 \times 4.3 \times 83000}{0.6 \times 30 \times 2.8 \times 3} = \frac{2498300}{276480} = 9 < 165$$

根据机械手册查得在这个范围内很安全。

六、结构设计

（一）双剖分式

立体定位与微量挤压配合 现代工业生产存在着大量的减速机和轴承箱，这些设备中的传统密封元件——骨架油封失效快，更换频繁，且更换时需要对设备停机解体，费工费时。而传统的剖分式油封为单剖分，剖分口易错位、整体刚度差，因此，油封的剖分技术成为密封行业的难题。双剖分式油封采用新型技术，彻底解决了以上问题。

（1）立体定位技术。由骨架和密封主体的立体定位对接，保障径向和轴向的双向锁定，实现剖分端面的辅助定位和自动锁紧。

（2）微量挤压配合。剖分处骨架两端口在自由状态下有微量间距，对接后密封主体剖分端面自动形成微量挤压配合，确保弹性补偿和密封性能。打破了传统骨架油封不能剖分的常规，开辟了密封技术的新领域。优势特点：①无需拆卸设备，方便快捷；②骨架采用特种高分子复合弹性材料，确保剖分后的回弹性和刚度；③以进口特种合成橡胶为弹性主体，且摩擦系数极低，使用寿命长；④弹性材料唇口配合进口 Z 形弹簧，提高唇口对轴的追随性，避免了硬质材料唇口的固有缺点；⑤国际领先的无模具加工工艺，无尺寸限制。

安装步骤：①将油封拉开箍在轴上，露出的骨架插入另一端沟槽中吻合好；②对接口朝上，将油封推入腔体。

（二）调心轴承

调心滚子轴承具有两列滚子，主要承受径向载荷，同时也能承受任一方向的轴向载荷。有高的径向载荷能力，特别适用于在重载或振动载荷下工作，但不能承受纯轴向载荷。该类轴承外圈滚道是球面形，故其调心性能良好，能补偿同轴度误差。调心滚子轴承分为：圆柱形内孔、圆锥形内孔。圆锥内孔的锥度分别为 1:12 的后置代号为 K 的调心滚子轴承（153000 型或113000 型）和 1:30 的后置代号为 K30 的调心滚子轴承。此类轴承在与圆锥形轴配合时，内圈沿轴向移动可以调整轴承的径向游隙。将后置代号为 K、K30 的圆锥孔调心滚子轴承安装在相配的紧定套上，则成为后置代号为 K+H 型和 K30+H 型轴承。此种轴承可以装在没有轴肩的光轴上，适用于需要经常安装和拆卸轴承的场合。为了改善轴承的润滑性能，在轴承外圈车有环形油槽并钻有均匀分布的三个油孔，其后置代号为 W33。特别是在高温环境下的长寿命轴承。STJ2 型的钢材，可以在很大的温度范围，由室温至 250℃的温度范围内延长使用寿命。

此钢材是 LH 系列的自动调心滚子轴承的标准材料。此轴承是（与 SUJ2 的对比）大温度范围的长寿命轴承，在室温下是普通材料寿命的 3.5 倍，在高温下（250℃）下是普通材料寿命的 30 倍，防止表面损伤，7 倍的防剥落能力，1.4 倍的防擦伤能力，2.5 倍的防磨损能力，高温条件下的尺寸稳定性，在 250℃时几乎无尺寸的变化，加强破裂疲乏的强度，在高温及紧配合的情况下，增加 2 倍的防破裂疲乏寿命，增加 2 倍的防破裂疲乏强度，简化零件存储管理程序，由室温至 250℃都可以使用单一标准轴承型号，自动调心滚子轴承将逐渐转成"LH 系列"。

（三）工艺性

用组装式装配减速箱：根据齿轮的装配位置、转速以及惯量的不同，它们的配合要求是不同的。

典型零件加工工艺实际中，零件的结构千差万别，但其基本几何构成不外是外圆、内孔、平面、螺纹、齿面、曲面等。很少有零件是由单一典型表面所构成，往往是由一些典型表面复合而成，其加工方法较单一典型表面加工复杂，是典型表面加工方法的综合应用。下面介绍轴类零件、箱体类零件和齿轮零件的典型加工工艺。

轴是机械加工中常见的典型零件之一。它在机械中主要用于支承齿轮、带轮、凸轮以及连杆等传动件，以传递扭矩。按结构形式不同，轴可以分为阶梯轴、锥度心轴、光轴、空心轴、曲轴、凸轮轴、偏心轴、各种丝杠等。

（1）尺寸精度。轴类零件的主要表面常为两类：一类是与轴承内圈配合的外圆轴颈，即支承轴颈，用于确定轴的位置并支承轴，尺寸精度要求较高，通常为 IT5～IT7；另一类为与各类传动件配合的轴颈，即配合轴颈，其精度稍低，常为 IT6～IT9。

（2）几何形状精度。主要指轴颈表面、外圆锥面、锥孔等重要表面的圆度、圆柱度。其误差一般应限制在尺寸公差范围内，对于精密轴，需要在零件图上另行规定其几何形状精度。

（3）相互位置精度。包括内外表面、重要轴面的同轴度、圆的径向跳动、重要端面对轴心线的垂直度、端面间的平行度等。

（4）表面粗糙度。轴的加工表面都有粗糙度的要求，一般根据加工的可能性和经济性来确定。支承轴颈常为 0.2～1.6μm，传动件配合轴颈为 0.4～3.2μm。

（5）其他。热处理、倒角、倒棱及外观修饰等要求。

本减速箱采用两中心孔定位装夹。

一般以重要的外圆面作为粗基准定位，加工出中心孔，再以轴两端的中心孔为定位精基准；尽可能做到基准统一、基准重合、互为基准，并实现一次安装加工多个表面。中心孔是工件加工统一的定位基准和校验基准，它自身的质量非常重要，其准备工作也相对复杂，常常以支承轴颈定位，车（钻）中心锥孔；再以中心孔定位，精车外圆；以外圆定位，粗磨锥孔；以中心孔定位，精磨外圆；最后以支承轴颈外圆定位，精磨（刮研或研磨）锥孔，使锥孔的各项精度达到要求。

（四）密封和润滑

轴承在运动过程中，轴承内外圈以及滚动体之间必然产生相对运动，这样运动体之间就要产生摩擦，消耗一部分动力，引起内外圈和滚动体之间发热、磨损。为了减少摩擦阻力，减缓轴承的磨损速度并控制轴承的温升，提高轴承的使用寿命，在使用轴承的机构设计中必须考虑轴承的润滑问题，而为了使轴承保持润滑，还必须考虑轴承的密封。

1. 润滑的作用

（1）减少摩擦、磨损。在摩擦面之间加入润滑剂，在相对运动体之间形成液体或半液体摩擦，降低相对运动体之间的摩擦系数，从而减少摩擦力。由于在相对运动体之间形成油膜隔离，避免两摩擦面之间相互接触导致磨损。

（2）降低温升。由于摩擦系数降低，减少了两摩擦面的摩擦，相应减少轴承的发热，同时润滑油流过润滑面时可以带走一部分热量。

（3）防止锈蚀和清洗作用。润滑油能够形成油膜，保护零件表面免受锈蚀，同时滚动体带动润滑油流过零件表面时可以把摩擦面之间的脏物带走，起到清洗作用。

（4）密封。润滑剂可以起到密封的作用，并与密封装置一起阻止外界的灰尘等杂物进入轴承，保护轴承不受外物的入侵。

2. 润滑剂的选用原则

为了获得良好的润滑效果，润滑剂必须具备：较低的摩擦系数、良好的吸附能力以及渗入能力，以便能够很好地渗入到摩擦副的微小间隙内，牢固吸附在摩擦面上，形成具有一定强度的抗压油膜。机械结构的设计中，应该根据轴承的类型、速度和工作负荷选择润滑剂的种类和润滑方式，如果润滑剂和润滑方式选择得合适，可以降低轴承的工作温度并延长轴承的使用寿命。

3. 滚动轴承的润滑

滚动轴承可以用润滑脂或润滑油来润滑。试验说明，在速度较低时，用润滑脂比用润滑油温升低；速度较高时，用润滑油较好。一般情况下，判断的指标是速度因数 d_n。d 为轴承内径（mm），n 为转速（r/min）。各种滚动轴承适用脂润滑或油润滑，油润滑适用什么样的润滑方式的 d_n 值，可以查《机床设计手册》。

【知识链接】

一、传动的类型

按照轮齿齿廓曲线的形状分为：渐开线齿轮、圆弧齿轮、摆线齿轮等。本任务主要讨论制造、安装方便、应用最广的渐开线齿轮。

按照工作条件分为：开式齿轮传动和闭式齿轮传动。前者轮齿外露，灰尘容易落在齿面，后者轮齿封闭在箱体内。

按照两轮轴线的相对位置分为：

两轴平行的齿轮机构（平面齿轮传动）：直齿圆柱齿轮传动和斜齿圆柱齿轮传动。

两轴不平行的齿轮机构（空间齿轮传动）：直齿相交齿轮传动（锥齿轮传动）和斜齿齿轮传动（锥齿轮传动）。

交错轴齿轮传动：交错轴斜齿轮（螺旋齿轮）、准双曲面齿轮传动（蜗杆、蜗轮传动）。

二、对齿轮传动的基本要求

齿轮用于传递运动和动力，必须满足以下两个要求：

（1）传动准确、平稳。

齿轮传动的最基本要求之一是瞬时传动比恒定不变，以避免产生动载荷、冲击、震动和噪声。这与齿轮的齿廓形状、制造和安装精度有关。

（2）承载能力强。

齿轮传动在具体的工作条件下，必须有足够的工作能力，以保证齿轮在整个工作过程中不至于产生各种失效。这与齿轮的尺寸、材料、热处理工艺因素有关。

三、齿廓啮合基本定律

齿轮传动的最基本要求之一是瞬时传动比恒定不变。为什么呢？主动齿轮以等角速度回转时，如果从动齿轮的角速度为变量，将产生惯性力。它不仅会引起机器的振动和噪声，影响工作精度，还会影响齿轮的寿命。齿轮的齿廓形状究竟符合什么条件，才能满足齿轮传动的瞬时传动比保持不变的要求呢？本任务就来分析齿廓曲线与齿轮传动比的关系。

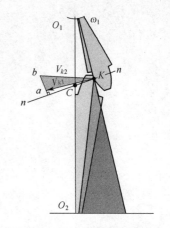

图 1-3-13 相互啮合的齿廓

如图 1-3-13 所示，一对相互啮合的齿廓 E_1、E_2 在 K 点接触，设主动轮 1 以角速度 ω_1 绕轴线 O_1 顺时针方向转动，则齿轮 2 受齿轮 1 的推动，以角速度 ω_2 绕轴线 O_2 逆时针方向转动，齿廓 E_1 和 E_2 上 K 点的线速度分别为：

$$V_{K1}=\omega_1 O_1 K \quad V_{K2}=\omega_2 O_2 K$$

过 K 点作两齿廓的公法线 n 与两轮的连心线 $O_1 O_2$ 相交于 C 点，则 V_{K1} 和 V_{K2} 在 nn 方向上分量应该相等，否则它们不是彼此分离就是相互嵌入，显然是不可能的。过 O_2 作 $O_2 M$ 平行 nn，与 $O_1 K$ 的延长线相交于 M 点，因速度 $\triangle Kab$ 与 $\triangle KO_2 M$ 的对应边相互垂直，故 $\triangle Kab \backsim \triangle KO_2 M$，于是：

$$KM/O_2 M=Kb/Ka=v_1 K_1/v_2 K_2=\omega_1 O_1 K/\omega_2 O_2 K$$

即 $\omega_1/\omega_2=KM/O_1 K$。

又因为 $\triangle O_1 O_2 M \backsim \triangle O_1 CK$，故 $KM/O_1 K=O_2 C/O_1 C$，由此可得：

$$i_{12}=\omega_1/\omega=O_2 C/O_1 C$$

由上式可知，欲使传动比 i_{12} 保持恒定不变，则比值 $O_2 C/O_1 C$ 应恒为常数，因为 O_1、O_2 为两齿轮的固定轴心，故在传动过程中位置不变，则两齿轮在啮合传动过程中 C 点必须为一定点。由此可得出保证齿轮机构传动比恒定不变两轮齿廓曲线所必须满足的条件为：不论两齿廓在任何位置接触，过接触点所作的两齿轮公法线都必须与两轮连心线交于一定点，这一规律称为齿轮啮合基本定律。

节点和节圆：根据齿廓啮合基本定律，过接触点所作的两齿轮公法线都必须与两轮连心线交于一定点 C，这个定点就称为该两齿轮的节点。以两齿轮的轴心 O_1、O_2 为圆心，过节点 C 所作的两个相切的圆称为该对齿轮的节圆。以 r_1、r_2 分别表示两节圆的半径。

凡能满足齿廓啮合基本定律的一对齿廓，称为共轭齿廓。在理论上可作为一对齿轮共轭齿廓的曲线有无穷多。但在生产实际中，齿廓曲线除满足齿廓啮合基本定律外，还要考虑到制造、安装和强度等要求。常用的齿廓有渐开线、圆弧等。一般机器常用渐开线齿轮，高速重载的机器宜用圆弧齿轮。

四、渐开线的形成及其特性

当一直线 n-n 沿一个圆的圆周作纯滚动时，直线上任一点 K 的轨迹称为渐开线。

根据渐开线的形成，可以推导出渐开线具有如下性质：

- 发生线在基圆上滚过的长度等于基圆上被滚过的弧长，即 $\overline{NK} = \overset{\frown}{NA}$，如图 1-3-14 所示。

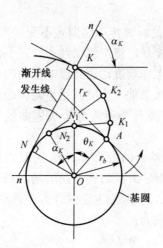

图 1-3-14　渐开线的形成

- 因为发生线在基圆上作纯滚动，所以它与基圆的切点 N 就是渐开线上 K 点的瞬时速度中心，发生线 NK 就是渐开线在 K 点的法线，同时它也是基圆在 N 点的切线。
- 切点 N 是渐开线上 K 点的曲率中心，NK 是渐开线上 K 点的曲率半径。离基圆越近，曲率半径越小。
- 渐开线的形状取决于基圆的大小。如果基圆越大，那么渐开线就越平直，当基圆的半径无穷大时，那么渐开线就是直线了。
- 基圆内无渐开线。

五、渐开线齿廓满足定传动比要求

$i_{12} = \omega_1/\omega_2 = O_2C/O_1C = $常数

六、渐开线齿廓啮合的特点

（1）渐开线齿廓间正压力方向的不变性。

因为渐开线齿廓啮合的啮合线是直线——N_1N_2 啮合点的轨迹。啮合线、公法线、两基圆的内公切线三线重合。齿廓不论在什么点啮合，不计摩擦，齿轮之间压力的大小和方向均不变。

（2）渐开线齿廓啮合的啮合角不变。

α'：N_1N_2 与节圆公切线之间的夹角=渐开线在节点处啮合的压力角。

（3）渐开线齿廓啮合具有可分性。

以 $r_1' = O_1C$ 与 $r_2' = O_2C$ 为半径所作的圆称为节圆。一对渐开线齿轮的啮合传动可以看作两个节圆的纯滚动，则 $v_{C1} = v_{C2}$，而 $v_{C1} = \omega_1 \cdot O_1C = v_{C2} = \omega_2 \cdot O_2C$。

又 $\triangle O_1CN_1 \sim \triangle O_2CN_2$，所以两轮的传动比为：

$$i_{12} = \omega_1/\omega_2 = O_2C/O_1C = r_2'/r_1' = r_{b2}/r_{b1}$$

由此可知，当齿轮制成以后，基圆半径便已确定。因此，传动比也就定了。所以，即使两轮的中心距有点偏差时，也不会改变其传动比的大小。

七、渐开线标准直齿圆柱齿轮的主要参数和几何尺寸

（一）直齿圆柱齿轮各部分的名称及主要尺寸

（1）齿数：Z，齿轮圆周上轮齿的数目称为齿数。

（2）齿顶圆：齿顶所确定的圆称为齿顶圆，其直径用 d_a 表示。

（3）齿根圆：由齿槽底部所确定的圆称为齿根圆，其直径用 d_f 表示。

（4）齿槽宽：相邻两齿之间的空间称为齿槽，在任意 d_k 的圆周上，轮齿槽两侧齿廓之间的弧长称为该圆的齿槽宽，用 e_k 表示。

（5）齿厚：轮齿两侧齿廓之间的弧长称为该圆的齿厚，用 s_k 表示。

（6）齿距：相邻的两齿同侧齿廓之间的弧长称为该圆的齿距，用 p_k 表示，所以 $p_k = s_k + e_k$。

（7）分度圆、压力角和模数：在同一圆周上 $\pi d = p_k z$ 在不同直径的圆周上，比值 p_k/π 是不同的，又由渐开线特性可知，在不同直径的圆周上，齿廓各点的压力角也是不等的。为了便于设计、制造及互换，我们将齿轮上某一圆周上的比值和该圆上的压力角均设定为标准值，这个圆就称为分度圆，以 d 表示。分度圆上的压力角简称为压力角，以 α 表示。分度圆上的 p/π 比值称为模数，以 m 表示，即 $m = p/\pi$。模数是齿轮几何计算的基础，显然，m 越大，则 p 越大，即轮齿就越大。分度圆直径 $d = mz$。

表 1-3-3 标准模数系列（摘自 GB1357－87）

第一系列	1	1.25	1.5	2	2.5	3	4	5	6
	8	10	12	16	20	25	32	40	50
第二系列	1.75	2.25	2.75	(3.25)	3.5	(3.75)	4.5	5.5	(6.5)
	7	9	(11)	14	18	22	28	36	45

齿轮上的分度圆是一个十分重要的圆，为了便于说明，对于分度圆上的齿距、齿厚和齿槽宽等，略去分度圆直接称为齿距 p、齿厚 s 及齿槽宽 e 等，分度圆上的各参数的代号也都不带下标。

（8）齿顶高：在轮齿上，介于齿顶圆和分度圆之间的部分称为齿顶，其径向高度称为齿顶高，用 h_a 表示。

（9）齿根高：介于齿根圆和分度圆之间的部分称为齿根，其径向高度称为齿根高，用 h_f 表示。

（10）全齿高：齿顶圆与齿根圆之间轮齿的径向高度称为全齿高，用 h 表示，$h = h_a + h_f$。

（11）齿顶高系数 h_a^* 和径向间隙系数 c^*。$h_a = h_a^* m$；$h_f = (h_a^* + c^*)m$。

表 1-3-4 渐开线圆柱齿轮的齿顶高系数和径向间隙系数

	正常齿制	短齿制
h_a^*	1.0	0.8
c^*	0.25	0.3

（二）标准直齿圆柱齿轮几何尺寸的计算（外啮合）

标准齿轮：标准齿轮是指 m、α、h_a^*、c^* 均取标准值，具有标准的齿顶高和齿根高，且

分度圆齿厚等于齿槽宽的齿轮。

一个齿轮：

分度圆直径 $d=mz$

齿根高 $h_a=h_a{}^*m$

齿根高 $h_f=(h_a{}^*+c^*)m$

全齿高 $h=h_a+h_f=(2h_a{}^*+c^*)m$

齿顶圆直径 $d_a=d+2h_a=(z+2h_a{}^*)m$

齿根圆直径 $d_f=d-2h_f=(z-2h_a{}^*-2c^*)m$

基圆直径 $d_b=d\cos\alpha$

齿距 $P=\pi m$；基圆齿距 $P_b=\pi m\cos\alpha$。

齿厚和齿槽宽 $S=e=\dfrac{1}{2}\pi m$

一对标准齿轮：中心距 $a=\dfrac{1}{2}(d_2\pm d_1)=\dfrac{1}{2}m(z_2\pm z_1)$

（三）标准直齿圆柱齿轮的公法线长度

所谓公法线长度，是指齿轮千分尺跨过 k 个齿所量得的齿廓间的法向距离。

用测量公法线长度的方法来检验齿轮的精度，既简便又准确，同时避免了采用齿顶圆作为测量基准而造成齿顶圆精度的无谓提高。

如何计算公法线长度呢？如图 1-3-15 所示，设千分尺与齿廓相切于 A、B 两点，A、B 两点在分度圆上，设跨齿数为 k，则 AB 两点的距离 AB 即为所测的公法线长度，用 W_k 表示。从图示可知：

$$W_k=(k-1)p_b+s_b$$
$$W_k=(k-1)\pi m\cos\alpha+m\cos\alpha(\pi/2+z\cdot inv\alpha)$$

经整理得：

$$W_k=(k-1)\pi m\cos\alpha[(k-0.5)\pi+z\cdot inv\alpha]=m[2.9521(k-0.5)+0.014z]$$
$$k=(\alpha/180)z+0.5\approx0.111z+0.5$$

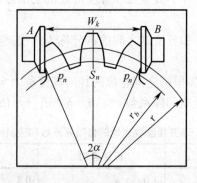

图 1-3-15　公法线长度

实际测量时跨齿数 k 必须为整数，故上式必须进行圆整。圆整的方法为：将结果取一位小数，再按四舍五入法取整。

八、渐开线齿轮的啮合传动

（一）对渐开线齿轮的正确啮合条件

前一对齿在啮合线上的 K 点啮合时（如图 1-3-16 所示），后一对齿必须准确地在啮合线上的 K' 点进入啮合，而 KK' 既是齿轮 1 的法向齿距，又是齿轮 2 的法向齿距，两齿轮要想正确啮合，它们的法向齿距必须相等。法向齿距和基圆齿距相等，通常以 P_b 表示基圆齿距。

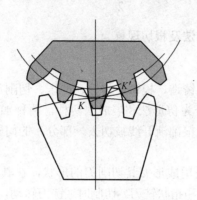

图 1-3-16　渐开线齿轮的啮合传动

有 $p_{b1}=p_{b2}$，而 $p_b=p\cos\alpha$，故：

$$p_{b1}= p\cos\alpha_1=\pi m_1\cos\alpha_1$$

$$p_{b2}= p\cos\alpha_2=\pi m_1\cos\alpha_2$$

渐开线直齿圆柱齿轮的正确啮合的（必要）条件为：

$$m_1 = m_2 = m \qquad \alpha_1 = \alpha_2 = \alpha$$

这样齿轮的传动比计算可为：

$$i = \frac{\omega_1}{\omega_2} = \frac{d_2'}{d_1'} = \frac{d_{b2}}{d_{b1}} = \frac{d_2}{d_1} = \frac{z_2}{z_1}$$

（二）渐开线齿轮连续传动的条件

一对轮齿啮合到一定位置时将会终止，要使齿轮连续传动，就必须在前一对轮齿尚未脱离啮合时，后一对齿必须在啮合线上的 B_2 点进入啮合，这样才能保证传动的连续性，即必须使 $B_1B_2 > p_b$。

根据以上分析齿轮连续传动的条件是：两齿轮的实际啮合线 B_1B_2 应大于或等于齿轮的基圆齿距 p_b。通常 B_1B_2 与 p_b 的比值称为重合度，即 $\varepsilon = B_1B_2/p_b \geqslant 1$。

（三）齿轮传动的无侧隙啮合条件及标准中心距

正确安装的齿轮机构在理论上应达到无齿侧间隙（侧隙），否则齿轮啮合过程中就会产生冲击和噪声；反向啮合时会出现空行程。实际上，为了防止齿轮工作时温度升高而卡死以及存储润滑油，应留有侧隙，但此间隙是在制造时以齿厚公差来保证的，理论设计时仍按无间隙来考虑。因此以下所讨论的中心距均为无侧隙条件下的中心距的计算。

一对正确啮合的渐开线标准齿轮，其模数相等，故两轮分度圆上的齿厚和齿槽宽相等，即 $s_1=e_1=s_2=e_2=\pi m/2$。显然当两分度圆相切并作纯滚动时（即节圆与分度圆重合），其侧隙为 0。一对齿轮节圆与分度圆重合的安装称为标准安装，标准安装时的中心距称为标准中心距，以 α 表示。

对于外啮合传动标准齿轮的安装：

标准安装 $\begin{cases} s_1 = e_1 = \dfrac{\pi m}{2} = s_2 = e_2 \\ s_1' = s_1 = e_2 = e_2' \end{cases}$ （能实现无侧隙啮合）

$\alpha' = \alpha$

标准中心距：$a = r_1' + r_2' = r_1 + r_2 = \dfrac{m(z_1 + z_2)}{2}$

九、渐开线齿轮的加工方法及根切现象

（一）轮齿的加工方法

齿轮的加工方法较多，有铸造、模锻、热轧、冲压、切削加工等。目前切削加工最广泛。

切削渐开线齿轮的方法分为仿形法和展成法两种，两种加工的原理不同。利用展成法加工时还会遇到根切（齿轮轮齿根部渐开线被切去一部分）的问题。

1. 仿形法

这种方法的特点是，所采用成形刀具切削刃的形状，在其轴向剖面内与被切齿轮齿槽的形状相同。常用的有盘状铣刀和指状铣刀。切制时，铣刀转动，同时齿轮毛环随铣床工件沿平行于齿轮轴线的方向作直线移动；切出一个齿槽后，由分度机构将轮坯转过 360°/z 再切制第二个齿槽，直至整个齿轮加工结束。加工方法与用盘状铣刀时相似。指状铣刀常用于加工大模数（如 m>10mm）的齿轮，并可以切制人字齿轮。

表 1-3-5　圆盘铣刀加工齿数的范围

刀号	1	2	3	4	5	6	7	8
加工齿数范围	12～13	14～16	17～20	21～25	26～34	35～54	55～134	135 以上

2. 展成法

展成法是目前齿轮加工中最常用的一种方法。它是运用一对相互啮合齿轮的共轭齿廓互为包络的原理来加工齿廓的。用展成法加工齿轮时，常用的刀具有齿轮型刀具（如齿轮插刀）和齿条型刀具（如齿条插刀、滚刀）两大类。

（1）齿轮插刀加工：齿轮插刀是一个具有切削刃的渐开线外齿轮。插齿时，插刀与轮坯严格地按定比传动作展成运动（即啮合传动），同时插刀沿轮坯轴线方向作上下往复的切削运动。为了防止插刀退刀时擦伤已加工的齿廓表面，在退刀时，轮坯还必须作小距离的让刀运动。另外，为了切出轮齿的整个高度，插刀还需要向轮环中心移动，作径向进给运动。

（2）齿条插刀加工：切制齿廓时，刀具与轮坯的展成运动相当于齿条与齿轮啮合传动，其切齿原理与用齿轮插刀加工齿轮的原理相同。

（3）齿轮滚刀加工：用以上两种刀具加工齿轮，其切削是不连续的，不仅影响生产率的提高，还限制了加工精度。因此，在生产中更广泛地采用齿轮滚刀来切制齿轮。滚刀形状像一个螺旋，它的轴向剖面为一个齿条。当滚刀转动时，相当于齿条作轴向移动，滚刀转一周，齿条移动一个导程的距离。所以用滚刀切制齿轮的原理和齿条插刀切制齿轮的原理基本相同。滚刀除了旋转之外，还沿着轮坯的轴线缓慢地进给，以便切出整个齿定。

（二）渐开线齿廓的根切现象与最少齿数

用展成法加工齿轮时，有时会出现刀具的顶部切入齿根，将齿根部分渐开线齿廓切去的

现象，称为根切。产生严重根切的齿轮削弱了轮齿的抗弯强度，导致传动的不平稳，对传动十分不利，因此应尽力避免根切现象的产生。

图 1-3-17 中齿条插刀的分度线与轮坯的分度圆相切，B_1 点为轮环齿顶圆与啮合线的交点，而 N_1 点为轮坯基圆与啮合线的切点。根据啮合原理可知：刀具将从位置 1 开始切削齿廓的渐开线部分，而当刀具行至位置 2 时，齿廓的渐开线已全部切出。如果刀具的齿顶线恰好通过 N_1 点，则当展成运动继续进行时，该切削刃即与切好的渐开线齿廓脱离，因而就不会发生根切现象。但是若如图所示刀具的顶线超过了 N_1 点，当展成运动继续进行时，刀具还将继续切削，超过极限点 N_1；部分的刀具展成廓线将与已加工完成的齿轮渐开线廓线发生干涉，从而导致根切现象的发生。

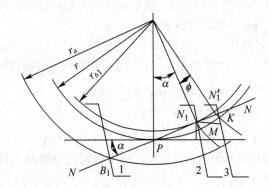

图 1-3-17　齿条插刀加工标准齿轮

要避免根切就必须使刀具的顶线不超过 N_1 点。

$$CB_2 \leqslant CN$$

$$z \geqslant \frac{2h_a^*}{\sin^2 \alpha} \qquad z_{min} = \frac{2h_a^*}{\sin^2 \alpha}$$

当 $\alpha = 20°$、$h_a^* = 1$ 时，$z_{min} = 17$。

十、变位齿轮传动

（一）标准齿轮的局限性

标准齿轮主要存在以下缺点：

● 标准齿轮的齿数必须大于或等于最少齿数 z_{min}，否则会产生根切。

● 标准齿轮不适用于实际中心距不等于标准中心距的场合。

● 一对互相啮合的标准齿轮，小齿轮齿根厚度小于大齿轮齿根厚度，故大小齿轮的抗弯能力存在着差别。

为了弥补上述渐开线标准齿轮的不足，我们可以采用变位齿轮。

（二）变位齿轮的切制和齿形特点

1. 切制变位齿轮时刀具的变位

在齿轮加工时，产生根切的原因在于刀具的齿顶线超过了极限点 N_1，要避免根切，就必须使刀具的齿顶线不超过 N_1 点。在不改变被切齿轮齿数的情况下，只要改变刀具与轮坯的相对位置，即可切出不根切的齿轮，但是此时齿条的分度线与齿轮的分度圆不再相切。这种齿轮称变位齿轮。

（1）当切制标准齿轮时刀具的中线与轮坯的分度圆相切。齿轮和刀具有相同的模数和压力角，展成运动相当于无侧隙啮合。齿轮的齿厚=刀具的齿槽宽=$\pi m/2$。

（2）以切制标准齿轮的位置为基准，刀具的移动距离 xm 称为变位量，x 称为变位系数，并规定刀具离开轮坯中心的变位系数为正，即正变位，$x > 0$；反之当刀具相对接近轮坯中心的变位系数为负，即负变位，$x < 0$。

变位齿轮和标准齿轮相比：m、α、r、r_b 不变，齿廓由相同的基圆展成，齿厚、齿顶高、齿根高变化。

2. 变位齿轮的齿形特点

（1）不发生变化的参数和几何尺寸。

变位齿轮不发生变化的参数有齿数 Z、模数 m、压力角 α。由此可推出不变化的几何尺寸有分度圆直径 d、齿距 $P = \pi m$、基圆齿距 P_b 等。

（2）发生变化的几何尺寸。

齿厚、齿槽宽发生变化。齿根高 h_f：刀具加工节线到顶开线之间的距离。

对正变位：$h_f = (h_a{}^*m + c^*m) - xm = (h_a{}^* + c^* - x)m$

对负变位：$x<0$，h_f 比标准增加 xm，所以：

变位齿轮的齿根圆直径：$d_f = d - 2h_f = (z - 2h_a{}^* - 2c^* + 2x)m$

齿顶高 h_a：因为变位齿轮的分度圆与相应标准齿轮的分度圆一样，所以变位齿轮的齿顶高 h_a 仅决定于轮坯顶圆的大小。

为保证齿全高 $h = (zh_a{}^* + c^*)m$

对于正变位：$x>0$，因为 $h_f = (h_a{}^* + c^* - x)m$，所以 $h_a = (h_a{}^* + x)m$

对于负变位：$x < 0$，齿顶圆半径：$r_a = r + h_a = r + (h_a{}^* + x)m$

（三）最小变位系数（变位齿轮不发生根切现象的条件）

齿轮加工，产生根切的原因在于刀具的齿顶线超过了极限点 N_1。要避免根切，就必须使刀具的齿顶线外移至其顶线恰通过 N 点的位置。此时刀具的变位量称为最小变位量，用 $X_{min} = x_{min}m$ 表示，其中 x_{min} 称为最小变位系数：

$$x_{min} = h_a{}^* \cdot \frac{Z_{min} - Z}{Z_{min}}$$

$\alpha = 20°$，$h_a{}^* = 1$，$Z_{min} = 17$，所以：

$$x_{min} = \frac{17 - Z}{17}$$

当 $Z < Z_{min}$ 时，$x_{min} > 0$，正变位，$x \geqslant x_{min}$；当 $Z > Z_{min}$ 时，$x_{min} < 0$，$x \geqslant x_{min}$，采用负变位也不会发生根切。

（四）变位齿轮的几何尺寸计算

1. 分度圆齿厚 S

已知刀具节线的齿槽宽比中线齿槽宽 $2\overline{KJ}$，所以被切齿轮分度圆上的齿厚增加 $2\overline{KJ}$。在 $\triangle IJK$ 中，$\overline{KJ} = xm \mathrm{tg}\alpha$。

分度圆的齿厚：$S = \dfrac{\pi m}{2} + 2\overline{KJ} = \dfrac{\pi m}{2} + 2xm \mathrm{tg}\alpha$

2. 任意圆的齿厚 S_K

$$S_K = S \cdot \frac{r_k}{r} - 2r_k(\text{inv}\alpha_k - \text{inv}\alpha)\ （推导略）$$

3. 无侧隙啮合方程式

$$\text{inv}\alpha' = \frac{2(x_1 + x_2)}{Z_1 + Z_2}\text{tg}\alpha + \text{inv}\alpha$$

实际中心距 a' 与啮合角的关系:

$$a' = r_1' + r_2' = r_1\frac{\cos\alpha}{\cos\alpha'} + r_2\frac{\cos\alpha}{\cos\alpha'} = (r_1 + r_2)\frac{\cos\alpha}{\cos\alpha'} = a\frac{\cos\alpha}{\cos\alpha'}$$

4. 齿根圆与齿顶圆直径

齿根高 h_f:刀具加工节线到顶开线之间的距离。

对正变位: $h_f = (h_a*m + c*m) - xm = (h_a* + c* - x)m$

对负变位: $x<0$, h_f 比标准增加 x_m。

所以齿根圆半径: $r_f = r - h_f = r - (h_a* + c* - x)m$

5. 齿顶高与齿顶圆直径

因为变位齿轮的分度圆与相应标准齿轮的分度圆一样,所以变位齿轮的齿顶高 h_a 仅决定于轮坯顶圆的大小。为保证齿全高 $h = (zh_a* + c*)m$,对于正变位:

∵ $h_f = (h_a* + c* - x)m$ ∴ $h_a = (h_a* + x)m$

对于负变位: $x < 0$

齿顶圆直径: $d_a = d + 2h_a = (z + 2h_a + 2x - 2\sigma)m$

齿全高: $h = h_a + h_f = (2h_a + c* - \sigma)m$

6. 公法线长度 W'

变位齿轮的公法线长度 $W' = W + \triangle W$

W 为标准齿轮的公法线长度,$\triangle W$ 为变位齿轮公法线长度的增量。

$\triangle W = 0.684xm$,跨齿数 $K = 0.111Z + 0.5 + 1.749x$

(五)变位齿轮传动类型

按照一对齿轮的变位因数之和 $X_\Sigma = x_1 + x_2$ 的取值情况不同,可将变位齿轮传动分为以下三种基本类型:

(1)高度变位齿轮传动。

两齿轮的变位系数绝对值相等($|x_1| = |x_2| \neq 0$;$x_1 + x_2 = 0$),这种齿轮传动称为高度变位齿轮传动。为了防止小齿轮的根切和增大小齿轮的齿厚,一般小齿轮采用正变位,而大齿轮采用负变位。为了使大小两轮都不产生根切,两轮齿数和必须大于或等于最少齿数的 2 倍,即 $z_1 + z_2 \geqslant 2z_{\min}$。

在这种传动中,小齿轮正变位后的分度圆齿厚增量正好等于大齿轮分度圆齿槽宽的增量,故两轮的分度圆仍然相切,且无齿侧间隙。因此,高度变位齿轮的实际中心距 a' 仍为标准中心距 a。高度变位齿轮传动中的齿轮,其齿顶高和齿根高不同于标准齿轮。

(2)正传动($X_\Sigma = x_1 + x_2 > 0$)。

由于 $x_1 + x_2 > 0$,所以两轮齿数和可以小于最少齿数的 2 倍,即 $Z_1 + Z_2 < 2Z_{\min}$。正传动的实际中心距大于标准中心距,即 $a > a'$。当取 x_1 和 x_2 时,小齿轮的齿厚增大,而大齿轮的齿槽宽却减小了,小轮的齿无法装进大轮的齿槽而保持分度圆相切,只有使两轮分度圆分离才能安装。由于 $a > \alpha'$,所以这种变位传动又称正角度变位传动。

（3）负传动（$X_\Sigma = x_1 + x_2 < 0$）。

为了避免根切,应使两轮齿数和大于最少齿数的 2 倍,即 $Z_1 + Z_2 \geq 2Z_{min}$。负传动的实际中心距小于标准中心距,即 $a < \alpha'$,因此负传动又称负角度变位传动。

十一、轮齿失效和齿轮材料

（一）轮齿的失效形式

齿轮传动常见的失效形式有:轮齿折断和齿面损伤。齿面损伤又有齿面点蚀、齿面磨损、齿面胶合和齿面塑性变形等。

（1）轮齿折断。

轮齿折断一般发生在齿根部位。造成折断的原因有两种:一种是因多次重复的弯曲应力和应力集中造成的疲劳折断;另一种是因短时过载或冲击载荷而造成的过载折断。两种折断均发生在轮齿受拉应力的一侧。

齿宽较小的直齿圆柱齿轮,齿根裂纹一般是从齿根沿横向扩展,最后发生全齿的疲劳折断。齿宽较大的直齿圆柱齿轮,一般因制造误差使载荷集中在齿的一端,裂纹扩展可能沿斜方向,最后发生齿的局部折断。斜齿圆柱齿轮和人字齿轮常因接触线是倾斜的,其齿根裂纹往往从齿根斜向齿顶的方向扩展,最后发生齿的局部疲劳折断。

采用正变位等方法增加齿根圆角半径可减小齿根处的应力集中,能提高轮齿的抗折断能力。降低齿面的粗糙度,对齿根处进行喷丸、辊压等强化处理工艺,均可提高轮齿的抗疲劳折断能力。

（2）齿面点蚀。

由于齿面的接触应力是交变的,应力经多次重复后,在节线附近靠近齿根部分的表面上会出现若干小裂纹,封闭在裂纹中的润滑油,在压力作用下产生楔挤作用而使裂纹扩大,最后导致表层小片状剥落而形成麻点状凹坑,称为齿面疲劳点蚀。点蚀出现的结果往往产生强烈的振动和噪声,导致齿轮失效。

提高齿面硬度和润滑油的粘度、采用正变位传动等均可减缓或防止点蚀产生。

（3）齿面磨损。

当外界的硬屑落入啮合的齿面间,就可能产生磨料磨损。另外当表面粗糙的硬齿与较软的轮齿相啮合时,由于相对滑动,较软的齿表面易被划伤也可能产生齿面磨料磨损。磨损后,正确的齿形遭到破坏,齿厚减薄,最后导致轮齿因强度不足而折断。

改善润滑、密封条件,在润滑油中加入减摩添加剂,保持润滑油的清洁,提高齿面硬度等均能提高齿面的抗磨料磨损。

（4）齿面胶合。

胶合是比较严重的粘着磨损。在高速重载传动时,因滑动速度高而产生的瞬时高温会使油膜破裂,造成齿面间的粘焊现象,粘焊处被撕脱后,轮齿表面沿滑动方向形成沟痕,这种胶合称为热胶合。在低速重载传动中,不易形成油膜,摩擦热虽不大,但也可能因重载而出现冷焊粘着,这种胶合称为冷胶合。热胶合是高速、重载齿轮传动的主要失效形式。

减小模数、降低齿高、采用角度变位齿轮以减小滑动系数、提高齿面硬度、采用抗胶合能力强的润滑油（极压油）等均可减缓或防止齿面胶合。

（5）齿面塑性变形。

当齿轮材料较软而载荷及摩擦力又很大时，在啮合过程中，齿面表层材料就会沿着摩擦力的方向产生塑性变形从而破坏正确齿形。由于在主动轮齿面节线的两侧，齿顶和齿根的摩擦力方向相背，因此在节线附近形成凹槽，从动轮则相反，由于摩擦力方向相对，因此在节线附近形成凸脊。这种失效常在低速重载、频繁起动和过载传动中出现。

适当提高齿面硬度、采用粘度较大的润滑油可以减轻或防止齿面塑性流动。

（二）齿轮的材料

1. 对齿轮材料的基本要求

为了保证齿轮工作的可靠性，提高其使用寿命，齿轮的材料应具有：

（1）足够的硬度，以抵抗齿面磨损、点蚀、胶合、塑性变形等。

（2）齿芯应有足够的强度和较好的韧性，以抵抗齿根折断和冲击载荷。

（3）良好的加工工艺性能及热处理性能，使之便于加工和提高其力学性能。

2. 齿轮的常用材料及热处理

（1）锻钢。

锻钢因具有强度高、韧性好、便于制造、便于热处理等优点，大多数齿轮都用锻钢制造。

1）软齿面齿轮。

软齿面齿轮的齿面硬度<350HBS，常用中碳钢和中碳合金钢，如 45 钢、40Cr、35SiMn等材料进行调质或正火处理。这种齿轮适用于强度、精度要求不高的场合，轮坯经过热处理后进行插齿或滚齿加工，生产便利、成本较低。在确定大小齿轮硬度时应注意使小齿轮的齿面硬度比大齿轮的齿面硬度高 30～50HBS，这是因为小齿轮受载荷次数比大齿轮多，且小齿轮齿根较薄，为使两齿轮的轮齿接近等强度，小齿轮的齿面要比大齿轮的齿面硬一些。

2）硬齿面齿轮。

硬齿面齿轮的齿面硬度大于 350HBS，常用的材料为中碳钢或中碳合金钢经表面淬火处理。

（2）铸钢。

当齿轮的尺寸较大（大于 400～600mm）而不便于锻造时，可用铸造方法制成铸钢齿坯，再进行正火处理以细化晶粒。

（3）铸铁。

低速、轻载场合的齿轮可以制成铸铁齿坯。当尺寸大于 500mm 时可制成大齿圈或轮辐式齿轮。

十二、标准直齿圆柱齿轮传动的设计

（一）轮齿强度设计理论

齿轮传动在具体的工作条件下必须有足够的工作能力，以保证齿轮在整个工作过程中不致失效，齿轮传动的设计计算必须针对齿轮传动的某种失效形式进行。目前，工程实际应用的计算方法是：齿根的弯曲疲劳强度计算和齿面的接触疲劳强度计算。

由理论分析和实践证明，对于闭式齿轮传动，当一对齿或其中的一个齿轮为软齿面（$HB \leq 350$）时，通常轮齿的齿面接触疲劳强度较低，故应先按齿面接触疲劳强度进行设计，然后再校核轮齿的弯曲疲劳强度。当一对齿轮均为硬齿面（$HB > 350$）时，通常轮齿的弯曲疲劳强度较低，故应先按轮齿弯曲疲劳强度进行设计，然后再校核齿面接触疲劳强度。当一对齿轮的材料均为铸铁时，只需计算轮齿的弯曲疲劳强度。

对于开式齿轮传动，通常只按轮齿弯曲疲劳强度的设计公式计算模数，然后可根据具体情况把求得的模数加大 10%～20%，以考虑磨损的影响。

（二）轮齿的受力分析

忽略摩擦力，如图 1-3-18 所示。法向力 F_n 沿啮合线作用于节点处（将分布力简化为集中力），F_n 与过节点 P 的圆周切向成角度 α。F_n 可分解为 F_t 和 F_r。

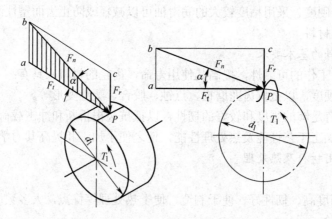

图 1-3-18　轮齿的受力分析

1. 力的大小

圆周力：$F_t=2\pi/d_1$　　　$F_{t1}=-F_{t2}$

径向力：$F_r=F_t/\mathrm{tg}\alpha$　　$F_{r1}=-F_{r2}$　　｝大小相等，方向相反

法向力：$F_n=F_t/\cos\alpha$　　$F_{n1}=-F_{n2}$

T_1：小齿轮上传递的扭矩（N·mm）。

d_1：小齿轮上的直径（mm），$\alpha=20°$。

2. 力的方向

F_t：主反从同。

F_r：指向轴线—外齿轮；背向轴线—内齿轮。

（三）轮齿的计算载荷

前面已经讨论过直齿圆柱齿轮的受力分析、斜齿圆柱齿轮的受力分析、直齿圆锥齿轮的受力分析，所求得的法向力 F_n 为理想情况下的名义载荷。实际上，齿轮传动时，由于齿轮、轴、支承等的制造误差、安装误差以及在载荷作用下的变形等因素的影响，轮齿沿齿宽方向的作用力并非均匀分布，存在着载荷局部集中现象。此外由于原动机与工作机的载荷变化，以及齿轮传动的各种误差所引起的传动不平稳等，都将引起附加动载荷。因此，在齿轮强度计算时，通常用考虑了各种影响因素的计算载荷 F_{nc} 代替名义载荷 F_n，计算载荷按下式确定：

$$F_{nc}=KF_n$$

K 为载荷系数。

（四）齿面接触疲劳强度计算——防止疲劳点蚀

要求齿面的最大接触应力不超过接触疲劳极限应力：$\sigma_H \leqslant [\sigma]_H$

计算依据：赫其公式（弹性力学），即齿面最大接触应力：

$$\sigma_H = \sqrt{\frac{F_{nc}\left(\dfrac{1}{\rho_1} \pm \dfrac{1}{\rho_2}\right)}{\pi\left[\left(\dfrac{1-\mu_1^2}{E_1}\right) + \left(\dfrac{1-\mu_2^2}{E_2}\right)\right]L}}$$

L 为接触线长度。

令 $\dfrac{1}{\rho_\Sigma} = \dfrac{1}{\rho_1} \pm \dfrac{1}{\rho_2}$，$\rho_\Sigma$ 为啮合点齿廓综合曲率半径：+为外啮合，−为内啮合。

$$Z_E = \sqrt{\frac{1}{\pi\left[\left(\dfrac{1-\mu_1^2}{E_1}\right) + \left(\dfrac{1-\mu_2^2}{E_2}\right)\right]}}$$

弹性系数与配对齿轮材料有关，所以：

$$\sigma_H = Z_E \sqrt{\frac{F_n}{\rho_\Sigma b}}$$

强度条件：$\sigma_H = Z_E \sqrt{\dfrac{F_n}{\rho_\Sigma b}} \leqslant [\sigma]_H$（MPa）

问题是如何定 ρ_Σ 和 L，因为 $\rho_\Sigma \uparrow \rightarrow \sigma_H \downarrow$。

计算点——理论上为小齿轮单齿对啮合区内（ρ_Σ 最小处）的最低点，大轮单齿对啮合最低点也较大。但计算较为复杂，且实际上节点处接触应力也较大，而点蚀又往往是从靠近节线附近（齿根部位）首先产生。

因为实际计算点——节点（单齿对），即将节点处齿廓的啮合看成是以节点处齿廓曲率半径为半径的两个圆柱体相接触，如图 1-3-19 所示。

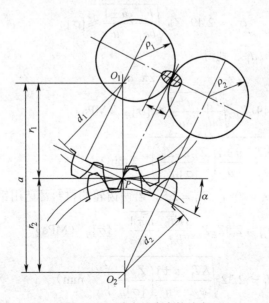

图 1-3-19　节点处齿廓的啮合

在节点 P 处：

$$\rho_1 = P\overline{N}_1 = \frac{d_1}{2}\sin\alpha , \quad \rho_2 = P\overline{N}_2 = \frac{d_2}{2}\sin\alpha$$

$$\therefore \frac{1}{\rho_z} = \frac{1}{\rho_1} \pm \frac{1}{\rho_2} = \frac{\rho_2 \pm \rho_1}{\rho_1\rho_2} = \frac{\rho_2/\rho_1 \pm 1}{\rho_1(\rho_2/\rho_1)}$$

$$\therefore \rho_2/\rho_1 = d_2/d_1 = Z_2/Z_1 = u \quad (齿数比)$$

$$\therefore \frac{1}{\rho_\Sigma} = \frac{1}{\rho_1} \cdot \frac{u \pm 1}{u}$$

$$\therefore \frac{1}{\rho_\Sigma} = \frac{2}{d_1\sin\alpha} \cdot \frac{u \pm 1}{u}$$

又因为 $1 \leqslant \varepsilon_\alpha \leqslant 2$，所以实际啮合时并不总是单齿对啮合，故实际接触线长度由齿宽 b 和端面重合度 ε_α 决定。

实际接触线长度（考虑 b 与 ε_α）：

$$L = b/Z_\varepsilon^2$$

$$Z_\varepsilon = \sqrt{\frac{4 - \varepsilon_a}{3}} \quad ——重合度系数$$

将 $\dfrac{1}{\rho_\Sigma}$、L 及 $F_{nc} = KF_n = KF_t/\cos\alpha = \dfrac{2K\pi}{d_1\cos\alpha}$ 代入式中得

$$\sigma_H = Z_E\sqrt{\frac{KF_{t1}}{b\cos\alpha} \cdot \frac{2Z_\varepsilon^2}{d_1\sin\alpha} \cdot \frac{u \pm 1}{u}} \leqslant Z_E \cdot Z_\varepsilon \sqrt{\frac{KF_{t1}}{bd_1} \cdot \frac{u \pm 1}{u}} \cdot \sqrt{\frac{2}{\sin\alpha\cos\alpha}} \leqslant [\sigma]_H$$

令 $Z_H = \sqrt{2/\sin\alpha\cos\alpha}$ ——节点区域系数；当 $\alpha = 20°$ 时 $Z_H = 2.49$，代入上式，则得接触疲劳强度的校核公式：

$$\sigma_H = 2.49 \cdot Z_E\sqrt{\frac{F_{t1}}{bd_1} \cdot \frac{u \pm 1}{u}} \leqslant [\sigma]_H$$

引入齿宽系数 $\phi_d = b/d_1$，则得

$$F_t = 2\pi/d_1$$

校核公式：$\sigma_H = 2.49 \cdot Z_E\sqrt{\dfrac{F_{t1}}{bd_1} \cdot \dfrac{u \pm 1}{u}} \leqslant [\sigma]_H$ （MPa）

设计公式：$d_1 \geqslant \sqrt[3]{\dfrac{KT_1}{\phi_d} \cdot \dfrac{u \pm 1}{u}\left(\dfrac{Z_H Z_E Z_\varepsilon}{[\sigma]_H}\right)^2}$ （mm）

对于标准直齿轮，$\alpha = 20°$，$Z_H = 2.5$，若两齿轮的材料都选用钢材，$Z_E = 189.8$，所以得

$$\sigma_H = 2.5Z_E Z_\varepsilon\sqrt{\frac{KF_t}{bd_1} \cdot \frac{u \pm 1}{u}} \leqslant [\sigma]_H \quad (MPa)$$

$$d_1 \geqslant 2.32\sqrt[3]{\frac{KT_1}{\phi_d} \cdot \frac{u \pm 1}{u}\left(\frac{Z_E Z_\varepsilon}{[\sigma]_H}\right)^2} \quad (mm)$$

当两齿轮的许用接触应力 $[\sigma_H]_1$ 与 $[\sigma_H]_2$ 不同时，应代入较小的进行计算。

（五）齿根弯曲疲劳强度计算——防止弯曲疲劳折断

由于轮齿啮合时，啮合点的位置从齿顶到齿根不断变化，且轮齿啮合时也是由单对齿到

两对齿之间变化，因此齿根部分的弯曲应力也在不断变化，最大弯曲应力产生在单齿对啮合区的最高点，但计算比较复杂。

计算假设：①单齿对啮合；②载荷作用于齿顶；③计算模型为悬臂梁；④用重合度系数考虑齿顶啮合时非单齿对啮合影响；⑤只考虑弯曲应力，因为裂纹首先在受拉侧产生，且压应力对较小拉应力有抵消作用；⑥危险截面——30°切线法定。

危险截面上的应力：轮齿间法向力 $F_n\cos\alpha_F$ 在危险截面上的应力有切向分力 $F_n\cos\alpha_F$ 引起的弯曲应力和径向分力 $F_n\sin\alpha_F$ 引起的压应力。由于压应力仅为弯曲应力的 1/100，通常忽略不计。

弯矩：$M_n=F_n\cos\alpha_F$

抗弯系数：$W=bS_F^2/6$

危险截面上的应力：

$$\sigma_F=\frac{M}{W}=\frac{F_n\cos\alpha_F h_F}{\frac{1}{6}bS_F^2}=\frac{6F_n\cos\alpha_F h_F}{bS_F^2}$$

令 $Y_{Fa}=\dfrac{6\left(\dfrac{h_F}{m}\right)\cos\alpha_F}{\left(\dfrac{S_F}{m}\right)^2\cos\alpha}$，称为齿形系数；再考虑应力集中系数，引入应力修正系数 Y_{Sa}，

则：

$$\sigma_F=\frac{F_t}{bm}Y_{Fa}Y_{Sa}$$

齿形系数 Y_{Fa} 和应力修正系数 Y_{Sa} 的值由表查取。

考虑到齿轮载荷的影响，用计算载荷 $F_{tc}=KF_t$ 代替 F_t，其齿根弯曲疲劳强度应力为：

$$\sigma_F=\frac{2KT_1}{bd_1m}Y_{Fa}Y_{Sa}=\frac{2KT_1Y_{Fa}}{bm^2z_1}Y_{Sa}\leqslant[\sigma]_F \quad (\text{MPa})$$

考虑到两个齿轮的情况不同：

$$\sigma_{F1}=\frac{2KT_1}{bz_1m^2}Y_{Fa1}Y_{Sa1}\leqslant[\sigma]_F \quad (\text{MPa})$$

$$\sigma_{F2}=\frac{Y_{Fa2}Y_{Sa2}}{Y_{Fa1}Y_{Sa1}}\sigma_{F1}\leqslant[\sigma]_F \quad (\text{MPa})$$

设计公式：$m\geqslant 1.26\sqrt[3]{\dfrac{KT_1}{\phi_d Z_1^2}\cdot\dfrac{Y_{Fa}Y_{Sa}}{[\sigma]_F}}$ （mm）

传动强度计算说明：

①弯曲强度计算，要求 $\sigma_{F1}\leqslant[\sigma]_{F1}$，$\sigma_{F2}\leqslant[\sigma]_{F2}$，对大小齿轮，其他参数均相同，只有 $\dfrac{Y_{Fa}Y_{Sa}}{[\sigma]_F}$ 不同，应将 $\dfrac{Y_{Fa1}Y_{Sa1}}{[\sigma]_{F1}}$ 和 $\dfrac{Y_{Fa2}Y_{Sa2}}{[\sigma]_{F2}}$ 中较大者代入计算。

②接触强度计算公式中，$\sigma_{H1}=\sigma_{H2}$，$[\sigma]_H=\min\{[\sigma]_{H1},[\sigma]_{H2}\}$。

③软齿面：按齿面接触疲劳强度设计，再校核齿根弯曲疲劳强度 ⎫
　硬齿面：按齿根弯曲疲劳强度设计，再校核齿面接触疲劳强度 ⎬ ；或分别按两者设计

取较大者参数为设计结果。

（六）齿轮传动的许用应力

齿轮的许用应力[σ]是以试验齿轮（m=3～5mm，α=20°，b=10～50mm，v=10m/s，齿轮精度4～6 或 7 级的直齿圆柱副）按失效概率1%测定其疲劳极限 σ_{lim}，并考虑了其他影响而确定的。对于一般齿轮传动，次要因素忽略。只考虑应力循环次数对实际齿轮疲劳极限的影响，将计算[σ]的方法予以简化。

1. 许用接触应力[σ_H]

许用接触应力[σ_H]的计算公式为：

$$[\sigma_H]= \sigma_{Hlim}Z_{NT}/S_H$$

式中，σ_{Hlim} 为试验齿轮的接触疲劳极限应力；Z_{NT} 为接触强度计算的寿命系数；S_H 为接触疲劳强度的安全系数，S_{Hmin}=1.00～1.10（可靠度为 99%），S_{Hmin}=1.25～1.30（可靠度为 99.9%），S_{Hmin}=1.50～1.60（可靠度为 99.99%）。

2. 许用弯曲应力[σ_F]

许用弯曲应力[σ_F]的计算公式为：

$$[\sigma_H]= \sigma_{Flim}Y_{ST}Y_{NT}/S_F$$

式中，σ_{Flim} 为试验齿轮的弯曲疲劳极限应力；Y_{ST} 是试验齿轮的应力修正系数，其值为 Y_{ST}=2；Y_{NT} 为弯曲疲劳强度的寿命系数；S_F 为弯曲疲劳强度的安全系数，S_F=1.25～1.6，高可靠度时取 2。

（七）齿轮的主要参数选择

1. 模数 m 和齿数 Z 的选择

模数的大小影响轮齿的抗弯强度，一般在满足轮齿弯曲疲劳强度的前提下，宜取较小模数，以增大齿数，减少切齿量。对于传递动力的齿轮，可按 m=(0.007～0.02)a 初选，但要保证 $m \geqslant$2mm。

当中心距确定时，齿数增多，重合度增大，能提高传动的平稳性，并降低摩擦损耗，提高传动效率。因此，对于软齿面的闭式传动，在满足弯曲疲劳强度的前提下，宜采用较多齿数，一般取 Z_1=20～40。对于硬齿面的闭式传动及开式传动，齿根抗弯曲疲劳破坏能力较低，宜取较少齿数，以增大模数，提高轮齿弯曲疲劳强度，但要避免发生根切，一般取 Z_1=17～20。

2. 齿数比 u 的选择

齿数比 u 是大齿轮数与小齿轮齿数之比，其值大于或等于 1。对于一般单级减速器齿轮传动，通常取 $u \leqslant$7。当 $u >$ 7 时，宜采用多级传动，以免传动装置的外廓尺寸过大。对于开式或手动的齿轮传动，可取 u_{max}=8～12。对增速齿轮传动，常取 $u \leqslant$2.5～3。

一般齿轮传动，若对传动比不作严格要求时，则实际传动 i（或齿数比 u）允许有±2.5%（$i \leqslant$4.5 时）或±4%（$i >$ 4.5 时）的误差。

3. 齿宽因数 ϕ_d 的选择

增大齿宽因数，可减小齿轮传动装置的径向尺寸，降低齿轮的圆周速度。但齿宽因数过大则需要提高结构刚度，否则将会出现载荷分布严重不均。齿宽系数小，齿宽小；齿宽系数大，齿宽大。为了便于安装和补偿轴向尺寸的变动，在齿轮减速器中，一般将小齿轮的宽度 b_1 取得比大齿轮的宽度 b_2 大 5～10mm，但在强度计算时仍按大齿轮的宽度计算。

（八）齿轮精度等级的选择

国标 GB10095－88 中，对渐开线圆柱齿轮规定了 12 个精度等级，第 1 级精度最高，第 12 级精度最低。齿轮精度等级主要根据传动的使用条件、传递的功率、圆周速度以及其他经济、技术要求决定。6级是高精度等级，用于高速、分度等要求高的齿轮传动，一般机械中常用7～8级，对精度要求不高的低速齿轮可使用9～12级。

齿轮每个精度等级的公差根据对运动准确性、传动平稳性和载荷分布均匀性三方面的要求划分成三个公差组，即第I公差组、第II公差组、第III公差组。在一般情况下，可选三个公差组为同一精度等级，但也容许根据使用要求的不同选择不同精度等级的公差组组合。第II公差组精度等级6～9级的选择可参照表，第III公差组一般不得低于第II公差组的精度等级，第I公差组和第III公差组的精度等级可参阅有关手册加以确定。

齿轮传动的侧隙是指一对齿轮在啮合传动中，工作齿廓相互接触时，在两基圆柱的内公切面上，两个非工作齿廓之间的最小距离。规定侧隙，可避免因制造、安装误差以及热膨胀或承载变形等原因而导致轮齿卡住。合适的侧隙可通过适当的齿厚极限偏差和中心距极限偏差来保证，齿轮副的实际中心距越大，齿厚越小，其侧隙就越大。

十三、平行轴斜齿圆柱齿轮传动

标准斜齿圆柱齿轮传动和直齿圆柱齿轮传动的不同。顺着轴线的方向看，二者无区别，从垂直于轴的方向看，直齿轮齿与其轴线平行，斜齿轮齿与其轴线不平行。所以，它们最根本的区别是齿形的变化。

（一）斜齿轮齿廓曲面的形成及啮合特点

从渐开线的形成过程和齿轮的参数分析知道，渐开线的形成是在一个平面里进行讨论，而齿轮是有宽度的。因此，前面所讨论的渐开线的概念必须做进一步的深化。如何深化呢？从几何的观点看，无非是点→线、线→面、面→体。因此，直齿圆柱齿轮渐开线曲面的形成如下所述：发生面沿基圆柱作纯滚动，发生面上任意一条与基圆柱母线平行的直线在空间所走过的轨迹即为直齿轮的齿廓曲面，如图1-3-20所示。

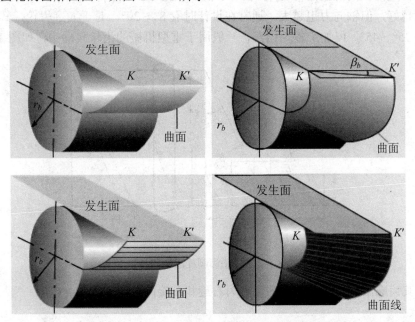

图1-3-20 斜齿轮齿廓曲面的形成及啮合

斜齿圆柱齿轮的齿廓曲面如何形成呢？发生面沿基圆柱作纯滚动，发生面上任意一条与基圆柱母线成一倾斜角 β_b 的直线在空间所走过的轨迹为一个渐开线螺旋面，即为斜齿圆柱齿轮的齿廓曲面。β_b 称为基圆柱上的螺旋角。

直齿圆柱齿轮啮合时，齿面的接触线平行于齿轮轴线。因此轮齿是沿整个齿宽方向同时进入啮合、同时脱离啮合的，载荷沿齿宽突然加上及卸下。因此齿轮传动的平稳性较差，容易产生冲击和噪声。

一对平行轴斜齿圆柱齿轮啮合时，斜齿轮的齿廓是逐渐进入、脱离啮合的，斜齿轮齿廓接触线的长度由零逐渐增加，又逐渐缩短，直至脱离接触，当其齿廓前端面脱离啮合时，齿廓的后端面仍在啮合中，载荷在齿宽方向上不是突然加上及卸下，其啮合过程比直齿轮长，同时啮合的齿轮对数也比直齿轮多，即其重合度较大。因此斜齿轮传动工作较平稳、承载能力强、噪声和冲击较小，适用于高速、大功率的齿轮传动。

（二）斜齿圆柱齿轮的参数及几何尺寸计算

斜齿轮的轮齿为螺旋形，在垂直于齿轮轴线的端面（下标以 t 表示）和垂直于齿廓螺旋面的法面（下标以 n 表示）上有不同的参数。斜齿轮的端面是标准的渐开线，但从斜齿轮的加工和受力角度看，斜齿轮的法面参数应为标准值。

1. 螺旋角 β

由斜齿轮分度圆柱面展开图知，螺旋线展开成一直线，该直线与轴线的夹角 β 称为斜齿轮在分度圆柱上的螺旋角，简称斜齿轮的螺旋角。

$$\tan\beta = \pi d / p_z$$

对于基圆柱同理可得其螺旋角 β_b；$\tan\beta_b = \pi d_b / P_z = \pi\cos\alpha_t d / P_z$

所以有：$\tan\beta_b = \tan\beta\cos\alpha_t$

α_t 为斜齿轮分度圆端面压力角。

通常用分度圆上的螺旋角 β 进行几何尺寸的计算。螺旋角 β 越大，轮齿就越倾斜，传动的平稳性也越好，但轴向力也越大。通常在设计时取 $8°\sim20°$。对于人字齿轮，其轴向力可以抵消，常取 $25°\sim45°$，但加工较为困难，一般用于重型机械的齿轮传动中，如图 1-3-21 所示。

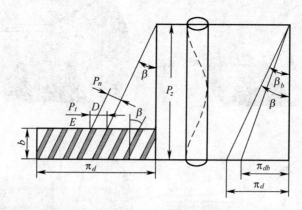

图 1-3-21　斜齿圆柱齿轮的参数

齿轮按其齿廓渐开螺旋面的旋向可分为右旋和左旋两种。

2. 模数

P_t 为端面齿距，而 P_n 为法面齿距，$P_n = P_t \cdot \cos\beta$，因为 $P_n = \pi m_n$，$\pi m_n = \pi m_t \cdot \cos\beta$，所以斜齿轮法面模数与端面模数的关系为：$m_n = m_t \cos\beta$。

3. 压力角

因斜齿圆柱齿轮和斜齿条啮合时，它们的法面压力角和端面压力角应分别相等，所以斜齿圆柱齿轮法面压力角 α_n 和端面压力角 α_t 的关系可通过斜齿条得到。在图 1-3-22 所示的斜齿条中，平面 ABD 在端面上，平面 ACE 在法面 S 上，$\angle ACB=90°$。在直角 $\triangle ABD$、$\triangle ACE$ 及 $\triangle ABC$ 中，$\tan\alpha_t=AB/BD$、$\tan\alpha_n=AC/CE$、$AC=AB\cos\beta$、$BD=CE$，所以有：

$$\tan\alpha_n=AC/CE=AB\cos\beta/BD=\tan\alpha_t\cos\beta$$

即：$\tan\alpha_n=\tan\alpha_t\cos\beta$

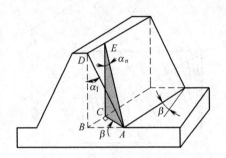

图 1-3-22　压力角

4. 齿顶高系数及顶隙系数

无论从法向还是从端面来看，轮齿的齿顶高都是相同的，顶隙也是相同的，即：

$$\begin{cases} h_{at}{}^* = h_{an}{}^*\cos\beta \\ c_t{}^* = c_n{}^*\cos\beta \end{cases}$$

5. 斜齿轮的几何尺寸计算

只要将直齿圆柱齿轮的几何尺寸计算公式中的各参数看作端面参数，就完全适用于平行轴标准斜齿轮的几何尺寸计算，具体计算公式如表 1-3-6 所示。

表 1-3-6　斜齿轮几何尺寸计算公式

名称	符号	公式
分度圆直径	d	$d=mz=(m_n/\cos\beta)z$
基圆直径	d_b	$d_b=d\cos\alpha_t$
齿顶高	h_a	$h_a=h^*a_n m_n$
齿根高	h_f	$h_f=(h^*a_n+c^*n)m_n$
全齿高	h	$h=h_a+h_f(2h^*a_n+c^*n)m_n$
齿顶圆直径	d_a	$d_a=d+2h_a$
中心距	a	$a=(d_1+d_2)/2=m_n(z_1+z_2)/2\cos\beta$

从表中可以看出，斜齿轮传动的中心距与螺旋角 β 有关。当一对斜齿轮的模数、齿数一定时，可以通过改变螺旋角 β 的方法来凑配中心距。

（三）斜齿圆柱齿轮传动的正确啮合条件

斜齿圆柱齿轮在端面内的啮合相当于直齿轮的啮合，如图 1-3-23 所示，因此斜齿轮传动螺旋角大小应相等，外啮合时旋向相反（"−"号），内啮合时旋向相同（"+"号），同时斜齿轮的法向参数为标准值，所以其正确的啮合条件为：

$$\begin{cases} m_{t1} = m_{t2} \\ \alpha_{t1} = \alpha_{t2} \end{cases} \quad \begin{cases} m_{n1} = m_{n2} \\ \alpha_{n1} = \alpha_{n2} \end{cases} \quad |\beta_1| = |\beta_2| \Rightarrow \beta_1 = \pm \beta_2$$

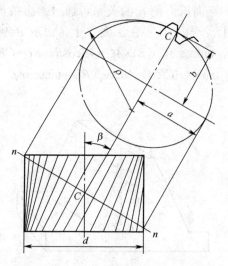

图 1-3-23   斜齿圆柱齿轮传动的正确啮合

（四）斜齿圆柱齿轮的当量齿数

加工斜齿轮时，铣刀是沿螺旋齿槽的方向进给的，所以法向齿形是选择铣刀号的依据。在计算斜齿轮轮齿的弯曲强度时，因为力是作用在法向的，所以也需要知道它的法向齿形。用我们已经比较了解的直齿圆柱齿轮来代替斜齿轮。这个直齿轮是一个虚拟的齿轮。这个虚拟的齿轮称为该斜齿轮的当量齿轮。由斜齿轮的分度圆柱，过任一齿厚中点 C 作垂直于齿向的平面，该平面为法面，此法面与分度圆柱的截交线为一椭圆，其长半轴 $a = r/\cos\beta$，短半轴 $b = r$；法向截面齿形即为斜齿轮的法向齿形。由于标准参数的刀具是过 C 点沿螺旋槽方向切制的，因此唯 C 点处的法向齿形参数与刀具标准参数最为接近，椭圆所截相邻齿的齿形均为非标准齿形。

以 C 点处曲率半径为虚拟齿轮的分度圆半径，以 C 点法向齿形为标准齿形，这样的虚拟齿轮称为该斜齿轮的当量齿轮，其齿数为当量齿数，用 Z_v 表示。即当量齿轮：以 ρ 为分度圆半径，用斜齿轮的 m_n 和 α_n 分别为模数和压力角作一虚拟的直齿轮，其齿形与斜齿轮的法面齿形最接近。这个齿轮称斜齿轮的当量齿轮，齿数 Z_V 称当量齿数，$a = r/\cos\beta$，$b = r$。

由解析几何知：

$$\rho = \frac{a^2}{b} = \left(\frac{r}{\cos\beta}\right)^2 \cdot \frac{1}{r} = \frac{r}{\cos^2\beta}$$

$$2\pi\rho = Z_v \cdot \pi m_n$$

$$\therefore Z_v = \frac{2\pi\rho}{\pi m_n} = \frac{2r}{m_n \cos^2\beta} = \frac{2}{m_n \cos^2\beta}\left(\frac{m_t Z}{2}\right) = \frac{Z}{m_n \cos^2\beta}\left(\frac{m_n}{\cos\beta}\right) = \frac{Z}{\cos^3\beta}$$

（五）斜齿圆柱齿轮的受力分析

如图 1-3-24 所示为斜齿圆柱齿轮传动的受力情况。当主动齿轮上作用转矩 T_1 时，若接触面的摩擦力忽略不计，由于轮齿倾斜，在切于基圆柱的啮合平面内，垂直于齿面的法向平面作用有法向力 F_n，法向压力角为 α_n。将 F_n 分解为径向分力 F_r 和法向分力 F'，再将 F' 分解为圆

周力 F_t 和轴向力 F_a。法向力 F_n 分解为三个互相垂直的空间分力。

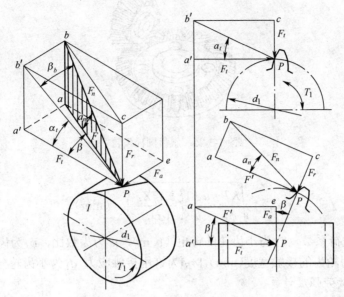

图 1-3-24　斜齿圆柱齿轮传动的受力

不考虑摩擦力的影响，轮齿所受的法向力 F_n 作用于垂直于轮齿齿向的法平面内，法平面与端面的夹角为 β，F_n 与水平面的夹角为 $\alpha_n=20°$，其中 α_t 为端面压力角，β_n 为法面内的螺旋角，F_n 可分解为三个互相垂直的分力。

1.　力的大小

$$F_t=2\pi/d_1 \qquad\qquad\qquad F_{t1}=-F_{t2}$$

$$F_r=F\,\mathrm{tg}\alpha_n=F_t\,\mathrm{tg}\alpha_n/\cos\beta \qquad\qquad F_{r1}=-F_{r2}$$

$$F_a=F_t\,\mathrm{tg}\beta \qquad\qquad\qquad F_{a1}=-F_{a2}$$

$$F_n=F'/\cos\alpha_n=F_t/(\cos\alpha_n\cos\beta)=F_t/\cos\alpha_t\cos\beta_b \qquad F_{n1}=F'_{n2}$$

2.　力的方向

F_t：“主反从同”。

F_r：指向轴线—外齿；背向轴线—内齿。

F_a：主动轮的左右手螺旋定则，即根据主动轮轮齿的齿向伸左手或右手（左旋伸左手，右旋伸右手），握住轴线，四指代表主动轮的转向，大拇指所指即为主动轮所受的 F_{a1} 的方向，F_{a2} 与 F_{a1} 方向相反。

（六）斜齿圆柱齿轮的强度计算

与直齿圆柱齿轮的计算相似，包括：齿面的接触疲劳强度计算和齿根弯曲疲劳强度计算，但它的受力情况是按轮齿的法向进行的。与直齿圆柱齿轮相比，斜齿圆柱齿轮齿面接触线倾斜，重合度增大，这提高了接触疲劳强度和弯曲疲劳强度，如图 1-3-25 所示。

1.　齿面接触疲劳强度计算

校核公式：

$$\sigma_H = 3.17Z_E\sqrt{\frac{KT_1}{bd_1^2}\cdot\frac{u\pm 1}{u}}\leqslant[\sigma]_H\ \text{（MPa）}$$

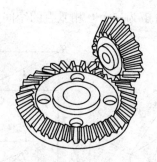

图 1-3-25　斜齿圆柱齿轮

设计公式：

$$d_1 \geqslant \sqrt[3]{\frac{KT_1}{\phi_d} \cdot \frac{u \pm 1}{u} \left(\frac{3.17Z_E}{[\sigma]_H} \right)^2} \quad (\text{mm})$$

式中，K 为载荷系数，T_1 为小齿轮的转矩（N·m），u 为齿数比，ϕ_d 为齿宽系数，Z_E 为材料的弹性系数，b 为轮齿的接触宽度(mm)，$[\sigma_H]$ 为许用接触应力，d_1 为小齿轮分度圆直径(mm)。

2. 齿根弯曲疲劳强度计算

校核公式：

$$\sigma_F = \frac{1.6KT_1}{bd_1m_n} Y_{Fa}Y_{Sa} \leqslant [\sigma]_F \quad (\text{MPa})$$

设计公式：

$$m_n \geqslant \sqrt[3]{\frac{KT_1 Y_\beta \cos^2 \beta}{\phi_d \cdot Z_1^2} \cdot \frac{Y_{Fa}Y_{Sa}}{[\sigma]_F}}$$

计算时应将 $\dfrac{Y_{Fa1}Y_{Sa1}}{[\sigma]_{F1}}$ 和 $\dfrac{Y_{Fa2}Y_{Sa2}}{[\sigma]_{F2}}$ 中较大者代入上式计算，并将计算结果法面模数 m_n 取标准值。

式中齿形系数 Y_{Fa} 和应力修正系数 Y_{Sa} 应按斜齿轮的当量齿数 Z_V 由表查取。$[\sigma_F]$ 为许用弯曲应力。

十四、直齿圆锥齿轮传动

（一）圆锥齿轮传动的特点及其齿廓曲面的形成

锥齿轮用于传递两相交轴的运动和动力，其传动可看成是两个锥顶共点的圆锥体相互作纯滚动。两轴交角 $\Sigma = \delta_1 + \delta$ 由传动要求确定，可为任意值，常用轴交角 $\Sigma = 90°$。锥齿轮有直齿、斜齿和曲线齿之分，其中直齿锥齿轮最常用，斜齿锥齿轮已逐渐被曲线齿锥齿轮代替。与圆柱齿轮相比，直齿锥齿轮的制造精度较低，工作时振动和噪声都较大，适用于低速轻载传动；曲线齿锥齿轮传动平稳，承载能力强，常用于高速重载传动，但其设计和制造较复杂。本书只讨论两轴相互垂直的标准直齿圆锥齿轮传动。直齿锥齿轮的齿廓曲线为空间的球面渐开线，由于球面无法展开为平面，给设计计算及制造带来不便，故采用近似方法。

图 1-3-26 所示为锥齿轮的轴向半剖面图，$\triangle OBA$ 表示锥齿轮的分度圆锥。过点 A 作 $AO_1 \perp AO$ 交锥齿轮的轴线于点 O_1，以 OO_1 为轴线，O_1A 为母线作圆锥 O_1AB。这个圆锥称为背锥。背锥母线与球面切于锥齿轮大端的分度圆上，并与分度圆锥母线以直角相接。由图可见，在点 A 和点 B 附近，

背锥面和球面非常接近，且锥距 R 与大端模数的比值越大，两者越接近，即背锥的齿形与大端球面 L 的齿形越接近。因此，可以近似地用背锥上的齿形来代替大端球面上的理论齿形，背锥面可以展开成平面，从而解决了锥齿轮的设计制造问题。

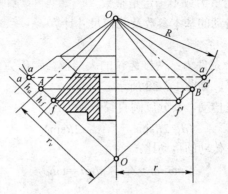

图 1-3-26 锥齿轮的轴向半剖面

图 1-3-27 所示为一对啮合的锥齿轮的轴向剖面图。将两背锥展成平面后得到两个扇形齿轮，该扇形齿轮的模数、压力角、齿顶高、齿根高及齿数就是锥齿轮的相应参数，而扇形齿轮的分区圆半径 r_{v1} 和 r_{v2} 就是背锥的锥矩。

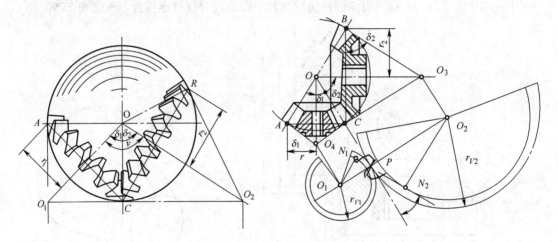

图 1-3-27 锥齿轮的轴向剖面

现将两扇形齿轮的轮齿补足，使其成为完整的圆柱齿轮，那么它们的齿数将增大为 Z_{v1} 和 Z_{v2}。这两个假想的直齿圆柱齿轮称为当量齿轮，其齿数为锥齿轮的当量齿数。

由图可知：$r_{v1} = \dfrac{r_1}{\cos \delta_1} = \dfrac{mz_1}{2\cos \delta_1}$

即 $z_{\min} = z_{v\min} \cos \delta$

因 $r_{v1} = \dfrac{mz_1}{2}$

故得 $z_{v1} = \dfrac{z_1}{\cos \delta_1}$

同理 $z_{v2} = \dfrac{z_2}{\cos\delta_2}$

式中，δ_1 和 δ_2 分别为两锥轮的分度圆锥角。因为 $\cos\delta_1$、$\cos\delta_2$ 总小于 1，所以当量齿数总大于锥齿轮的实际齿数。当量齿数不一定是整数。

（二）直齿圆锥齿轮传动的基本参数及几何尺寸计算

1. 基本参数和正确啮合条件

直齿锥齿轮的正确啮合条件为：两锥齿轮的大端模数和压力角分别相等且等于标准值，此外两轮的锥距还必须相等，如图 1-3-28 所示。

一对标准直齿圆锥齿轮传动，其分度圆直径分别为：

$$d_1=2R\sin\delta_1 \qquad d_2=2R\sin\delta_2$$

一对标准直齿圆锥齿轮传动的传动比：

$$i=\omega_1/\omega_2=Z_1/Z_2=d_1/d_2=\tan\delta_2$$

2. 几何尺寸计算

在设计直齿圆锥齿轮传动时，可求出两轮的分度圆锥角。通常直齿圆锥齿轮的齿高由大端到小端逐渐收缩，称为收缩齿圆锥齿轮。这类齿轮按顶隙不同又可分为不等顶隙收缩齿和等顶隙收缩齿两种。由于等顶隙收缩齿增加的小端的顶隙改善了润滑状况，同时还可降低小端的齿高，提高小端轮齿的弯曲强度，故 GB12369−1990 规定采用等顶隙圆锥齿轮传动。

图 1-3-29 所示为一对标准直齿圆锥齿轮。其节圆锥与分度圆锥重合，轴交角 $\Sigma=90°$。

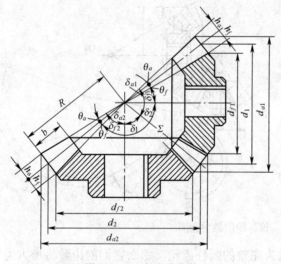

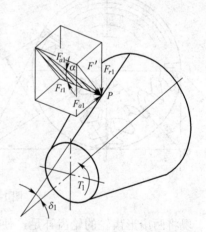

图 1-3-28　直齿锥齿轮　　　　　　　　　图 1-3-29　标准直齿圆锥齿轮

（三）直齿圆锥齿轮传动的强度计算

1. 受力分析

直齿锥齿轮传动中的主动轮轮齿受力情况。大端处单位齿宽上的载荷与小端处单位齿宽上的载荷不相等，其合力作用点实际偏于大端，通常近似地将法向力简化为作用于齿宽中点节线处的集中载荷处，即作用在分度圆锥平均直径 d_{m1} 处。若忽略接触面的摩擦力，则作用在平均分度圆直径 d_{m1} 处法向剖面 $N-N$ 的法向力可分解为三个互相垂直的空间分力：圆周力 F_t、径向力 F_r 和轴向力 F_a。这三个分力的大小由力矩平衡条件可得，式中 T_1 为主动齿轮传递的转矩（N·m）；d_{m1} 可根据分度圆直径 d_1、锥距 R、齿宽 b 确定，即：

$$d_{m1}=d_1(1-0.5b/R)=d_1(1-0.5\phi_R)$$

式中，$\phi_R=b/R$ 为齿宽系数，通常取 0.2～0.3。圆周力方向，主动轮上 F_t 与其回转方向相反，从动轮上 F_t 与其回转方向相同；径向力方向，都指向两轮各自的轮心；轴向力方向，分别沿各自的轴线指向轮齿的大端。力的大小：

$$F_{t1} = 2\pi/d_{m1} = -F_{t2} \ (F' = F_t\text{tg}\alpha)$$

$$F_{r1} = F'\cos\delta_1 = F_t\text{tg}\alpha\cos\delta_1 = -F_{a2}$$

$$F_{a1} = F'\sin\delta_1 = F_t\text{tg}\alpha\sin\delta_1 = -F_{r2}$$

$$F_n=F_t/\cos\alpha$$

*2. 强度计算

锥齿轮沿齿宽方向从大端到小端逐渐缩小，锥齿轮的载荷沿齿宽分布不均，为了简化计算，通常采用当量齿轮的概念，将一对直齿圆锥齿轮传动转化为一对当量直齿圆柱齿轮传动进行强度计算。一般以齿宽中点处的当量直齿圆柱齿轮作为计算基础。有关直齿圆锥齿轮的强度计算可引用直齿圆柱齿轮的类似公式，导出轴角为 90° 的强度计算公式。

齿面的接触疲劳强度计算公式为：

校核公式：$\sigma_H = \dfrac{4.98}{1-0.5\phi_R}Z_E\sqrt{\dfrac{KT_1}{\phi_R d_1^3 u}} \leqslant [\sigma]_H$ （MPa）

设计公式：$d_1 \geqslant \sqrt[3]{\left(\dfrac{4.98Z_E}{[\sigma]_H(1-0.5\phi_R)}\right)^2\dfrac{KT_1}{\phi_R u}}$ （mm）

式中，K 为载荷系数，T_1 为小齿轮的转矩（N·m），u 为齿数比（$u\geqslant 1$），ϕ_R 为齿宽系数（$\phi_R=b/R=0.25\sim 0.3$），Z_E 为材料的弹性系数，b 为轮齿的接触宽度（mm），$[\sigma_H]$ 为许用接触应力。

齿根弯曲疲劳强度的计算公式为：

校核公式：$\sigma_F=4KT_1Y_{Fa}Y_{Sa}/\phi_R(1-0.5\phi_R)^2m_n^3z_1^2(u^2-1)^{1/2}\leqslant[\sigma_F]$

设计公式：$m\geqslant(4KT_1Y_{Fa}Y_{Sa}/\phi_R(1-0.5\phi_R)^2z_1^2[\sigma_F](u^2-1)^{1/2})^{1/3}$

式中，Y_{Fa} 为齿形系数，Y_{Sa} 为应力修正系数，应按圆锥齿轮的当量齿数 Z_V 由表查取。$[\sigma_F]$ 为许用弯曲应力，单位为 MPa。

十五、齿轮的结构设计及齿轮传动的润滑

（一）轮的结构设计

齿轮的结构设计主要包括选择合理适用的结构形式，依据经验公式确定齿轮的轮毂、轮辐、轮缘等各部分的尺寸及绘制齿轮的零件工作图等。

1. 轴齿轮

当圆柱齿轮的齿根圆至键槽底部的距离 $x\leqslant(2\sim 2.5)$mm 或当圆锥齿轮小端的齿根圆至键槽底部的距离 $x\leqslant(2\sim 2.5)$mm 时，应将齿轮与轴制成一体，称为轴齿轮，如图 1-3-30（a）所示。

2. 实体式齿轮

当齿轮的齿顶圆直径 $d_a\leqslant 200$mm 时，可采用实体式结构，如图 1-3-30（b）所示。这种结构形式的齿轮常用锻钢制造。

3. 腹板式齿轮

当齿轮的齿顶圆直径 d_a=200～500mm 时，可采用腹板式结构，如图 1-3-30（c）所示。这种结构的齿轮一般多用锻钢制造。

4. 轮辐式齿轮

当齿轮的齿顶圆直径 d_a>500mm 时，可采用轮辐式结构，如图 1-3-30（d）所示。这种结构的齿轮常采用铸钢或铸铁制造。

（a）轴齿轮　　（b）实体式齿轮　　（c）腹板式齿轮　　（d）轮辐式齿轮

图 1-3-30　齿轮

（二）齿轮传动的润滑

润滑可以减小摩擦、减轻磨损，同时可以起到冷却、防锈、降低噪声、改善齿轮的工作状态、延缓轮齿失效、延缓轮齿的失效、延长齿轮的使用寿命等作用。

1. 润滑方式

润滑方式有浸油润滑和喷油润滑两种。一般根据齿轮的圆周速度来确定采用哪一种方式。

（1）浸油润滑：当圆周速度 v<12m/s 时，通常将大齿轮浸入油池中进行润滑，如图 1-3-31 所示。齿轮浸入油中的深度至少为 10mm，转速低时可浸深一些，但浸入过深会增大运动阻力并使油温升高。在多级齿轮传动中，对于未浸入油池内的齿轮，可采用带油轮将油带到未浸入油池内的齿轮齿面上。浸油齿轮可将油甩到齿轮箱壁上，有利于散热。

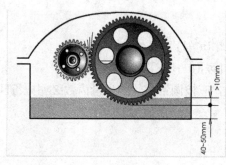 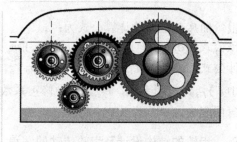

（a）浸油润滑　　　　　　　　　　　　　　（b）具体化的润滑

图 1-3-31　浸油润滑

（2）喷油润滑：当齿轮的圆周速度 v>12m/s 时，由于圆周速度大，齿轮搅油剧烈，且粘附在齿廓面上的油易被甩掉，因此不宜采用浸油润滑，而应采用喷油润滑。即用油泵将具有一定压力的润滑油经喷油嘴喷到啮合的齿面上，如图 1-3-32 所示。

对于开式齿轮传动，由于其传动速度较低，通常采用人工定期加油润滑的方式。

2. 润滑剂的选择

选择润滑油时，先根据齿轮的工作条件以及圆周速度查得运动粘度值，再根据选定的粘度确定润滑油的牌号。

图 1-3-32 喷油润滑

必须经常检查齿轮传动润滑系统的状况，如润滑油的油面高度等。油面过低则润滑不良，油面过高会增加搅油功率的损失。对于压力喷油润滑系统还需要检查油压状况，油压过低会造成供油不足，油压过高则可能是因为油路不畅通所致，需要及时调整油压。

【任务总结】

齿轮是机械产品的重要基础零件，齿轮传动是传递机器动力和运动的一种主要形式。它与皮带、摩擦机械传动相比，具有功率范围大、传动效率高、传动比准确、使用寿命长、安全可靠等特点，因此它已成为许多机械产品不可缺少的传动部件。齿轮的设计与制造水平将直接影响到机械产品的性能和质量。由于齿轮在工业发展中有突出地位，致使它被公认为工业化的一种象征。

（1）齿轮传动的最基本要求之一是其瞬时角速度比必须保持恒定。通过分析一对齿轮的传动关系导出了齿廓啮合基本定律，同时引出了共轭齿廓、节点和节圆等基本概念。

（2）渐开线的形成决定了渐开线的性质，由于渐开线齿廓具有众多的优点，所以渐开线齿轮是目前使用最广的齿轮。

（3）渐开线齿轮各部分的名称、符号和计算公式等由标准规定，不宜随意改动。

（4）标准齿轮采用标准压力角、标准模数、标准齿顶高系数和径向间隙系数。

（5）渐开线直齿圆柱齿轮正确啮合的条件是模数相等、压力角相等，斜齿轮还应满足螺旋角大小相等、方向相反。由此可见，直齿轮的互换性较好，斜齿轮一般是成对设计的。

（6）重合度的大小反映出同时啮合的齿对数的多少，斜齿轮有较大的重合度。

（7）当用展成法加工齿轮时，若被加工的齿轮齿数较少时会出现根切，由此引出了最少齿数的概念。

（8）变位齿轮的许多优点在实际齿轮机构中广为使用，应进一步增加部分内容。

（9）通过学习要能根据齿轮传动的工作条件及失效情况确定设计准则。掌握某一特定条件下的主要失效形式，分析产生的原因，选用相对应的设计准则，同时应掌握提高齿轮传动承载能力的方法和措施。

（10）齿轮传动中的受力分析是齿轮强度计算的基础，特别是斜齿轮、锥齿轮中的圆向力、径向力和轴向力三者的关系及相应的计算公式。

（11）斜齿轮的法面参数是标准的，端面参数与法面参数存在一定的关系。斜齿轮的端面仍为渐开线齿轮，所以渐开线直齿中的计算公式可以直接用于斜齿轮的端面齿轮。

（12）直齿圆柱齿轮传动设计是斜齿圆柱齿轮传动、直齿圆锥齿轮传动设计的基础，即斜齿轮、锥齿轮的强度计算最终将转化为相应的等效的直齿圆柱齿轮的强度问题，所以应着重掌握直齿圆柱齿轮传动的设计问题。

【技能训练】

训练内容：

试设计单级直齿圆柱齿轮减速器中的一对齿轮传动。已知传递的功率 $P=20\text{kW}$，从动轮转速 $n_2=200\text{r/min}$，传动比 $i=3.6$，单向运转，使用寿命 10 年，载荷有中等冲击，电动机驱动。

训练目的：

学会齿轮传动的设计计算方法，确定齿轮的齿数、模数和齿轮宽度，绘制齿轮图样，参观齿轮传动模型。

训练过程：

根据机械传动装置和带传动训练所得到的主要参数，包括传动比、功率、转速、载荷性质和工作寿命等，按齿面接触疲劳强度设计公式计算齿轮的分度圆直径，确定减速器中齿轮的齿数、模数和轮齿宽度。按标准圆整模数后，再按齿根弯曲疲劳强度校核公式校核齿轮传动的齿根弯曲疲劳强度。

训练总结：

齿轮传动设计是一种典型的机械零件的设计，齿轮传动设计过程中运用工程力学、材料学和机械设计学的综合知识，利用理论公式和试验修正方法，查阅图表、手册和国家标准等多种资料，经过反复计算后才能得出合理的参数，因此本任务的训练在机械设计基础课程中占有重要的地位。

项目二　传动件结构与运动分析

在各种机械中，原动件输出的运动一般以匀速旋转和往复直线运动为主，而实际生产中机械的各种执行部件要求的运动形式却是千变万化的，为此人们在生产劳动的实践中创造了平面连杆机构、凸轮机构、螺旋机构、棘轮机构、槽轮机构等常用机构，这些机构都有典型的结构特征，可以实现各种运动的传递和变化。

知识要点：

1. 带传动类型结构与特点分析、运动特性分析、受力分析。
2. 链传动类型结构与特点分析、运动特性分析、受力分析。
3. 齿轮传动类型结构与特点分析、运动特性分析、受力分析。
4. 几何尺寸计算。
5. 轮系传动比计算。

任务一　输送机带传动结构与运动分析

【任务提出】

带传动机构在工厂中应用极为广泛，掌握其各部分的相关名称、尺寸计算、受力分析、防止带传动失效，最终设计出在一般条件下使用的 V 带传动机构是后续课程及在工厂企业从事相关专业工作不可缺少的知识。带式输送机减速器中的 V 带传动机构具有一般带传动机构的普遍特征，掌握了该机构的知识也就掌握了一般带传动机构的知识。本任务以其为例，叙述 V 带传动的基本知识及设计方法，直至绘制出带轮的零件工作图。

【能力目标】

1. 能够进行带传动的设计。
2. 能使用计算器及计算机软件设计常见的带轮并绘制其零件图。

【知识目标】

1. 熟悉带传动的类型、特性及应用。
2. 掌握带传动设计的基本理论和方法。
3. 掌握带轮的几何尺寸计算。
4. 掌握 V 带传动的传动比计算与弹性滑动。

【任务分析】

一、V 带传动的工作情况分析

（一）V 带传动的摩擦力

在带式输送机中，小 V 带轮、V 带轮和大 V 带轮等零件一起组成 V 带传动。由于小 V 带轮是装在电动机轴上的，所以电动机的运动和转矩通过 V 带传动和减速器中的齿轮传动后传递到输送带上，从而使物体从一个地方输送到另一个地方。为了能使 V 带传动能正常工作，安装时应使 V 带预先张紧，产生一个初拉力 F_0（如图 2-1-1 所示），初拉力 F_0 使得带与带轮的接触面间产生正压力，从而使小带轮转动时带与带轮间产生摩擦力，靠这个摩擦力来传递运动和转矩。如果 V 带空套在 V 带轮上（如图 2-1-2 所示），也就是预先没有对 V 带张紧，初拉力 $F_0=0$，则小带轮转动时带与带轮之间没有摩擦力，这时 V 带和大带轮都停止不动，V 带传动失效。由此可知，V 带传动是靠带与带轮之间的摩擦力来传递载荷的。

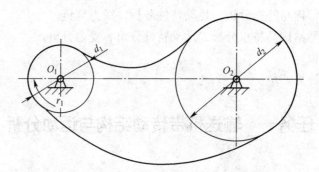

图 2-1-1　带传动张紧状态

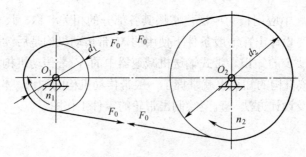

图 2-1-2　带传动松弛状态

在实际工作中还会看到，在正常情况下 V 带传动能很好地工作，但由于意外原因作用在大带轮上的阻力偶矩突然增大了，也会出现小带轮转动，而 V 带和大带轮都停止不动的现象，工程上把这种现象称为"打滑"。出现打滑的原因是 V 带传动时需要的摩擦力超过了带与带轮之间的最大摩擦力 F_{max}。带与带轮之间的最大摩擦力 F_{max} 越大，越不容易打滑，传递载荷的能力也就越大。最大摩擦力 F_{max} 与哪些因素有关呢？理论与实践均表明，带与带轮之间的最大摩擦力 F_{max} 与带的初拉力 F_0、带与带轮之间的摩擦系数 f 和小带轮的包角 α_1 有关。它们之间的关系如式（2-1-1）所示：

$$F_{f\max} = 2F_0 \frac{1 - \dfrac{1}{e^{f\alpha 1}}}{1 + \dfrac{1}{e^{f\alpha 1}}} \qquad (2\text{-}1\text{-}1)$$

由上式可知，初拉力 F_0 增大，最大摩擦力 $F_{\max}$ 也增大，传递载荷的能力也随之增加。反之，传递载荷的能力降低。由于 V 带是由橡胶做的弹性原件，所以 V 带运转了一段时间后会不可避免地发生松驰，这样初拉力 F_0 就会减小，最大摩擦力 $F_{\max}$ 也会减小。当初拉力 F_0 小到一定值时，在大带轮上还是作用到同样阻力偶矩的情况下时，也会出现打滑现象，从而使 V 带传动失效。为了防止这种情况的出现，V 带传动的中心距做成可调的。当 V 带运转出现过松后，将中心距调大，保持适当的初拉力，从而使 V 带传动保持正常工作。当 V 带传动的中心距不能调节时，可装张紧轮来保持 V 带适当的初拉力。V 带传动常用的几种张紧装置如表 2-1-1 所示。

从上面的分析得知，V 带的初拉力 F_0 越大，传递载荷的能力越大。但初拉力 F_0 大，V 带的拉应力也大，带在工作过程中容易拉断，并容易发生疲劳破坏，从而使带的使用寿命缩短。所以初拉力 F_0 既不能太大也不能太小，应该有一个适当的值。对于中等中心距的 V 带张紧程度，是以拇指能按下 15mm 左右为合适（如图 2-1-3 所示）。

表 2-1-1　带传动常用张紧装置及方法

张紧方法		示意图	说明
通过调节轴的位置张紧	定期张紧	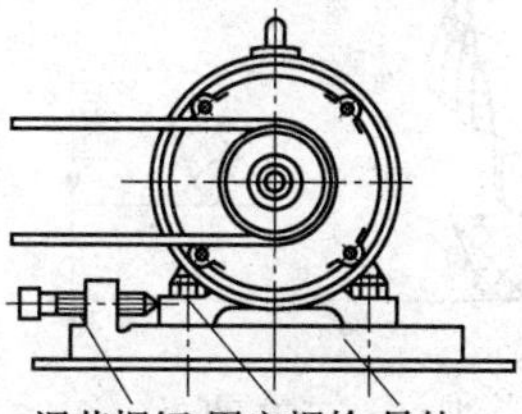 调节螺钉 固定螺栓 导轨 滑道式	用于水平或接近水平的传动 放松固定螺栓，旋转调整螺钉，可使带轮沿导轨移动，调节带的张紧力，将带轮调到合适位置，使带获得所需的张紧力，然后拧紧固定螺栓
		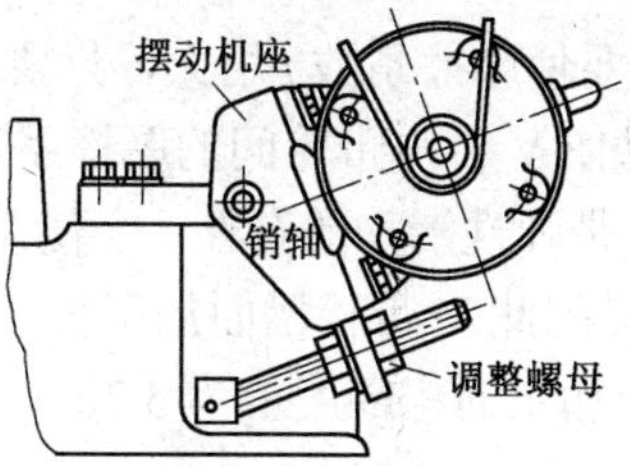 摆动机座 销轴 调整螺母 摆架式	用于垂直或接近垂直的传动 旋转调整螺母，使机座绕转轴转动，将带轮调到合适位置，使带获得所需的张紧力，然后固定机座位置
	自动张紧	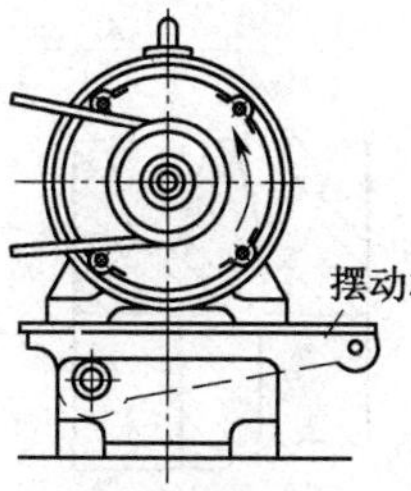 摆动机座 浮动摆架式	用于小功率传动 利用自重自动张紧传动带

续表

张紧方法		示意图	说明
通过张紧轮张紧	定期张紧	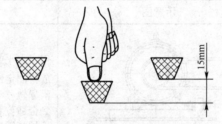 固定张紧轮	用于固定中心距传动 张紧轮安装在带松边的内侧。为了不使小带轮的包角减小过多，应将张紧轮尽量靠近大带轮
	自动张紧	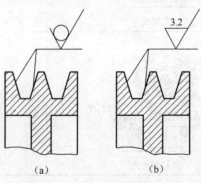 浮动张紧轮	用于中心距小、传动比大的传动，但寿命短，适宜平带传动 张紧轮可安装在带松边的外侧，并将张紧轮尽量靠近小带轮，这样可以增大小带轮上的包角

图 2-1-3　带受力示意图

　　由公式可知，带与带轮之间的摩擦系数 f 增大，则最大摩擦力 F_{max} 也增大，传递载荷的能力也增大。由于 V 带是市场上买的，因此要使摩擦系数 f 增大，只要在与 V 带接触的 V 带轮槽面上不加工（如图 2-1-4（a）所示）就可以使 V 带与带轮间的摩擦系数 f 达到最大值。但在与 V 带接触的 V 带轮槽面上不加工，则由于 V 带弹性滑动的存在，会使 V 带迅速磨损，从而大大缩短 V 带的使用寿命，这显然也是不合理的。因此 V 带轮槽面加工得太光洁不行，不加工也不好。所以工程上推荐与 V 带接触的 V 带轮槽面加工的粗糙度值为 3.2μm（如图 2-1-4（b）所示）。

（a）　　　　　　　　　（b）

图 2-1-4　带传动摩擦系数

最大摩擦力 $F_{\max}$ 除了与初拉力 F_0 和摩擦系数 f 有关外，还与小带轮的包角 α_1 有关。所谓包角是指带与带轮接触弧所对的圆心角，如图 2-1-5 所示。理论与实验分析表明：包角越大越好。包角小传递载荷的能力就低，因此工程上规定小带轮的包角：$\alpha_1 \geqslant 50°$。工程上只规定小带轮的包角而没有规定大带轮包角的原因是，大带轮包角要比小带轮的包角大。

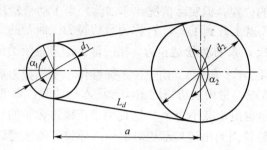

图 2-1-5　带轮包角

小带轮的包角 α_1 通过下式计算得到：

$$\alpha_1 = 180° - \frac{d_2 - d_1}{a} \times 57.3° \qquad (2\text{-}1\text{-}2)$$

式中，d_1、d_2 分别为两带轮的基准直径，单位为 mm；a 为带传动的中心距，单位为 mm。

从上面的分析可知，如果初拉力 F_0、摩擦系数 f 和包角 α_1 一定，则最大摩擦力 $F_{\max}$ 是个定值，是固有的。但带与带轮间的摩擦力 F_f 是随着外部载荷的变化而变化的，只要随着外部载荷变化而变化的带与带轮间的摩擦力 F_f 不超过最大摩擦力 $F_{\max}$ 这个固有的定值，带传动就能正常工作。

以上是对 V 带传动的分析，这样的分析基本上也适合于像平皮带这些靠摩擦力来传动的带传动。

（二）V 带传动的传动比与弹性滑动

带式输送机中的 V 带传动与其他靠摩擦传动的带传动一样除了传递运动和转矩外，还起到降速的作用。为此经常要对它们进行转速等的计算，其传动比计算公式为：

$$i = \frac{n_1}{n_2} = \frac{d_2}{d_1} \qquad (2\text{-}1\text{-}3)$$

式中，i 为传动比；n_1 为主动带轮的转速，单位为 r/min；n_2 为从动带轮的转速，单位为 r/min；d_1 为主动带轮的计算直径，d_2 为从动带轮的计算直径，单位为 mm。

例 2-1-1　在带式输送机中，已知电动机的转速 $n_1 = 960\,\text{r/min}$，两带轮间的传动比 $i = 2.34$，求大带轮的转速 n_2。

解：$i = \dfrac{n_1}{n_2}$　　$n_2 = \dfrac{n_1}{i} = \dfrac{960}{2.34} = 410.3\text{r/min}$

例 2-1-2　已知小带轮的转速 $n_1 = 960\text{r/min}$，直径 $d_1 = 100\text{mm}$，大带轮的直径 $d_2 = 300\text{mm}$，求大带轮的转速 n_2。

解：$i = \dfrac{n_1}{n_2} = \dfrac{d_2}{d_1}$　　$n_2 = n_1 \times \dfrac{d_1}{d_2} = 960 \times \dfrac{100}{300} = 320\text{ r/min}$

例 2-1-3　已知小带轮的转速 $n_1 = 960\text{r/min}$，直径 $d_1 = 100\text{mm}$。求大带轮的转速 $n_2 = 240\text{r/min}$ 时大带轮的直径 d_2 应为多少？

解： $i = \dfrac{n_1}{n_2} = \dfrac{d_2}{d_1}$ $d_2 = d_1 \times \dfrac{n_1}{n_2} = 100 \times \dfrac{960}{240} = 400\text{mm}$

在推导公式时，把带传动中带的线速度与带轮的圆周线速度看成是一样的。在这种情况下当带轮上的 A 点与带上的 B 点重合在 AB 点位置（如图 2-1-6 所示）时，随着主动带轮的转动，它们又一起到了 A' 的位置。但实际情况并非如此。当主动带轮转动时，带的下边部分进一步拉紧，这时初拉力 F_0 就上升到了 F_1，F_1 称为紧边拉力；而带的上边部分就相对放松，这时初拉力 F_0 就下降到了 F_2，F_2 称为松边拉力。相应地上边带拉紧的部分称为紧边，下边带放松的部分称为松边（如图 2-1-7 所示）。由于带是弹性体，受到拉力后会产生弹性伸长，伸长量随拉力大小的变化而改变。带由紧边绕过主动轮进入松边时，带的紧边拉力由 F_1 减小为松边拉力 F_2，其弹性伸长量也由 δ_1 减小为 δ_2。这说明带在绕过带轮的过程中，相对于轮面向后收缩了（$\delta_1 - \delta_2$），带与带轮轮面间出现局部相对滑动，导致带的速度逐步小于主动轮的圆周线速度，也就是原先带轮上的 A 点与带上的 B 点重合在 AB 点位置，随着主动带轮的转动，带轮上的 A 点到达了 A' 的位置，而带上的 B 点只是在 B' 的位置，如图 2-1-8 所示。同样，当带由松边绕过从动轮进入紧边时，拉力增加，带逐渐被拉长，沿轮面产生向前的弹性滑动，使带的速度逐渐大于从动轮的圆周线速度。这种由于带的弹性变形而产生的带与带轮间的滑动称为"弹性滑动"。

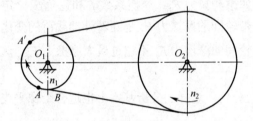

图 2-1-6   带传动张紧状态

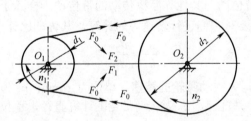

图 2-1-7   带传动受力图

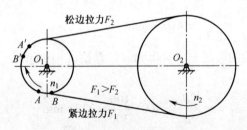

图 2-1-8   带传动运动分析

从上述分析中可以看到，产生弹性滑动的原因有两个：①带是弹性体；②两边拉力不等。

所以弹性滑动是带传动中不可避免的。有弹性滑动后，会产生摩擦，摩擦会发热，消耗功率，传动效率降低。有弹性滑动，带的线速度小于小带轮的线速度，而大带轮的线速度又小于带的线速度，并且带弹性滑动变化程度是随着紧边与松边拉力的变化而不断变化的，所以带的线速度也是在不断变化的，这就引起了带传动传动比的不正确。因此弹性滑动的后果是：①传动效率降低；②传动比不正确。

在例 2-1-2 中，$n_1 = 960$ r/min，$d_1 = 100$mm，$d_2 = 300$mm，求得 $n_2 = 320$r/min。实际上 n_2 是达不到 320r/min 的。为了考虑弹性滑动对转速的影响，工程上对于一些计算要求相对精确的地方，不是用式（2-1-3）进行计算的，而是用下式进行计算的：

$$i = \frac{n_1}{n_2} = \frac{d_2(1-\varepsilon)}{d_1} \tag{2-1-4}$$

式中，ε 称为弹性滑动率或弹性滑动系数。ε 经试验得到，一般为 $0.01\sim0.02$，计算时取 $\varepsilon=0.02$。所以例 2-1-2 中大带轮的转速 $n_2 = n_1(1-\varepsilon)d_1/d_2 = 960(1-0.02)\times100/300 = 313.6$r/min。实际上 n_2 的转速也不可能完全是 313.6r/min，而是随着载荷的变化而不断变化的。也就是说 n_2 有可能为 315.6、313.9r/min 等，但这些变化都很小。在要求从动带轮转速精确的地方，n_2 应按式（2-1-4）计算，但在一般计算中不考虑弹性滑动率 ε 对从动轮转速的影响，因此在绝大多数情况下，从动轮的转速还是用式（2-1-3）进行计算。

带传动在工作的过程中不可避免地会产生弹性滑动，并且拉力差越大，弹性滑动的现象越明显。当拉力差($F_1 - F_2$)达到很大的时候，它对主动带轮转动中心的矩超过了最大摩擦力 F_{max} 对主动带轮转动中心的矩时，就出现上述的"打滑"。打滑除了带传动失效外，还会由于带与带轮之间产生相对滑动而产生发热，时间一长会导致皮带的烧坏和电动机的烧坏。通过以上分析，带传动的失效形式有：①带在带轮上打滑，不能传递动力；②带由于疲劳产生脱层、撕裂和拉断；③带工作面磨损。弹性滑动和打滑的区别如表 2-1-2 所示。

表 2-1-2　弹性滑动和打滑的区别

项目	弹性滑动	打滑
现象	局部带在局部轮面上的滑动	整个带在整个轮面上发生滑动
产生原因	带两边拉力差	超载
结论	不可避免	可避免

二、V 带传动的设计

（一）V 带传动的应力分析与 V 带型号

为了使设计的 V 带传动在工作中不打滑，并使带在一定时限内不发生疲劳破坏，应对带传动进行应力分析。带在工作时的应力有三种：一是由紧边、松边拉力产生的拉应力 σ；二是带轮在转动过程中产生离心力引起的离心拉应力 σ_c；三是带绕在带轮上时在带中产生的弯曲应力 σ_b，三个应力的分布情况如图 2-1-9 所示。

从图 2-1-9 可知带的最大应力 $\sigma_{max} = \sigma_1 + \sigma_c + \sigma_{b1}$。其中 $\sigma_1 = \dfrac{F_1}{F_2}$，$F_1$ 为紧边拉力，A 为 V 带的横截面积，$\sigma_c = \dfrac{qv^2}{A}$，$q$ 为 V 带单位长度的质量，v 为带的线速度，$\sigma_{b1} = \dfrac{Eh}{d_1}$，$E$ 为带的弹性模量，h 为带的高度。当 σ_{max} 超过带的极限应力时，带就会断掉，这显然是不允许的。

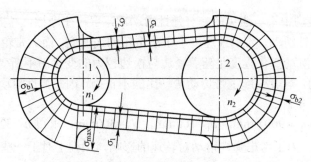

图 2-1-9 带传动应力

因此在设计时要使带在工作中不能被拉断，并要有一定的使用寿命，就得满足 $\sigma_{max} = \sigma_1 + \sigma_c + \sigma_{b1} \leqslant [\sigma]$ 的条件。由于带在工作中，每个截面上的应力是在不断变化的，因此带会产生疲劳破坏。为此式中 $[\sigma]$ 为带的许用疲劳应力。当不能满足这个条件时，应使带的最大应力 σ_{max} 降下来。要使带的最大应力 σ_{max} 降下来，可让拉应力 σ_1 降下来。要使拉应力 σ_1 降下来，则只要拉力 F_1 降下来。因此在 V 带传动中，如果一根 V 带由于受 F 力太大而导致产生应力太大而拉断时，可采用两根、三根甚至多根 V 带。这样使得每一根 V 带上受的拉力 F 不至于太大，从而在这一方面防止带传动的失效。所以在厂里可以看到，传递功率稍大一些的 V 带传动，往往是采用几根 V 带来传动的。

要使带的最大应力 σ_{max} 降下来，还可使离心拉应力 σ_c 降下来。从离心拉应力公式 $\sigma_c = qv^2/A$ 中可以看到，只要带的线速度 v 降下来，则离心拉应力 σ_c 就会降下来。所以带传动的线速度不能太大，线速度太大会使带传动的使用寿命大大缩短，故工程上要求带的线速度 $v \leqslant 25\text{m/s}$。

使带产生的弯曲应力 σ_{b1} 减小，也能使带的最大应力 σ_{max} 降下来。要使带产生弯曲应力 σ_{b1} 减小，由于 $\sigma_{b1} = Eh/d_1$，可使小带轮直径 d_1 增大。所以在设计带传动时，小带轮的直径 d_1 不能太小。

从拉应力 σ 和离心拉应力 σ_c 的计算式看到，如果 V 带的横截面积 A 增大，它们的值就会减小，从而使带在工作时最大应力 σ_{max} 减小。为了适应传动各种载荷的大小，V 带横截面积 A 是不同的。为此 V 带按其截面尺寸的不同分为 Y、Z、A、B、C、D、E 七种型号。其中 Y 型的截面尺寸最小，E 型的截面尺寸最大（如表 2-1-3 所示）。截面尺寸越大，则传递的功率也越大。所以大功率机械中采用 D 型、E 型 V 带，但工厂中用得最多的是 A、B、C 三种型号的 V 带。由于 V 带由专门的厂家制造，所以设计、选用 V 带时，V 带的尺寸一定要符合标准值。普通 V 带以带中性层的周长（或称节线长度）作为标准值，它也是 V 带传动的计算长度，用 L_d 表示，如图 2-1-10 和表 2-1-4 所示。

表 2-1-3 普通 V 带截面尺寸和单位带长质量（GB/T 11544－1997）

型号	Y	Z	A	B	C	D	E
顶宽 b/mm	6	10	13	17	22	32	38
节宽 b_p/mm	5.3	8.5	11	14	19	27	32
高度 h/mm	4.0	6.0	8.0	11	14	19	25
楔角 φ	40°						
每米质量 q/（kg/m）	0.04	0.06	0.10	0.17	0.30	0.60	0.87

注：节宽 b_p 指 V 带弯曲时其中性层的宽度。

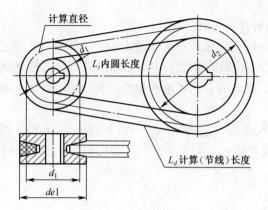

图 2-1-10 带节线长度

表 2-1-4 普通 V 带的长度系列和带长修正系数 K_L（摘自 GB/T13575.1－92）

基准长度 L_a /mm	带长修正系数 K_L						
	Y	Z	A	B	C	D	E
400	0.96	0.87					
450	1.00	0.89					
500	1.02	0.91					
560		0.94					
630		0.96	0.81				
710		0.99	0.83				
800		1.00	0.85				
900		1.03	0.87	0.82			
1000		1.06	0.89	0.84			
150		1.08	0.91	0.86			
550		1.11	0.93	0.88			
1400		1.14	0.96	0.90			
1600		1.16	0.99	0.92	0.83		
1800		1.18	1.01	0.95	0.86		
2000			1.03	0.98	0.88		
2240			1.06	1.00	0.91		
2500			1.09	1.03	0.93		
2800			1.11	1.05	0.95	0.83	
3150			1.13	1.07	0.97	0.86	
3550			1.17	1.09	0.99	0.89	
4000			1.19	1.13	1.02	0.91	
4500				1.15	1.04	0.93	0.90
5000				1.18	1.07	0.96	0.92

（二）V 带传动的设计计算方法

设计 V 带传动时，一般已知条件是传动的用途、工作条件、传递的功率 P、主从动轮的转速 n_1 和 n_2（或传动比 i）、传动的位置要求、原动机类型及其他一些要求（如外廓尺寸等）。

设计的内容是确定 V 带的型号、长度和根数，传动中心距，带轮的材料、结构和尺寸，作用于轴上的压力等。

设计 V 带传动的出发点是 $\sigma_{\max} = \sigma_1 + \sigma_c + \sigma_{b1} \leqslant [\sigma]$，这是一个强度计算式。但是它的强度计算和其他的强度计算在形式上有所不同，只要按照下面的设计步骤进行，则它的强度是足够的。

设计步骤和方法如下：

（1）确定计算功率 P_C。

$$P_C = K_A P \tag{2-1-5}$$

式中，P 为传递的额定功率（kW）；K_A 为工作情况系数，其反映了原动机和工作机的动力特性对带传动的影响，按表 2-1-5 查取。

表 2-1-5 工作情况系数 K_A

载荷性质	工作机	原动机					
		电动机（空载/轻载启动、三角启动、直流并励）、四缸以上内燃机			电动机（联机交流启动、直流复励或串励）、四缸以下内燃机		
		每天工作小时数/h					
		<10	10~16	>16	<10	10~16	>16
载荷变动很小	液体搅拌机、通风机和鼓风机（≤7.5kW）、离心式水泵和压缩机、轻负荷输送机	1.0	1.1	1.2	1.1	1.2	1.3
载荷变动小	带式输送机（不均匀负荷）、通风机和鼓风机（>7.5kW）、旋转式水泵和压缩机（非离心式）、发电机、金属切削机床、印刷机、旋转筛、锯木机和木工机械	1.1	1.2	1.3	1.2	1.3	1.4
载荷变动较大	制砖机、斗式提升机、往复式水泵和压缩机、起重机、磨粉机、冲剪机床、橡胶机械、振动筛、纺织机械、重负荷输送机	1.2	1.3	1.4	1.4	1.5	1.6
载荷变动很大	破碎机（旋转式、鄂式）、磨碎机	1.3	1.4	1.5	1.5	1.6	1.8

（2）选择 V 带型号。

根据计算功率 P_C 和小带轮转速 n_1，由图 2-1-11 选取 V 带的型号。两直线间为带的型号区，虚线为小带轮直径分界线。当选择的交点在直线附近时可选取两种不同的型号分别计算，最后从中确定一套较好的方案作为最终的设计方案。

（3）确定带轮的基准直径 d_1、d_2。

小带轮基准直径 d_1 大可以减小带的弯曲应力，增加带的使用寿命，可以减少带的根数，但会增大传动的尺寸。小带轮基准直径 d_1 小，则反之。特别是小带轮基准直径 d_1 小到一定的数值时，带的使用寿命会急剧下降。这种情况在工厂中偶尔也能见到，但这是不合理的。小带轮基准直径 d_1 具体多少，参考图 2-1-11 和表 2-1-6 来确定，小带轮基准直径 d_1 的单位为 mm。大带轮基准直径 $d_2 = i \times d_1 = d_1 \times n_1 / n_2$，并根据表 2-1-6 加以圆整。当要求 V 带传动比比较精确时，应考虑弹性滑动对转速的影响，这时 d_2 按 $d_2 = i \times d_1(1-\varepsilon) = d_1 \times n_1(1-\varepsilon) / n_2$ 计算，但一般情况下，不必考虑弹性滑动对转速的影响。

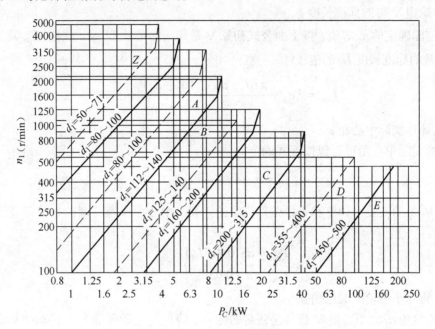

图 2-1-11 普通 V 带轮选型图

表 2-1-6 普通 V 带轮最小基准直径 d_{min} 及基准直径系列

型号	Y		Z		A		B		C	
d_{min}/mm	20		50		75		55		200	
基准直径系列 /mm	20 22.4 25 28 31.5 35.5 40 45 50 63 67 71 75 80 85 90 95 100 106 15 118 55 132 140 150 160 170 180 200 25 224 236 250 265 280 300 315 355 375 400 425 450 475 500 530 560 600 630 560 600 630 670 710 750 800 900 1000 …									

（4）验算带速 v。

带速过高，则产生的离心拉应力大，且带在单位时间内的循环次数多，使带的寿命缩短；带速太低，则带的拉力大，使带的根数过多。带速一般应在 5m/s～25m/s 之内，最大不超过30m/s，否则应调整小带轮的直径或转速。带速 v 按下式计算：

$$v = \frac{\pi d_1 n_1}{60 \times 1000}$$
（2-1-6）

式中，带速的单位为 m/s。

（5）初定中心距 a_0。

在带的实际长度没有确定之前，中心距 a 是定不下来的，所以在确定正式中心距 a 之前，先初定一个中心距 a_0，作为下面计算实际中心距 a 的参考。因为中心距 a 与 V 带的标准值 L_d

有关，中心距 a 小，则传动结构紧凑，但带应力变化次数多，会影响带的使用寿命。并且小带轮的包角 α_1 减小，这会使带的工作能力降低，所以中心距 a 不能太小。但中心距 a 太大，则反之，并且容易引起带在工作时的颤动。因此中心距 a 既不能太大，也不能太小，工程上一般初选带传动的中心距 a_0 为：

$$0.7(d_1 + d_2) \leqslant a_0 \leqslant 2(d_1 + d_2) \qquad (2\text{-}1\text{-}7)$$

（6）确定 V 带的标准长度 L_d。

根据前面确定的 a_0 等值，按下面公式初算 V 带相应的带长 L_{d0}，再根据 L_{d0} 查表 2-1-4 正式确定 V 带的标准长度 L_d 的值：

$$L_{d0} = 2a_0 + \frac{\pi(d_1 + d_2)}{2} + \frac{(d_2 - d_1)^2}{4a_0} \qquad (2\text{-}1\text{-}8)$$

（7）计算实际中心距 a。

传动的实际中心距可近似按下式确定：

$$a \approx a_0 + \frac{L_d - L_{d0}}{2} \qquad (2\text{-}1\text{-}9)$$

考虑 V 带的安装、调整和带松弛后张紧的需要，中心距应当可调，并留有调整余量，其变动范围为：

$$\left.\begin{array}{l} a_{\min} = a - 0.015L_d \\ a_{\max} = a + 0.03L_d \end{array}\right\} \qquad (2\text{-}1\text{-}10)$$

（8）验算小带轮上的包角 α_1。

小带轮包角 α_1 太小，则 V 带传递载荷的能力会降低。为了保证 V 带传动的基本摩擦力，应使小带轮的包角 $\alpha_1 \geqslant 50°$。小带轮的包角可用下式计算：

$$\alpha_1 = 180° - \frac{d_2 - d_1}{a} \times 57.3° \geqslant 120° \qquad (2\text{-}1\text{-}11)$$

因为 $d_2 = id_1$，所以小带轮包角 $\alpha_1 = 180° - \frac{(i-1)d_1}{a} \times 57.3°$，如果 V 带传动比 i 增大，则小带轮包角 α_1 减小，所以 V 带的传动比不能太大，一般是 $i \leqslant 5 \sim 7$，常取 $i \approx 3$。当校核下来小带轮包角 $\alpha_1 < 50°$ 时，应修改上面的参数，重新计算，直到符合为止。或者加装张紧轮，来增加小带轮上的包角。

（9）确定 V 带的根数 z。

V 带的根数太少，则带在工作时有可能拉断，如果不拉断也因带的拉应力太大而使 V 带比较早的发生疲劳破坏。V 带的根数太多，也是一种不必要的浪费，同时会使带轮的宽度增大，再一次造成浪费。所以 V 带的根数既不要太多也不要太少，带的根数可用下面的公式算出，并小于或等于 10 根：

$$z = \frac{p_C}{(p_0 + \Delta p_1)K_\alpha K_L} \leqslant 10 \qquad (2\text{-}1\text{-}12)$$

式中 P_0 是单根普通 V 带在特定条件下传递的基本额定功率，它根据 $\sigma_{\max} = \sigma_1 + \sigma_c + \sigma_{b1} \leqslant [\sigma]$，并在传动中不打滑时经过试验得到的。特定条件是传动比 $i = 1$、包角 $\alpha = 180°$、特定带长、载荷平稳。基本额定功率 ΔP_1 的具体数据如表 2-1-7 所示。ΔP_1 是单根三角皮带基本额定功率增量，K_α 为包角修正系数，K_L 为 V 带的长度修正系数，分别是考虑到设计的 V 带传动比与试验的 V 带传动比、与试验的包角、与试验的带的长度不一致时的系数。ΔP_1、K_α、K_L 分别由表 2-1-8、表 2-1-9 和表 2-1-4 查得。

表 2-1-7　单根普通 V 带的基本额定功率 P_0（kW）

带型	小带轮基准直径 d_1 /mm	小带轮转速 n_1（r/min）						
		400	730	800	980	500	1460	2800
Z	50	0.06	0.09	0.10	0.5	0.14	0.16	0.26
	63	0.08	0.13	0.15	0.18	0.22	0.25	0.41
	71	0.09	0.17	0.20	0.23	0.27	0.31	0.50
	80	0.14	0.20	0.22	0.26	0.30	0.36	0.56
A	75	0.27	0.42	0.45	0.52	0.60	0.68	1.00
	90	0.39	0.63	0.68	0.79	0.93	1.07	1.64
	100	0.47	0.77	0.83	0.97	1.14	1.32	2.05
	15	0.56	0.93	1.00	1.18	1.39	1.62	2.51
	55	0.67	1.11	1.19	1.40	1.66	1.93	2.98
B	55	0.84	1.34	1.44	1.67	1.93	2.20	2.96
	140	1.05	1.69	1.82	2.13	2.47	2.83	3.85
	160	1.32	2.16	2.32	2.72	3.17	3.64	4.89
	180	1.59	2.61	2.81	3.30	3.85	4.41	5.76
	200	1.85	3.05	3.30	3.86	4.50	5.15	6.43
C	200	2.41	3.80	4.07	4.66	5.29	5.86	5.01
	224	2.99	4.78	5.5	5.89	6.71	7.47	6.08
	250	3.62	5.82	6.23	7.18	8.21	9.06	6.56
	280	4.32	6.99	7.52	8.65	8.81	10.74	6.13
	315	5.14	8.34	8.92	10.23	11.53	5.48	4.16
	400	7.06	11.52	5.10	13.67	15.04	15.51	—

表 2-1-8　单根普通 V 带额定功率增量 Δp_0（kW）

带型	小带轮转速 n_1（r/min）	传动比 i									
		1.00～1.01	1.02～1.04	1.05～1.08	1.09～1.5	1.13～1.18	1.19～1.24	1.25～1.34	1.35～1.51	1.52～1.99	≥2.0
Z	400	0.00	0.00	0.00	0.00	0.00	0.00	0.00	0.00	0.01	0.01
	730	0.00	0.00	0.00	0.00	0.00	0.00	0.01	0.01	0.01	0.02
	800	0.00	0.00	0.00	0.00	0.01	0.01	0.01	0.01	0.02	0.02
	980	0.00	0.00	0.00	0.01	0.01	0.01	0.01	0.01	0.02	0.02
	500	0.00	0.00	0.01	0.01	0.01	0.01	0.02	0.02	0.02	0.03
	1460	0.00	0.00	0.01	0.01	0.01	0.02	0.02	0.02	0.02	0.03
	2800	0.00	0.01	0.02	0.02	0.03	0.03	0.03	0.04	0.04	0.04

带型	小带轮转速 n_1（r/min）	传动比 i									
		1.00~1.01	1.02~1.04	1.05~1.08	1.09~1.5	1.13~1.18	1.19~1.24	1.25~1.34	1.35~1.51	1.52~1.99	≥2.0
A	400	0.00	0.01	0.01	0.02	0.02	0.03	0.03	0.04	0.04	0.05
	730	0.00	0.01	0.02	0.03	0.04	0.05	0.06	0.07	0.08	0.09
	800	0.00	0.01	0.02	0.03	0.04	0.05	0.06	0.08	0.09	0.10
	980	0.00	0.01	0.02	0.04	0.05	0.06	0.07	0.08	0.10	0.11
	500	0.00	0.02	0.03	0.05	0.07	0.08	0.10	0.11	0.13	0.15
	1460	0.00	0.02	0.04	0.06	0.08	0.09	0.11	0.13	0.15	0.17
	2800	0.00	0.04	0.08	0.11	0.15	0.19	0.23	0.26	0.30	0.34
B	400	0.00	0.01	0.03	0.04	0.06	0.07	0.08	0.10	0.11	0.13
	730	0.00	0.02	0.05	0.07	0.10	0.5	0.15	0.17	0.20	0.22
	800	0.00	0.03	0.06	0.08	0.11	0.14	0.17	0.20	0.23	0.25
	980	0.00	0.03	0.07	0.10	0.13	0.17	0.20	0.23	0.26	0.30
	500	0.00	0.04	0.08	0.13	0.17	0.21	0.25	0.30	0.34	0.38
	1460	0.00	0.05	0.10	0.15	0.20	0.25	0.31	0.36	0.40	0.46
	2800	0.00	0.10	0.20	0.29	0.39	0.49	0.59	0.69	0.79	0.89
C	400	0.00	0.04	0.08	0.5	0.16	0.20	0.23	0.27	0.31	0.35
	730	0.00	0.07	0.14	0.21	0.27	0.34	0.41	0.48	0.55	0.62
	800	0.00	0.08	0.16	0.23	0.31	0.39	0.47	0.55	0.63	0.71
	980	0.00	0.09	0.19	0.27	0.37	0.47	0.56	0.65	0.74	0.83
	500	0.00	0.5	0.24	0.35	0.47	0.59	0.70	0.82	0.94	1.06
	1460	0.00	0.14	0.28	0.42	0.58	0.71	0.85	0.99	1.14	1.27
	2800	0.00	0.27	0.55	0.82	1.10	1.37	1.64	1.92	2.19	2.47

表 2-1-9　包角修正系数 K_α

包角 α_1	180°	175°	170°	165°	160°	155°	150°	145°	140°	135°	130°	55°	50°
K_α	1.00	0.99	0.98	0.96	0.95	0.93	0.92	0.91	0.89	0.88	0.86	0.84	0.82

设计时使 V 带 $z \leqslant 10$ 的原因是，V 带根数越多，每一根 V 带上受力就越不均匀，所以 V 带的根数不能太多。基于这个原因，V 带在使用过程中，如果发现有一根 V 带坏了，不能用了，则要在把这根 V 带换调的同时，把其余的几根 V 带一起换调。

（10）计算压轴力 F_p。

为了设计带轮的轴和轴承，需要计算带传动作用在轴上的压力 F_p（如图 2-1-12 所示）。其计算公式为：

$$F_p \approx 2zF_0 \sin\frac{\alpha_1}{2} \tag{2-1-13}$$

式中 F_0 按式（2-1-14）计算确定。

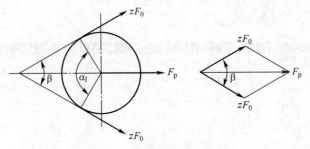

图 2-1-12 带传动作用在轴上的力

$$F_0 = \frac{500 p_C}{zv} \left(\frac{2.5}{K_\alpha} - 1 \right) + qv^2 \tag{2-1-14}$$

式中，q 为 V 带的质量，由表 2-1-3 查取。

三、V 带传动的计算机设计

从叙述 V 带传动的设计计算方法中可知，V 带传动的设计计算是比较麻烦也是相对花费时间的。为了提高设计 V 带传动的效率及设计的正确性和可靠性，现在工厂中也用计算机软件来设计 V 带传动。由于设计 V 带传动的软件较多，现以在计算机上装入的《机械设计手册（新编软件版）2008》中的设计软件为例叙述 V 带传动的设计。

（1）在计算机上打开《机械设计手册（新编软件版）2008》，单击"常用设计计算程序"→"带传动设计"，得到如图 2-1-13 所示的界面。然后单击"开始新的计算"得到一个新的界面，在这个界面中分别填写设计者及设计单位的名称，选择带传动类型普通 V 带，单击"确定"按钮后得到如图 2-1-14 所示的界面。

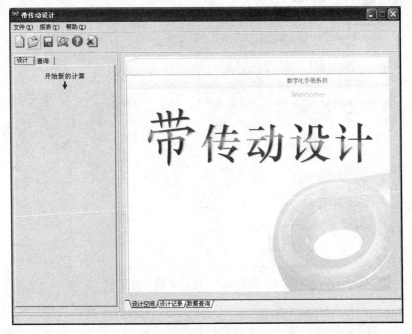

图 2-1-13 V 带传动设计

（2）在界面中填入传动功率、主动轴（小带轮）转速、从动轴（大带轮）转速，单击"确定"按钮，得到如图 2-1-15 所示的界面。

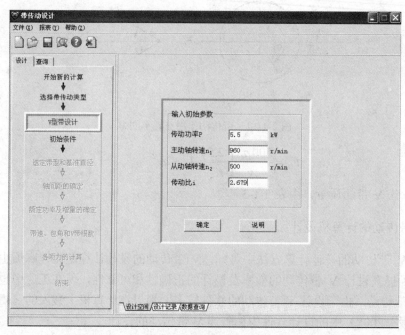

图 2-1-14   设计参数输入

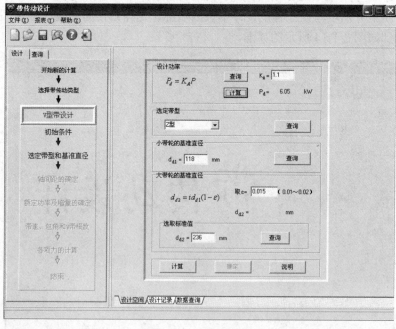

图 2-1-15   计算功率

（3）在设计功率框内单击"查询"按钮后得到与表 2-1-5 一样的表格，根据该表格选择工作情况系数 K_A 的值后填入，单击"计算"按钮得到计算功率的值。再在"选定带型"框中单击"查询"按钮，得到如图 2-1-16 所示的选择 V 带型号的界面。在该界面内选好 V 带类型、小带轮的基准（计算）直径后单击"返回"按钮回到图 2-1-15 所示的界面。在该界面中把已选好的 V 带类型、小带轮的基准直径填入，单击"计算"和"查询"按钮输入大带轮直径，得到图 2-1-17 所示的界面。

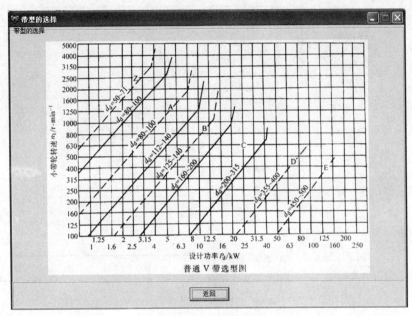

图 2-1-16　选择 V 带型号

（4）单击"确定"按钮，得到图 2-1-18 所示的界面。在这个界面中填入初选的中心距 a_0 的值，单击"所需基准长度"框内的"计算"按钮后，得到相应的带长 L_{d0} 的值，再单击"查询"按钮后选取标准值。在"实际轴间距"框内单击"计算"按钮，得到图 2-1-18 所示的界面。

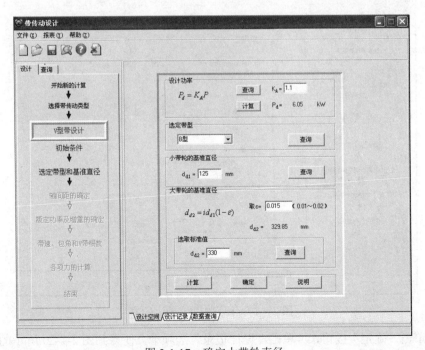

图 2-1-17　确定大带轮直径

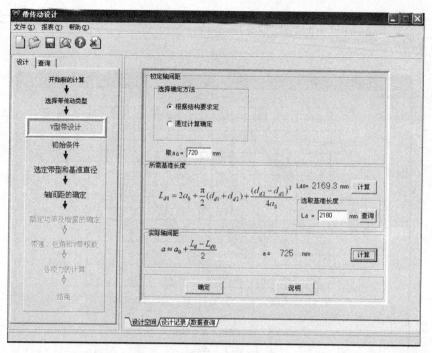

图 2-1-18 确定带长

（5）单击"确定"按钮，分别得到计算 V 带根数和计算作用在轴上力等的界面，如图 2-1-19 所示。

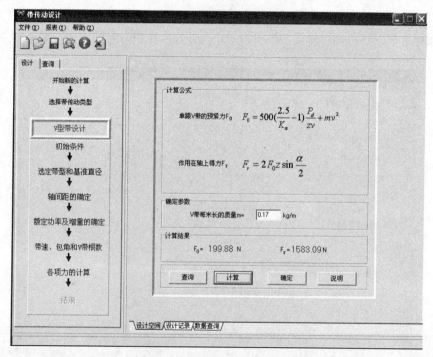

图 2-1-19 计算作用在轴上的力

（6）单击"确定"按钮，再单击"设计记录"选项卡，便得到图 2-1-20 所示的输出数据。这些数据可以复制到 Word 文档中，从而在计算机上方便地对它进行编辑等操作；或者单击图

2-1-20 界面左侧的"结束",得到图 2-1-21 所示的设计结果输出界面。

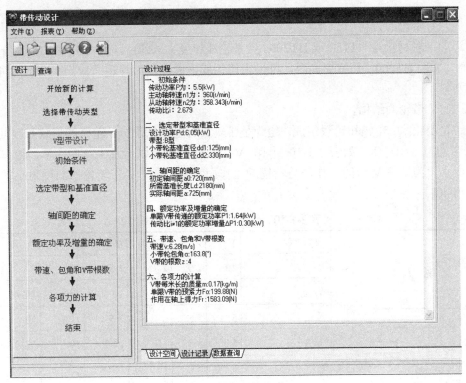

图 2-1-20　设计数据

V 带传动设计结果输出

设计单位:陕西工业职业技术学院　　设计者:王小爱　　设计时间:下午 01:42

名称	数值	单位
传动功率 P	5.5	kW
主动轴转速 n_1	960	r/min
从动轴转速 n_2	358.343	r/min
传动比 i	2.679	无
设计功率 P_d	6.05	kW
小带轮基准直径 d	55	mm
大带轮基准直径 d	330	mm
初定轴间距 a_0	720	mm
所需基准长度 L_d	2180	mm
实际轴间距 a	725	mm
P_1	1.64	kW
$\triangle P_1$	0.3	kW
V 带的根数 z	4	无
单根 V 带的预紧力	199.88	N

图 2-1-21　输出结果

四、V 带轮的结构与零件图

（一）V 带轮的材料

常用的带轮材料为 HT150 或 HT200。当带轮线速度 $v < 25\text{m/s}$ 时，采用 HT150；当 $v=25\sim30\text{m/s}$ 时，采用 HT200。速度更高时，可采用铸钢或钢板冲压后焊接而成。小功率时可用铸铝或工程塑料。

（二）V 带轮的结构

V 带轮由轮缘、轮辐和轮毂组成。轮缘是带轮具有轮槽的部分。轮槽的形状和尺寸与所选用的 V 带的型号相对应，如表 2-1-10 所示。V 带绕在带轮上以后发生弯曲变形，使 V 带的实际楔角变小。为了使 V 带的工作面与轮槽的工作面紧密贴合，V 带轮轮槽的槽角小于 V 带的公称楔角 40°。

表 2-1-10　普通 V 带轮的轮槽尺寸

槽型			Y	Z	A	B	C	D	E
$h_{d\min}$			1.6	2.0	2.75	3.5	4.8	8.1	9.6
$h_{f\min}$			4.7	7.0	8.7	10.8	14.3	19.9	23.4
$\delta_{\min}$			5	5.5	6	7.5	10	10	28
b_p			5.3	8.5	11	14	19	27	32
e			8	5	15	19	25.5	37	44.5
$f_{\min}$			6	7	9	11.5	16	16	23
$B = (z-1)e + 2f$，z 为带的根数									
φ	32°	d	≤60	—	—	—	—	—	—
	34°			≤80	≤118	≤190	≤315	—	—
	36°		>60	—	—	—	—	≤475	>475
	38°		—	>80	>118	>190	>315	≤600	>600

在 V 带轮上，与配用 V 带的节宽 b_p 相对应的带轮直径称为带轮的基准直径 d_0，V 带轮的结构形式与基准直径有关。当带轮基准直径 $d_0 \leq (2.5\sim3)d_s$（d_s 为轴的直径）时，可采用实心式（如图 2-1-22（a）所示）；带轮直径 $d \leq 300\text{mm}$ 时，可采用腹板式（如图 2-1-22（b）所示）或孔板式（如图 2-1-22（c）所示）；带轮直径 $d > 300\text{mm}$ 时，可采用轮辐式（如图 2-1-22（d）所示）。

$d_h = (1.8\sim2)d_s$；$d_0 = 0.5(d_r + d_h)$；$d_1 = (0.2\sim0.3)(d_r - d_h)$

$c = s = (1/7\sim1/4)B$；$L = (1.5\sim2)d_s$，当 $B < 1.5d_s$ 时，$L = B$

$h_1 = 290\sqrt[3]{P/(nz_a)}$；$h_2 = 0.8h_1$；$b_1 = 0.4h_1$；$b_2 = 0.8b_1$；$f_1 = 0.2h_1$；$f_2 = 0.2h_2$

式中，P 为带传递的功率（kW），n 为带轮的转速（r/min），z_a 为轮辐数。

（三）V 带轮的零件图

作为 V 带传动的设计，除了要计算出 V 带、V 带轮的尺寸、V 带的根数外，还应绘制 V 带轮的零件图，它是制造 V 带轮的依据。绘制 V 带轮零件图除了遵循《机械制图》中规定的对零件图的要求外，还运用符号或数值表明制造、检验、装配的技术要求，如表面粗糙度、形位公差等。对于不便使用符号和数值表明的技术要求，可用文字列出，如材料、热处理、安装要求等。对要求精确的尺寸和配合尺寸，必须标注尺寸极限偏差。标注尺寸应做到完整、便于加工，避免重复、遗漏、封闭及数值差错。在标题栏中应填写材料、图号、零件名称、绘图者姓名及绘图日期等内容。

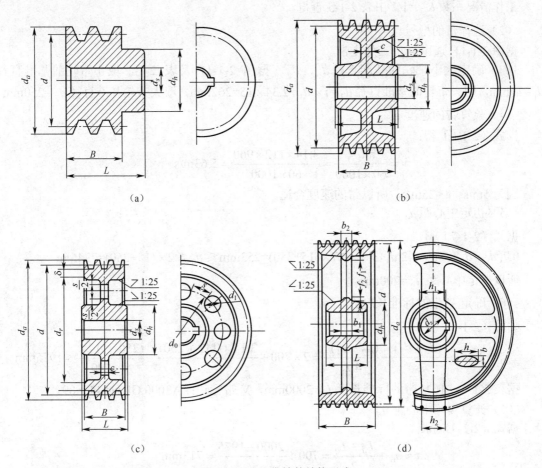

图 2-1-22　V 带轮的结构形式

为了绘图方便和不出差错，绘图时尽量参考资料上的 V 带轮零件图。另外由于机械绘图软件很多，应使用自己熟悉的机械绘图软件在计算机上绘制。为了防止所绘制的内容丢失，在绘图时养成随时保存的好习惯。

五、带式输送机中的 V 带传动的设计

在带式输送机中，电动机传递的功率 p =4kW，电动机转速 n_1 =960r/min，电动机伸出端直径为 38mm，电动机伸出端轴安装长度为 80mm。减速器高速轴伸出端直径为 24mm，减速器高速轴伸出端长度为 45mm。传动比 i =2.34，在二班制工作中，要求中心距大于 700mm 的情况下，设计该带式输送机中的 V 带传动。

为了掌握和比较以上讨论的两种 V 带传动设计方法，现分别用一般设计 V 带传动的方法和在计算机上用 V 带设计软件设计的方法进行设计。

一、用传统设计 V 带传动的方法设计

（1）确定计算功率。

据式（2-1-5）得　　　$p_C = K_A P = 1.2 \times 4 = 4.8\text{kW}$

工作情况系数 $K_A = 1.2$ 由表 2-1-5 查得。

（2）选择带的型号。

据图 2-1-11 选用 A 型三角皮带。

（3）确定大小带轮的基准直径 d_1、d_2。据图 2-1-11 及表 2-1-6 取小带轮的基准直径 $d_1 = 15\text{mm}$，则大带轮的基准直径 $d_2 = i \times d_1 = 2.34 \times 15 = 262\text{mm}$，取大带轮基准直径 $d_2 = 250\text{mm}$。

（4）验算带的速度 v。

据式（2-1-6）得：

$$v = \frac{\pi d_1 n_1}{60 \times 1000} = \frac{3.14 \times 112 \times 960}{60 \times 1000} = 5.63\text{m/s}$$

因为 5m/s$< v <$25m/s，所以带的速度合适。

（5）初定中心距 a_0。

据式（2-1-7）得：

$0.7(d_1 + d_2) \leqslant a_0 \leqslant 2(d_1 + d_2)$　　$0.7 \times (15 + 250) = 253\text{mm} \leqslant a_0 \leqslant 2 \times (15 + 250) = 724\text{mm}$

所以初定中心距 $a_0 = 700\text{mm}$。

（6）确定 V 带的标准长度 L_d。

据式（2-1-8）得：

$$L_{d0} = 2a_0 + \frac{\pi(d_1 + d_2)}{2} + \frac{(d_2 - d_1)^2}{4a_0} = 2 \times 700 + \frac{3.14 \times (112 + 250)}{2} + \frac{(250 - 112)^2}{4 \times 700} = 1975\text{mm}$$

据表 2-1-4，取 V 带的标准长度 $L_d = 2000\text{mm}$，V 带标记：A2000 GB11544－89。

（7）计算实际中心距 a。

据式（2-1-9）得：

$$a \approx a_0 + \frac{L_d - L_0}{2} = 700 + \frac{2000 - 1975}{2} = 713\text{mm}$$

取实际中心距 $a = 710\text{mm}$（符合题中中心距大于 700mm 的要求）。

考虑到调整和补偿初拉力的需要，据式（2-1-10）得实际中心距的变化范围为：

$$a_{\min} = a - 0.015 L_d = 710 - 0.015 \times 2000 = 680\text{mm}$$

$$a_{\max} = a + 0.03 L_d = 710 + 0.03 \times 2000 = 770\text{mm}$$

（8）验算小带轮包角 α_1。

据式（2-1-11）得：

$$\alpha_1 = 180° - \frac{d_2 - d_1}{a} \times 57.3° = 180° - \frac{250 - 112}{710} \times 57.3° = 169° \geqslant 120°　（合适）$$

（9）确定带的根数 z。

由表 2-1-7 并用插值法得：$P_1 = 1.16\text{ kW}$

由表 2-1-8 并用插值法得：$\triangle P_1 = 0.108\text{kW}$

由表 2-1-9 得：$K = 0.98$

由表 2-1-4 得：$K_L = 1.03$

据式（2-1-12）得：

$$z = \frac{P_C}{(P_1 + \Delta P_1)K_\alpha K_L} = \frac{4.8}{(1.16 + 0.108) \times 0.98 \times 1.03} = 3.75 \text{（根）}$$

取 $z = 4$ 根（满足 $z < 10$ 根，合适）。

（10）计算压轴力 F_P。

据（2-1-14）得：

$$F_0 = \frac{500 P_C}{zv}\left(\frac{2.5}{K_\alpha} - 1\right) + qv^2 = \frac{500 \times 4.8}{4 \times 5.63} \times \left(\frac{2.5}{0.98} - 1\right) + 0.1 \times 5.63^2 = 197\text{N}$$

式中 q 由表 2-1-3 查取。

据式（2-1-13）得：

$$F_p \approx 2zF_0 \sin\frac{\alpha_1}{2} = 2 \times 4 \times 197 \times \sin\frac{169°}{2} = 1569\text{N}$$

二、用 V 带设计软件进行设计

在计算机上打开带传动设计的软件，得到如图 2-1-13 所示的界面，在该界面中单击"确定"按钮后得到如图 2-1-14 所示的界面。在这个界面中输入设计者信息、V 带传递的功率 4kW、小带轮的转速 960r/min、传动比 2.34、初定中心距 700mm 等数据后，根据 V 带传动计算机设计中介绍的方法进行设计，最后得到以下的 V 带传动稍加整理后的设计结果：

带型：A 型

小带轮基准直径 $d_1 = 15$mm

大带轮基准直径 $d_2 = 250$mm

带的基准长度 $L_d = 2000$mm

初定中心距 $a_0 = 710$mm

实际中心距 $a = 75$mm

带速 $v = 5.63$m/s   5m/s $< v <$ 25 m/s   （合适）

小带轮包角 $\alpha_1 = 168.89° > 50°$（合适）

V 带根数 $z = 4$

单根 V 带的预紧力 $F_0 = 168.45$N

作用在轴上的压力 $F_P = 531.35$N

比较以上两设计方法，得到的数据基本上是一致的。但在计算机上用 V 带设计软件进行设计时要方便、省时得多。不过用这种方法设计时，要有计算机和 V 带传动的设计软件。除此之外，还应掌握在叙述第一种设计方法中用到的基本知识，如查图确定 V 带型号、确定小带轮的基准直径。

三、V 带的零件图

当 V 带传动的设计计算完成后，最后绘制 V 带零件图。参考图 2-1-22V 带轮的结构形式，小带轮采用图 2-1-22（a）的实心式带轮；大带轮采用图 2-1-22（c）的孔板式带轮，并根据 V 带轮中的结构计算公式及表 2-1-10 普通 V 带轮的轮槽尺寸将相关尺寸算出。最后画出的大小 V 带轮零件图如图 2-1-23 和图 2-1-24 所示。

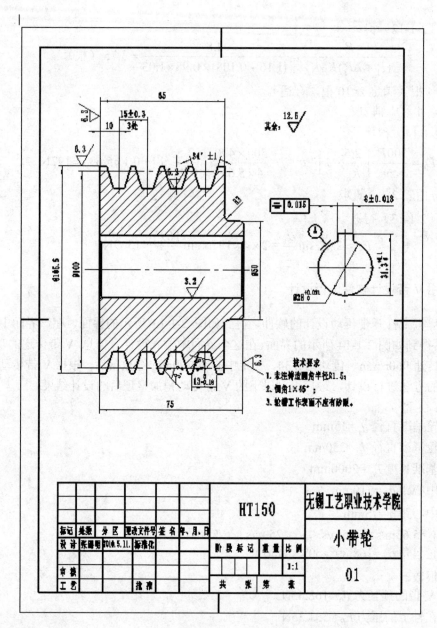

图 2-1-23 小带轮零件图

【知识链接】

带传动和链传动都是挠性传动。带传动和链传动通过环形挠性元件，在两个或多个传动轮之间传递运动和动力。

带传动一般是由主动轮、从动轮、紧套在两轮上的传动带及机架组成的。当原动机驱动主动带轮转动时，由于带与带轮之间有摩擦力，使从动带轮一起转动，从而实现运动和动力的传递。链传动由两轴平行的大小链轮和链条组成。链传动与带传动有相似之处：链轮与链条啮合，其中链条相当于带传动中的挠性带，但又不是靠摩擦力传动，而是靠链轮齿和链条之间的啮合来传动。链传动又是啮合传动。

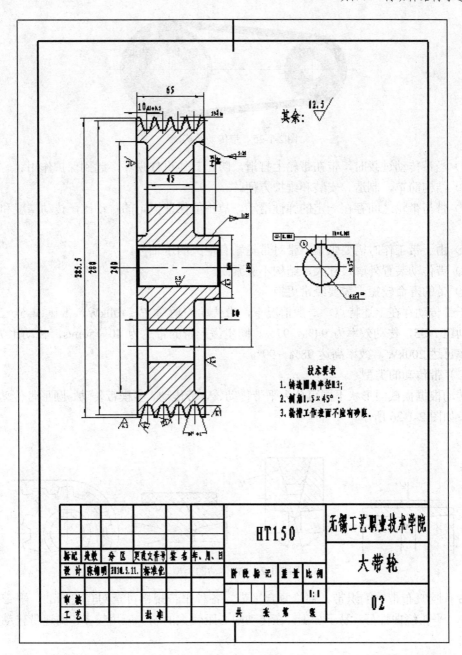

图 2-1-24　大带轮零件图

一、带传动的类型和应用

如图 2-1-25 所示，带传动一般是由主动轮、从动轮、紧套在两轮上的传动带及机架组成的。当原动机驱动主动带轮转动时，由于带与带轮之间摩擦力的作用，使从动带轮一起转动，从而实现运动和动力的传递。

（一）带传动的特点

带传动一般有以下特点：

（1）带有良好的挠性，能吸收震动，缓和冲击，传动平稳、噪音小。

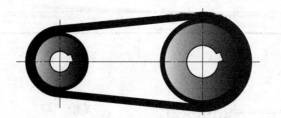

图 2-1-25　带传动结构图

（2）当带传动过载时，带在带轮上打滑，防止其他机件损坏，起到保护作用。

（3）结构简单，制造、安装和维护方便。

（4）带与带轮之间存在一定的弹性滑动，故不能保证恒定的传动比，传动精度和传动效率较低。

（5）由于带工作时需要张紧，带对带轮轴有很大的压轴力。

（6）带传动装置外廓尺寸大，结构不够紧凑。

（7）带的寿命较短，需要经常更换。

由于带传动存在上述特点，一般情况下，带传动的功率 $P \leqslant 100\text{kW}$，带速 $v = 5 \sim 25\text{m/s}$，平均传动比 $i \leqslant 5$，传动效率为 94%～97%。同步齿形带的带速为 40～50m/s，传动比 $i \leqslant 10$，传递功率可达 200kW，效率高达 98%～99%。

（二）带传动的类型

带传动根据横截面形状不同可分为平带传动、V 带传动、多楔带传动、圆形带传动、齿形带传动，如图 2-1-26 所示。

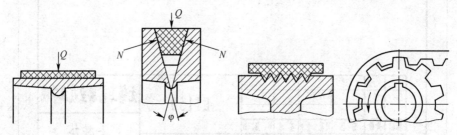

图 2-1-26　带传动的类型

平带有胶帆布带、编织带、锦纶复合平带。各种平带规格可查阅有关标准。平带传动结构最简单，平带绕曲性好，易于加工，在传动中心距较大的场合应用较多。高速带传动通常也使用平带。

目前在一般传动机械中，应用最广的是 V 带传动。传动时，V 带只和轮槽的两个侧面相接触，即以两个侧面为工作面，根据槽面摩擦原理，在同样的张紧力下，V 带传动较平带传动能产生更大的摩擦力，这是 V 带传动最主要的优点，此外，V 带传动传动比较大，结构更紧凑。

多楔带是在平带基体上由多根 V 带组成的传动带，可传递很大的功率。圆形带的横截面为圆形，只用于小功率传动。

同步带传动是一种啮合传动，兼有带传动和齿轮传动的特点。同步带传动时无相对滑动，能保证准确的传动比，传动功率较大（数百千瓦）、传动效率高（达 0.98），传动比较大（$i < 12 \sim 20$），允许带速高（至 50m/s），而且初拉力较小，作用在轴和轴承上的压力小，但制造、安装要求高，价格较贵。

二、V 带和 V 带轮

(一) V 带的结构和标准

V 带有普通 V 带、窄 V 带、宽 V 带、联组 V 带等。普通 V 带为无接头的环形带，由伸张层、强力层、压缩层和包布层组成，如图 2-1-27 所示。包布层由胶帆布制成。强力层由几层胶帘布或一排胶线绳制成，前者称为帘布结构 V 带，后者称为绳芯结构 V 带。帘布结构 V 带抗拉强度大，承载能力较强；绳芯结构 V 带柔韧性好，抗弯强度高，但承载能力较差。为了提高 V 带的抗拉强度，近年来已开始使用合成纤维（锦纶、涤纶等）绳芯作为强力层。

图 2-1-27 V 带的结构

我国生产的普通 V 带的尺寸采用基准宽度制，共有 Y、Z、A、B、C、D、E 七种型号。Y 型 V 带截面尺寸最小，E 型 V 带截面尺寸最大，如图 2-1-28 所示。

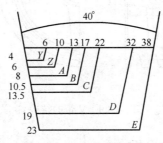

图 2-1-28 V 带截面尺寸

各种型号 V 带的基准宽度 b_p 对应 V 带轮基准直径 d_d，V 带在规定的张紧力下位于带轮基准直径上的圆周线的长度称为基准长度 L_d，它是 V 带的公称长度，用于带传动的几何尺寸计算和带的标记。

窄 V 带顶面呈弧形，可使带芯受力后保持直线平齐排列，因而各线绳受力均匀；两侧呈凹形，带弯曲后侧面变直，与轮槽能更好地贴合，增大了摩擦力；主要承受拉力的强力层位置较高，使带的传力位置向轮缘靠近；压缩层高度加大，使带与带轮的有效接触面积增大，可增大摩擦力和提高传动能力；包布层采用特制柔性包布，使带挠性更好，弯曲应力较小。因此，与普通 V 带传动相比，窄 V 带传动具有传动能力更大（比同尺寸普通 V 带传动功率大 50%～150%）、能用于高速传动（v=35～45m/s）、效率高（达 92%～96%）、结构紧凑、疲劳寿命长等优点。目前，窄 V 带传动已广泛应用于高速、大功率的机械传动装置。

普通 V 带的标记为：截面　基准长度　标记编号

标记实例：B 型带，基准长度为 1000mm，标记为：B1000 GB11544－89。

V 带截面与公称长度的关系：带弯曲时不伸长又不缩短的层——中性层，又称节面。带的节面宽度为 b_p，b_p/h 称相对高度，普通 V 带 D_p/h =0.7，窄 V 带 D_P/h =0.9。

带轮基准直径 D：带轮上与节面相对应的直径。

基准长度 L_d：位于带轮基准直径上的周线长度，对称公称长度 L_d。

（二）V 带轮的材料和结构

带轮材料：铸铁、铸钢——钢板冲压件、铸铝或塑料

结构尺寸：

实心式：图 2-1-29（a），$D \leqslant (2.5 \sim 3)d$

胶板式：图 2-1-29（b），$D \leqslant 300mm$

孔板式：图 2-1-29（c），$D \leqslant 300 D_1$（$D_1 \geqslant 100mm$ 时）

轮辐式：图 2-1-29（d），$D > 300$

冲压式：结构尺寸按带的型号参照表 2-1-4 和表 2-1-5 定。

注：$\varphi_槽 < 40°$（34°、36°、38°），D 越大，$\varphi_槽$ 越大。

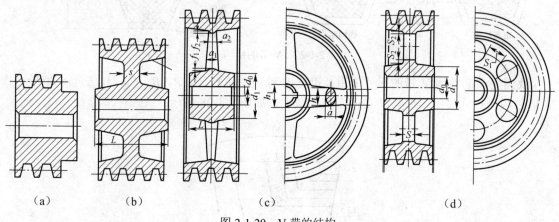

（a）　　　　（b）　　　　（c）　　　　（d）

图 2-1-29　V 带的结构

三、带传动的受力分析和应力分析

（一）带传动的受力分析和打滑

为保证带传动正常工作，传动带必须以一定的张紧力套在带轮上。当传动带静止时，带两边承受相等的拉力，称为初拉力 F_0，如图 2-1-30 所示。

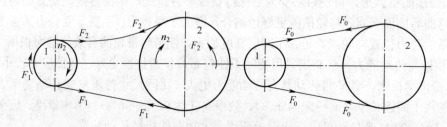

图 2-1-30　带传动的受力

当传动带传动时，由于带与带轮接触面之间摩擦力的作用，带两边的拉力不再相等。一

边被拉紧，拉力由 F_0 增大到 F_1，称为紧边；一边被放松，拉力由 F_0 减少到 F_2，称为松边。设环形带的总长度不变，则紧边拉力的增加量 (F_1-F_0) 应等于松边拉力的减少量 (F_0-F_2)。

$$F_1-F_0=F_0-F_2 \qquad F_0=(F_1+F_2)/2$$

带两边的拉力之差 F 称为带传动的有效拉力。实际上 F 是带与带轮之间摩擦力的总和，在最大静摩擦力范围内，带传动的有效拉力 F 与总摩擦力相等，F 同时也是带传动所传递的圆周力，即

$$F=F_1-F_2$$

带传动所传递的功率为：

$$P=Fv/1000$$

式中，P 为传递功率，单位为 kW；F 为有效圆周力，单位为 N；v 为带的速度，单位为 m/s。

在一定的初拉力 F_0 作用下，带与带轮接触面间摩擦力的总和有一极限值。当带所传递的圆周力超过带与带轮接触面间摩擦力的总和的极限值时，带与带轮将发生明显的相对滑动，这种现象称为打滑。带打滑时从动轮转速急剧下降，使传动失效，同时也加剧了带的磨损，应避免打滑。

当 V 带即将打滑时，紧边拉力 F_1 与松边拉力 F_2 之间的关系可用柔韧体摩擦的欧拉公式表示，即：

$$\frac{F_1}{F_2}=e^{f\alpha} \Rightarrow F_1=F_2e^{f\alpha}$$

式中，f 为摩擦系数（对 V 型带→ $f \to f_v$ 代），α 为包角（rad），一般为主动轮（小轮包角）$\alpha_1 \approx 180°-\dfrac{d_2-d_1}{a}\times57.3°$，（大轮包角）$\alpha_2 \approx 180°+\dfrac{d_2-d_1}{a}\times57.3°$，e 为自然对数的底（$e=2.718\cdots\cdots$）。

工作中，紧边伸长，松边缩短，但总带长不变（代数之和为 0，伸长量=缩短量），这个关系反映在力关系上即为拉力差相等：

$$F_1-F_0=F_0-F_2 \Rightarrow F_1+F_2=2F_0 \tag{2-1-15}$$

在不打滑的条件下所能传递的最大圆周力为：

$$F_{ec}=2F_0\left(\frac{e^{f\alpha}-1}{e^{f\alpha}+1}\right)=2F_0\left(\frac{1-\dfrac{1}{e^{f\alpha}}}{1+\dfrac{1}{e^{f\alpha}}}\right)$$

① F_0：$F_{ec}\infty F_0$。$F_{0大}\uparrow$，N 大，$F_{f大} \Rightarrow F_{ec}\uparrow$，但 F_0 过大，磨损重，易松弛，寿命短；F_0 过小，工作潜力不能充分发挥，易于跳动与打滑。结论：适当的 F_0（经验）。

② α：α 大接触弧长，F_{ec} 大，传递 F_{ec} 大→传递扭矩 T 越大。

③ f：相同条件下，f 大，F_f、F_e 大，传动承载能力高。三角带 $f_u>f$，所以三角带承载能力大。

最大拉力与 F_1 的关系为：

$$F_{fc}=F_{ec}=F_1\left(1-\frac{1}{e^{f\alpha}}\right)$$

（二）带传动的应力分析

带传动工作时，带上应力有以下三种：

（1）拉应力 σ $\begin{cases} \text{紧边}\sigma_1 = F_1/A \\ \text{松边}\sigma_2 = F_2/A \end{cases}$ （MPa）

$\sigma_1 > \sigma_2$，A 为带的横截面积。

（2）离心应力 σ_C。

由于带有厚度，绕轮作圆周运动，必有离心惯性力 C（分布力学）在带中引起离心拉力 F_C，从而产生离心应力 σ_C。离心拉应力：

$$\sigma_C = F_C/A = \frac{qv^2}{gA} \text{（MPa）}$$

式中，q 为单位带的质量，g 为重力加速度：$g = 9.8\text{m/s}^2$，v 为带的线速度（m/s）。

（3）弯曲应力 σ_b，作用在带轮段，其大小为：

$$\sigma_b = \frac{M}{W} = E \cdot \frac{h}{D} \text{（MPa）}$$

式中，E 为带的弹性模量（MPa），h 为带的高度（mm），D 为带轮的基准直径（mm）。

带中应力分布情况如图 2-1-31 所示。

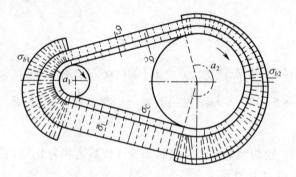

图 2-1-31　带中应力分布

因为 $\sigma_1 > \sigma_2$，从紧边 $\sigma_1 \rightarrow$ 松边 σ_2，$\sigma_{b1} > \sigma_{b2}$：只在弯曲部分有，$\sigma_C$：带全长存在，所以在 A_1 点最大应力为：$\sigma_{\max} = \sigma_1 + \sigma_{b1} + \sigma_C$

$\sigma_{\max}$ 位置产生在紧边与小带轮相切处。

工作时带中的应力是周期性变化的，随着位置的不同，应力大小在不断地变化，所以带容易产生疲劳破坏。

有疲劳强度条件：$\sigma_{\max} = \sigma_1 + \sigma_{b1} + \sigma_C \leqslant [\sigma]$

$[\sigma]$ 为带的许用拉应力。

四、传动带的弹性滑动和传动比

传动带是弹性体，受到拉力后会产生弹性伸长，伸长量随拉力大小的变化而改变。带由紧边绕过主动轮进入松边时，带的拉力由 F_1 减小为 F_2，其弹性伸长量也由 δ_1 减小为 δ_2。这说明带在绕过带轮的过程中，相对于轮面向后收缩了 $(\delta_1 - \delta_2)$，带与带轮轮面间出现局部相对滑动，导致带的速度逐步小于主动轮的圆周速度。同样，当带由松边绕过从动轮进入紧边时，拉力增加，带逐渐被拉长，沿轮面产生向前的弹性滑动，使带的速度逐渐大于从动轮的圆周速度。

这种由于带的弹性变形而产生的带与带轮间的滑动称为弹性滑动。

弹性滑动和打滑是两个截然不同的概念。打滑是指过载引起的全面滑动，是可以避免的。而弹性滑动是由于拉力差引起的，只要传递圆周力，就必然会发生弹性滑动，所以弹性滑动是不可避免的。弹性滑动的影响，使从动轮的圆周速度 v_2 低于主动轮的圆周速度 v_1，其圆周速度的相对降低程度可用滑差率 ε 来表示：

$$\varepsilon = \frac{v_1 - v_2}{v_1}$$

带传动的理论传动比：$i = n_1 / n_2 = d_2 / d_1$

带传动的实际传动比：$i = \dfrac{n_1}{n_2} = \dfrac{d_2}{d_1(1-\varepsilon)}$

在一般传动中 $\varepsilon = 0.01 \sim 0.02$，其值不大，可不予考虑。

五、普通 V 带传动的设计

（一）带传动的实效形式和设计准则

失效形式（主要）：①打滑；②带的疲劳破坏。

另外还有磨损静态拉断等。

设计准则：保证带在不打滑的前提下具有足够的疲劳强度和寿命。

（二）单根 V 带的基本额定功率

单根普通 V 带在试验条件所能传递的功率称为基本额定功率，用 P_1 表示。

单根普通 V 带在设计所给定的实际条件下允许传递的功率称为额定功率，用 P' 表示：

$$P' = (P_1 + \triangle P_1)K_a K_L$$

式中，P_1 为单根 V 带的基本额定功率（kW）。

单根普通 V 带基本额定功率 P_1 是在特定试验条件（特定的带基准长度 L_d、特定的使用寿命、传动比 $i = 1$、包角 $\alpha = 180°$、载荷平稳）下测得的带所能传递的功率。一般设计给定的实际条件与上述试验条件不同，必须引入相应的系数进行修正。

$\triangle P_1$ 为功率增量（kW），当传动比 $i \neq 1$ 时，带在大轮上的弯曲应力较小，传递的功率可以增大些。K_α 为包角修正系数，K_L 为带长修正系数。

（三）V 带截面型号和根数的确定

V 带截面型号可由计算功率 P_C 和小带轮转速 n_1 得到。

$$P_C = K_d P$$

式中，P 为传动的额定功率（kW），K_d 为工作情况系数。

V 型带的根数 z 可按下式确定：

$$z = P_C / P' = P_C / (P_1 + \triangle P_1)K_a K_L$$

一般 $z = 3 \sim 6$，$z_{\max} \leqslant 10$，以保证受力均匀。

（四）主要参数的确定

1. 带轮的基准直径和带速

带轮直径小，则传动结构紧凑，但弯曲应力大，使带的寿命降低。设计时，应取小轮基准直径 $d_1 \geqslant d_{\min}$。

带速：$v = \pi d_1 n_1 / 60 \times 1000$

式中，v 的单位为 m/s，d_1 的单位为 mm，n_1 的单位为 r/min。

若 v 太小，由 $P=Fv$ 可知，传递同样功率 P 时，圆周力 F 太大，带的根数太多，且 P_1 太小，弯曲增加，寿命降低，措施：应使 d_1 增加。v 太大，则离心力太大，带与轮的正压力减小，摩擦力降低，传递载荷能力下降，传递同样载荷时所需张紧力增加，带的疲劳寿命下降，这时 d_1 应减小，否则寿命太短。一般 $v=5\sim25$ 之间。

2．中心距和带长

如结构布置有要求，已定，则中心距 a 按结构确定。

若求中心距 a 时，初选 a_0 的取值范围为：$0.7(d_1+d_2)<a_0<2(d_1+d_2)$

带的长度可由几何条件求得：

$$L=2a+1.57(d_1+d_2)+(d_2+d_1)^2/4a$$

根据中心距 a_0 计算出带长 L_0，由表 2-1-3 中取接近基准长度 L_d，再按下式计算实际中心距 a：

$$a=a_0+(L_d-L_0)/2$$

3．小轮包角

$$\alpha_1=180°-\frac{d_{a2}-d_{a1}}{a}\times57.3°$$

一般要求 $\alpha_1\geqslant120°$，若不能满足此条件，可增大中心距或减小两轮直径差。

4．初拉力

适当的初拉力是保证带传动正常工作的重要因素，初拉力太小容易打滑，初拉力太大降低带的寿命，且对轴和轴承的压力增大。单根 V 带的初拉力 F_0 可按下式计算：

$$F_0=500\cdot\frac{P_{ca}}{vz}\left(\frac{2.5-K_\alpha}{K_\alpha}\right)+q\cdot v^2$$

式中，q 为 V 带每米的质量（kg/m）。

该式为单根带不打滑所适合的 F_0 值。新安装常易松弛（如非自动张紧），取 $F_0'=1.5F_0$。

F_0 初拉力的控制：通过在两带和带轮两切点跨距中点加一载荷 G，测量带的挠度，要求 $L=100$mm，挠度 $y=1.6$mm 合适，G 值适当选取。

（五）传动带作用在轴上的压力

带传动对轴的压力 F_Q 即为传动带紧、松边拉力的向量和，一般按初拉力作近似计算：

$$F_Q=2zF_0\sin\alpha_1/2$$

（六）带传动的设计条件和内容

V 带传动设计计算前应明确的设计条件有：

（1）传动的用途、工作情况和原动机种类。

（2）传递的功率。

（3）主、从动轮转速 n_1、n_2（或 n_1 和传动比 i）。

（4）其他要求，如中心距大小、安装位置限制等。

设计应完成的主要内容有：

（1）V 带的型号、长度和根数。

（2）带轮的尺寸、材料和结构。

（3）传动中心距 a。

（4）带作用在轴上的压轴力 Q 等。

六、带传动的张紧和维护

（一）带传动的张紧

带经过一段时间的使用后，会因带的伸长而产生松弛现象，使 F_0 下降，为保证正常工作，应定期检查 F_0 大小。如 F_0 不合格，重新张紧，必要时安装张紧装置。V 带的张紧方法有：

（1）定期张紧法（如图 2-1-32（a）所示，滑道式张紧装置）和摆架式（或称改变中心距法，如图 2-1-13（b）所示）。

（2）加张紧轮法（如图 2-1-32（c）所示，当 a 不能调整时用）。

张紧轮位置：①松边常用内侧靠大轮；②松边外侧靠小轮。

张紧轮一般放在松边内侧，尽量靠大轮，使带呈单向弯曲且不致使小轮包角 α_1 过小。如图 2-1-32（c）所示，张紧轮装在松边外侧以增大 α 轮包角 α_1。

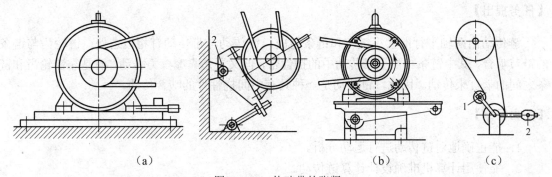

（a）	（b）		（c）

图 2-1-32 传动带的张紧

（二）带传动的安装和维护

（1）安装时不能硬撬（应先缩小 a 或顺势盘上）。

（2）带禁止与矿物油、酸、碱等介质接触，以免腐蚀带，不能曝晒。

（3）不能新旧带混用（多根带时），以免载荷分布不匀。

（4）套防护罩。

（5）定期张紧。

（6）安装时两轮槽应对准，处于同一平面。

【任务总结】

带传动的类型、应用和工作特点；着重介绍普通 V 带的标准、选用和设计方法，带轮工作图绘制，简单介绍了较新型的窄 V 带传动和同步带传动以及带传动装置的维护和张紧方法。

【技能训练】

训练内容：

试设计一 V 带传动，已知 $n_1 = 1450 \text{r/min}$，$n_2 = 400 \text{r/min}$，$d_1 = 180 \text{mm}$，中心距 $a = 1600 \text{mm}$，传递功率 $P = 12 \text{kW}$，工作时中等振动，一天运转 16h。

训练目的：

学会带传动的设计方法，确定作用在轴上的力，参观带传动模型。

训练过程：

本训练主要是设计计算训练。

训练总结：

通过本训练，应当使学生学会利用图表及计算公式设计 V 带传动，特别是学会设计的方法和思想。

思考问题：

1. 带传动为什么要考虑张紧装置？常用张紧方法有哪些？
2. 带传动的安装和维护需要注意哪些问题？

任务二　输送机链传动结构与运动分析

【任务提出】

链传动由两轴平行的大小链轮和链条组成。链传动与带传动有相似之处：链轮齿与链条的链节啮合，其中链条相当于带传动中的挠性带，但又不是靠摩擦力传动，而是靠链轮齿和链条之间的啮合来传动。因此，链传动是一种具有中间挠性件的啮合传动。

【能力目标】

1. 能正确地对链传动进行运动分析。
2. 能使用计算机准确设计计算链传动。

【知识目标】

1. 链传动的组成及工作原理。
2. 链传动的特点和应用。
3. 链条的节距、链节数与链轮齿数，链条的接头形式。
4. 链传动的运动特性和动载荷。
5. 滚子链传动的主要失效形式。
6. 链传动的布置和张紧。

【任务分析】

已知链条传递功率 P =6.16kW，小链轮 n_1 =242.5r/min，大链轮 n_2 =72.2r/min，电动机驱动，载荷平稳，两班制工作。

（1）选择链轮齿数 z_1 和 z_2。

传动比 $i = n_1/n_2$ =242.5/72.2=3.36。

估计链速 v = 0.6 – 3m/s，根据表选取小链齿轮数 z_1 = 21，则大链轮齿数 $z_2 = i \times z_1$ =3.36×21=71。

（2）确定链节数。

初定中心距 a_0 =40p，由式 $L_p = 2 a_0 / p + (z_1 + z_2)/2 + P(z_1 - z_2)/39.5 \times a_0$ =127.58 取 L_p =128。

（3）根据额定功率曲线确定链型号。

由表查得 K_A=1，K_z=1.12，K_1=1.0162，K_a=1，采用单排链由表查得 K_{pt}=1。

由式

$$P_0 \geqslant K_A P/K_z \times K_i \times K_a \times K_{pt}=5.34\text{kW}$$

选取链号为 12A，节距 p =19.05。

润滑方式为滴油或者油浸润滑、飞溅润滑。

（4）验算链速 v。

$$v = \frac{z_1 p n_1}{60 \times 1000} = \frac{21 \times 19.05 \times 242.5}{60 \times 1000} = 1.62\text{m/s}$$

链速在 0.6～3m/s 范围内，与估计相符。

（5）计算实际中心。

由式

$$a = p/4[(L_p - Z_1 + Z_2/2) + \sqrt{[L_p - (Z_1 + Z_2)2] - 8 \times [(Z_1 - Z_2/2)2]} = 594.598 \approx 595\text{mm}$$

（6）确定润滑方式。

应选用油滴润滑。

（7）计算对链轮轴的压力。

$$F' = 1.25\ F = 1.25 \times 1000\ P = 4692\text{N}$$

（8）链轮的设计。

链轮齿轮应该有足够的接触强度和耐磨性，常用 45 钢，小链轮材料应优于大齿轮，并进行热处理。

【知识链接】

一、链传动

（一）链传动的结构和类型

链的种类繁多，按用途不同，链可分为：传动链、起重链和输送链三类。

在一般机械传动装置中，常用链传动，根据结构的不同，传动链又可分为：套筒链、滚子链、弯板链和齿形链等。在链条的生产和应用中传动用短节距精密滚子链占有支配地位。

（二）链传动的特点和应用

主要优点：与摩擦型带传动相比，链传动无弹性滑动和打滑现象，因而能保持准确的传动比（平均传动比），传动效率较高（润滑良好的链传动的效率约为 97%～98%）；又因链条不需要像带那样张得很紧，所以作用在轴上的压轴力较小；在同样条件下，链传动的结构较紧凑；同时链传动能在温度较高、有水或油等恶劣环境下工作。与齿轮传动相比，链传动易于安装，成本低廉；在远距离传动时，结构更显轻便。

主要缺点：运转时不能保持恒定传动比，传动的平稳性差；工作时冲击和噪音较大；磨损后易发生跳齿；只能用于平行轴间的传动。

链传动主要用在要求工作可靠，且两轴相距较远，以及其他不宜采用齿轮传动的场合，且工作条件恶劣等，如农业机械、建筑机械、石油机械、采矿、起重、金属切削机床、摩托车、自行车等。中低速传动：$i \leqslant 8$（$i = 2 \sim 4$），$P \leqslant 100\text{kW}$，$v \leqslant 12 \sim 15\text{m/s}$，无声链 v_{max} =40m/s（不适于在冲击与急促反向等情况下采用）。

二、滚子链和链轮

（一）滚子链

套筒滚子链相当于活动铰链，由滚子、套筒、销轴、外链板、内链板组成，如图 2-2-1 所示。

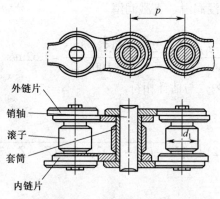

图 2-2-1　滚子链的结构

当链节进入、退出啮合时，滚子沿齿滚动，实现滚动摩擦，减小磨损。套筒与内链板、销轴与外链板分别用过盈配合（压配）固联，使内、外链板可相对回转。为减轻重量，制成 8 字形，亦有弯板。这样质量小、惯性小，具有等强度。

两销轴之间的中心距称为节距，用 P 表示。

链条的节距越大，销轴的直径也可以做得越大，链条的强度就越大，传动能力越强。节距 P 是链传动的一个重要参数。内外链板制成 8 字形，截面 I、II 强度大致相等，符合等强度设计原则，并减轻了重量和运动惯性。

链节数 L_P 常用偶数。接头处用开口销或弹簧卡固定。一般前者用于大节距，后者用于小节距。当采用奇数链节时，需要采用过渡链节。过渡链节的链板为了兼作内外链板，形成弯链板，受力时产生附加弯曲应力，易于变形，导致链的承载能力大约降低 20%。因此，链节数应尽量为偶数。滚子链的接头形式如图 2-2-1 所示。

滚子链标记：链号—排数×链节数　标准号

例如节距为 15.875mm，单排，86 节 A 系列滚子链其标记为：10A−1×86GB1243.1−83。

（二）链轮

为了保证链与链齿的良好啮合并提高传动的性能和寿命，应该合理设计链轮的齿形和结构，适当地选取链轮材料。

1. 链轮的尺寸参数

若已知节距 P、滚子直径 d_r 和链轮齿数 z，链轮主要尺寸可按表计算。

2. 链轮齿形

为了便于链节平稳进入和退出啮合，链轮应有正确的齿形。滚子链与链轮的啮合属于非共轭啮合，其链轮齿形的设计可以有较大的灵活性。因此 GB1244−85 中没有规定具体的链轮齿形。在此推荐使用目前较流行的一种，即三圆弧一直线点形，如图2-2-2 所示。

当采用这种齿形并用相应的标准刀具加工时，链轮齿形在工作图上可以不画出，只需在图上注明齿形按 3R，GB1244−85 规定制造即可。轴面齿形有圆弧和直线两种。圆弧形齿廓有利于链节啮入和啮出。

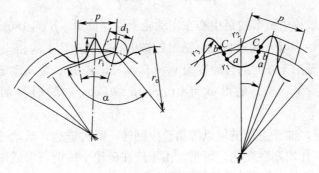

图 2-2-2　链轮齿形

3. 链轮结构

小直径链轮可采用实心式，中等尺寸链轮可制成孔板式，大直径链轮可采用组合式结构。

4. 链轮材料

一般链轮用碳钢、灰铸铁制造，重要的链轮用合金钢制造，齿面要经过热处理。小链轮的啮合次数多于大链轮，故小链轮的材料应优于大链轮。

链轮的结构有实心式、孔板式、组合式、齿圈和轮心螺栓联结式几种。

三、链传动的运动特性

整根链条是可以曲折的挠性体，而每一链节则为刚性体。链轮可以看作一个正多边形。因而链传动的运动情况和绕在多边形轮子上的带传动很相似，如图 2-2-3 所示，正多边形的边长即为节距 p，边数即为链轮齿数 z。链轮每转一周，链条移动距离为 pz。

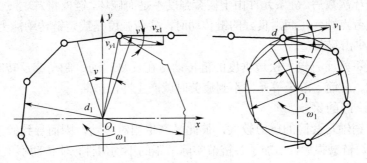

图 2-2-3　链传动的运动特性

设主、从动轮的转速分别为 n_1、n_2，则链的平均速度：

$$v = \frac{z_1 n_1 p_1}{60 \times 1000} = \frac{z_2 n_2 p_2}{60 \times 1000}$$

链传动平均传动比为：$i = n_1 / n_2 = z_2 / z_1 =$ 常数

假设链的紧边在传动时始终处于水平位置。若主动链轮以等角速度 ω_1 回转时，链条铰链销轴 A 的轴心作等速圆周运动，其圆周速度为 $v_1 = \omega d_1 / 2$。v_1 可以分解为使链条沿水平方向前进的分速度 v_{x1}（链速）和使链上下运动的垂直分速度 v_{y1}：

$$v_{x1} = v_1 \cos \beta = \frac{d_1 \omega_1}{2} \cos \beta$$

$$v_{y1} = v_1 \sin \beta = \frac{d_1 \omega_1}{2} \cos \beta$$

式中，β 为啮合过程中链节铰链中心在主动轮上的相位角，$\beta = -180/z_1 \sim +180/z_1$，同样每一链节在与从动链轮轮齿啮合的过程中，链节铰链中心在从动轮上的相位角 γ 在 $\pm180/z_1$ 范围内不断变化。紧边链条沿 x 方向的分速度为 $v_{x2} = d_2 \omega_2 /2$，式中 ω_2 为从动链轮的角速度。不计链条变形，则有 $v_{x1} = v_{x2}$，于是得 $\omega_2 = \omega_1 d_1 \cos \beta / d_2 \cos\gamma$。瞬时传动比为：$i = \omega_1 / \omega_2 = d_2 \cos\gamma / d_1 \cos \beta$。

通常 $\beta \neq \gamma$。显然，即使主动链轮以等角速度回转，瞬时链速、从动链轮的角速度和瞬时传动比等都是随 β、γ 作周期性变化。可见，由于绕在链轮上的链条形成正多边形，造成链传动运动的不均匀性。因此，这是链传动的固有特性。

由于链速和从动轮角速度作周期性变化，产生加速度 a，从而引起动载荷。

链条垂直方向的分速度 v_y 也作周期性变化，使链产生横向振动。这是产生动载荷的重要原因之一。在链条链节与链轮轮齿啮合的瞬间，由于具有相对速度，造成啮合冲击和动载荷。链和链轮的制造、安装误差也会引起动载荷。由于链条松驰，在起动、制动、反转、载荷突变等情况下产生惯性冲击，引起较大的动载荷，这些应引起注意。

四、滚子链传动的设计计算

（一）传动的主要失效形式

链传动的失效主要表现为链条的失效，链条的失效形式主要有以下 5 种：

（1）链条疲劳破坏。

链传动时，由于链条在松边和紧边所受的拉力不同，故链条工作在交变拉应力状态。经过一定的应力循环次数后，链条元件由于疲劳强度不足而破坏，链板将发生疲劳断裂，或套筒、滚子表面出现疲劳点蚀。在润滑良好的链传动时，疲劳强度是决定链传动能力的主要因素。

（2）链条冲击破断。

对于因张紧不好而有较大松边垂度的链传动，在反复起动、制动或反转时所产生的巨大冲击将会使销轴、套筒、滚子等元件不到疲劳时就产生冲击破断。

（3）链条铰链的磨损。

链传动时，销轴与套筒的压力较大，彼此又产生相对转动，因而导致铰链磨损，使链的实际节距变长。铰链磨损后，增加了各链节实际节距的不均匀性，使传动不平稳。链的实际节距因磨损而伸长到一定程序时，链条与轮齿的啮合情况变坏，从而发生爬高和跳齿现象，磨损是润滑不良的开式链传动的主要失效形式，造成链传动的寿命大大降低。

（4）链条铰链的胶合。

在高速重载时，销轴与套筒接触表面间难以形成润滑油膜，金属直接接触导致胶合。胶合限制了链传动的极限转速。

（5）链条的过载拉断。

低速重载的链传动在过载时，因静强度不足而被拉断。

（二）功率曲线图

在规定试验条件下，把标准中不同节距的链条在不同转速时所能传递的功率称为额定功率 P_0，画出滚子链的额定功率曲线。

链传动的试验条件如下：

（1）两链轮安装在水平轴上并共面。

（2）小链轮齿数 z_1 =19，链长 L_p =100 节。

（3）单排链，载荷平稳。

（4）按规定润滑方式润滑。

（5）满载荷连续运转 15000h。

（6）链条因磨损而引起的相对伸长量不超过 3%。

（7）链速 v >0.6m/s。

（三）链传动的设计计算

已知：P、载荷性质、工作条件、转速 n_1 和 n_2，求：链轮齿数 z_1 和 z_2、节距 p、列数、中心距 a、润滑方式等。

（1）中高速链传动（$v \geqslant 0.6$m/s）。

对于中高速链传动，其主要失效形式是链的疲劳破坏，它可按功率曲线图进行设计。当实际工作条件与上述条件不同时，应对查得的值加以修正，则链传动的功率 P 为：

$$P \leqslant P_0 K_z K_i a K_{PT} / K_a$$

式中，P_0 为名义功率（kW），K_A 为工作情况系数，K_z 为小链轮系数，K_i 为传动比系数，K_α 为中心距系数，K_{PT} 为多排链系数。

（2）低速链传动（$v \leqslant 0.6$m/s）。

对于低速链传动，其主要失效形式为链条过载拉断，必须对静强度进行计算。通常是校核链条的静强度安全系数 S，其计算公式为：

$$S = F_Q / K_A F \geqslant 4 \sim 8$$

式中，F_Q 为极限拉伸载荷，F 为链的工作拉力，K_A 为工作情况系数。

（四）链传动主要参数的选择

1. 链节距

链节距 p 越大，承载能力越大，但引起的冲击、振动和噪音也越大。为使传动平稳和结构紧凑，应尽量选用节距较小的单排链，高速重载时，可选用小节距的多排链。

2. 链轮齿数 z_1、z_2

小链轮齿数少，动载荷增大，传动平衡性差。因此需要限制小链轮最少齿数，一般 z_{min} =17。链速很低时，z_1 可取为 9，z_1 也不可过多，以免增大传动尺寸。$z_1 = i_{z2}$，链轮齿数 z_{max} =120，因为链轮齿数过多时，链的使用寿命将缩短，链条稍有磨损即从链轮上脱落。另外，为避免使用过渡链节，链节数 L_p 一般为偶数，考虑到均匀磨损，链轮齿数 z_1、z_2 最好选用与链节数互为质数的奇数，并优先选用数列 17、19、21、23、25、38、57、76、85、114。通常，链传动传动比 $i \leqslant 6$。推荐 i =2～3.5。

3. 中心距 a 和链节数 z_P

中心距 a 取大些，链长度增加，链条应力循环次数减少，疲劳寿命增加，同时链的磨损较慢，有利于提高链的寿命；中心距 a 取大些，则小链轮上的包角增大，同时啮合轮齿多，对传动有利。但中心距 a 过大时，松边也易于上下颤动，使传动平稳性下降，因此一般取初定中心距 a_0 =(30～50)p，最大中心距 a_{max} =80p，且保证小链轮包角 $a_1 \geqslant 120°$。链条长度常以链节数 L_p 来表示：

$$L_P = \frac{L}{p} = \frac{z_1 + z_2}{2} + \frac{2a_0}{p} + \left(\frac{z_2 - z_1}{2\pi}\right)^2 \frac{p}{a_0}$$

L_P 计算后圆整为偶数，然后根据 L_P 计算理论中心距 a：

$$a = \frac{p}{4}\left[\left(L_P - \frac{z_2 - z_1}{2}\right) + \sqrt{\left(L_P - \frac{z_2 - z_1}{2}\right)^2 - 8\left(\frac{z_2 - z_1}{2\pi}\right)^2}\right]$$

五、链传动的布置、张紧和润滑

（一）链传动的布置

布置链传动时应注意：

（1）传动装置最好水平布置。当必须倾斜布置时，中心连线与水平面夹角应小于 45°。

（2）应尽量避免垂直传动。两轮轴线在同一铅垂面内时，链条因磨损而垂度增大，使与下链轮啮合的链节数减少而松脱。若必须采用垂直传动时，可考虑采取以下措施：

● 中心距可调。

● 设张紧装置。

● 上下两轮错开，使两轮轴线不在同一铅垂面内。

● 链传动时，松边在下，紧边在上，可以顺利地啮合。若松边在上，会由于垂度增大，链条与链轮齿相干扰，破坏正常啮合，或者引起松边与紧边相碰。

链传动的垂直布置如图 2-2-4 所示。

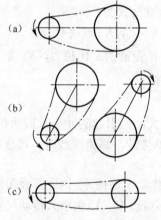

图 2-2-4　链传动的垂直布置

（二）链传动的张紧

链传动正常工作时应保持一定张紧程度，链传动的张紧程度，合适的松边垂度推荐为 $f=(0.01\sim0.02)a$，a 为中心距。对于重载，经常起动、制动、反转的链传动，以及接近垂直的链传动，松边垂度应适当减少。

链传动的张紧可采用以下方法：

（1）调整中心距。增大中心距可使链张紧，对于滚子链传动，其中心距调整量可取为 $2p$，p 为链条节距。

（2）缩短链长。当链传动没有张紧装置而中心距又不可调整时，可采用缩短链长（即拆去链节）的方法对因磨损而伸长的链条重新张紧。

（3）用张紧轮张紧。下述情况应考虑增设张紧装置：两轴中心距较大；两轴中心距过小，松边在上面；两轴接近垂直布置；需要严格控制张紧力；多链轮传动或反向传动；要求减小冲击，避免共振；需要增大链轮包角等。

（三）链传动的润滑

良好的润滑可以减少链传动的磨损，提高工作能力，延长使用寿命。

链传动采用的润滑方式有以下几种：

（1）人工定期润滑。用油壶或油刷每班注油一次，适用于低速 $v \leqslant 4m/s$ 的链传动。

（2）滴油润滑。用油杯通过油管滴入松边内、外链板间隙处，每分钟约 $5 \sim 20$ 滴，适用于 $v \leqslant 10m/s$ 的链传动。

（3）油浴润滑。将松边链条浸入油盘中，浸油深度为 $6 \sim 12mm$，适用于 $v \leqslant 12m/s$ 的链传动。

（4）飞溅润滑。在密封容器中，甩油盘将油甩起，沿壳体流入集油处，然后引导至链条上，但甩油盘线速度应大于 $3m/s$。

（5）压力润滑。当采用 $v \geqslant 8m/s$ 的大功率传动时，应采用特设的油泵将油喷射至链轮链条啮合处。

润滑油牌号按机械设计手册选择（普通机械油），精度约为 $20 \sim 40st$。

【任务总结】

链传动是具有中间绕性件的啮合传动，兼有带传动和齿轮传动的特点。根据工作性质，链传动可分为传动链、起重链和曳引链，一般机械传动中，常用的是滚子传动链。

滚子链已标准化，其最重要的参数是链节距，链节距越大，链的各部分尺寸也越大，承载能力也越高。链条的长度用链节数表示，为避免使用过渡链节，链节数一般取偶数。链轮的基本参数是配用链条的参数，常用齿廓为"三圆弧一直线"齿廓。

多边形效应是链传动的固有特性，链节距越大，链轮齿数越少，链轮转速越高，多边形效应就越严重。由于多边形效应，链传动不宜用于有运动平稳性要求和转速高的场合。

链传动的失效主要是链条的失效，其承载能力受到多种失效形式的限制。如果规定链条的寿命，把小链轮在不同转速下由于各种失效形式所限定的传递功率做出曲线，即得到该链的极限功率曲线。把特定试验条件下得到的极限功率曲线作适当修改，可得到链的额定功率曲线，利用它可进行链的选型或实际承载能力的校核，但应注意实际工作条件与试验条件不同时的修正。

链传动设计可分为一般链速和低速两种情况，一般链速（$v \geqslant 0.6m/s$）时按功率曲线设计计算，低速（$v < 0.6m/s$）时按静强度设计计算。

链传动张紧的主要目的是避免链条垂度过大时产生啮合不良和链条的振动现象，同时可增加链条和链轮的啮合包角，常用的张紧方法有调整中心距和用张紧装置两种。

链传动的润滑方式应根据链速和链节距按推荐的润滑方式选择。

【技能训练】

训练内容：

某滚子链传动传递的功率 $P = 1kW$，主动链转速 $n_1 = 48r/min$，从动链转速 $n_2 = 14r/min$，载荷平稳，定期人工润滑，试设计此链传动。

训练目的：

学会链传动的设计方法，确定作用在轴上的力，参观链传动模型及实例。

训练过程：

本训练主要是设计计算训练。

训练总结：

通过本训练，学生应学会利用图表及计算公式设计链传动，特别是学会设计的方法和思想。

思考问题：

1．试述链传动布置的一般原则。

2．链传动为什么要适当张紧？与带传动张紧的目的有何不同？链传动常用的张紧方法有哪些？

3．链传动常用的润滑方式有哪些？应根据什么条件确定润滑方式和润滑油牌号？

任务三　插齿机蜗杆传动结构与运动分析

【任务提出】

蜗杆减速器利用蜗杆传动来实现空间两交错轴间的运动和动力的传递。由于蜗杆传动具有传动比大、结构紧凑、传动平稳、具有自锁性等优点，在工厂中应用极广。本任务以螺旋输送机中的阿基米德圆柱形蜗杆减速器为例，叙述蜗杆传动的基本知识、主要参数、几何尺寸计算、受力分析和设计方法。

【能力目标】

1．能正确地对蜗杆传动进行受力分析和转动方向的判断。

2．能使用计算机软件设计阿基米德蜗杆传动并绘制其零件图。

【知识目标】

1．了解蜗杆传动的主要特点。

2．掌握蜗杆传动的传动比计算、正确啮合条件、蜗杆直径系数及几何尺寸的计算。

3．明确蜗杆传动的失效形式及采取的反失效措施。

4．能正确选择一般蜗杆传动的材料和结构。

5．掌握蜗杆传动的设计方法。

【任务分析】

蜗杆传动是在空间交错的两轴间传递运动和动力的一种传动，两轴线间的夹角可为任意值，常用的为 90°。这种传动由于具有结构紧凑、传动比大、传动平稳以及在一定的条件下具有可靠的自锁性等优点，它广泛应用在机床、汽车、仪器、起重运输机械、冶金机械及其他机器或设备中。

一、蜗轮蜗杆的形成

蜗杆蜗轮传动是由交错轴斜齿圆柱齿轮传动演变而来的。小齿轮的轮齿分度圆柱面上缠绕一周以上，这样的小齿轮外形像一根螺杆，称为蜗杆。大齿轮称为蜗轮。为了改善啮合状况，将蜗轮分度圆柱面的母线改为圆弧形，使之将蜗杆部分地包住，并用与蜗杆形状和参数相同的滚刀展成加工蜗轮，这样齿廓间为线接触，可传递较大的动力。

蜗杆蜗轮传动的特征：①它是一种特殊的交错轴斜齿轮传动，交错角为$\sum=90°$，z_1很少，一般$z_1=1\sim4$；②它具有螺旋传动的某些特点，蜗杆相当于螺杆，蜗轮相当于螺母，蜗轮部分地包容蜗杆。

二、蜗杆传动的类型

按蜗杆形状的不同可分为以下 3 种：

（1）圆柱蜗杆传动：普通圆柱蜗杆（阿基米德蜗杆、渐开线蜗杆、法向直廓蜗杆、锥面包络蜗杆）和圆弧蜗杆。

（2）环面蜗杆传动。

（3）锥蜗杆传动。

三、蜗杆传动的特点

（1）传动比大、结构紧凑。

（2）传动平稳、无噪声。

（3）具有自锁性。

（4）传动效率较低，磨损较严重。

（5）蜗杆轴向力较大，致使轴承摩擦损失较大。

四、蜗杆传动的应用

由于蜗杆蜗轮传动具有以上特点，故常用于两轴交错、传动比较大、传递功率不太大或间歇工作的场合。当要求传递较大功率时，为提高传动效率，常取$z_1=2\sim4$。此外，由于当γ_1较小时传动具有自锁性，故常用在卷扬机等起重机械中，起安全保护作用。它还广泛应用在机床、汽车、仪器、冶金机械及其他机器或设备中。蜗杆传动由蜗杆相对于蜗轮的位置不同分为上置蜗杆传动和下置蜗杆传动。

五、普通圆柱蜗杆传动的基本参数及其选择

（1）模数 m 和压力角 α 。

在中间平面中，为保证蜗杆蜗轮传动的正确啮合，蜗杆的轴向模数m_{a1}和压力角α_{a1}应分别相等于蜗轮的法面模数m_{t2}和压力角α_{t2}，即：

$$m_{a1}=m_{t2}=m \qquad \alpha_{a1}=\alpha_{t2}$$

蜗杆轴向压力角与法向压力角的关系为：

$$\mathrm{tg}\alpha_a=\mathrm{tg}\alpha_n/\cos\gamma$$

式中，γ 为导程角。

（2）蜗杆的分度圆直径 d_1 和直径系数 q 。

为了保证蜗杆与蜗轮的正确啮合，要用与蜗杆尺寸相同的蜗杆滚刀来加工蜗轮。由于相同的模数，可以有许多不同的蜗杆直径，这样就造成要配备很多的蜗轮滚刀，以适应不同的蜗

杆直径。显然，这样很不经济。

为了减少蜗轮滚刀的个数和便于滚刀的标准化，就对每一标准的模数规定了一定数量的蜗杆分度圆直径 d_1，而把分度圆直径和模数的比称为蜗杆直径系数 q，即：

$$q = d_1 / m$$

常用的标准模数 m 和蜗杆分度圆直径 d_1 及直径系数 q 见匹配表。

（3）蜗杆头数 z_1 和蜗轮齿数 z_2。

蜗杆头数可根据要求的传动比和效率来选择，一般取 $z_1 = 1 \sim 10$，推荐 $z_1 = 1$、2、4、6。选择的原则是：当要求传动比较大或要求传递大的转矩时，则 z_1 取小值；要求传动自锁时取 $z_1 = 1$；要求具有高的传动效率或高速传动时，则 z_1 取较大值。

蜗轮齿数的多少影响运转的平稳性，并受到两个限制：最少齿数应避免发生根切与干涉，理论上应使 $z_{2\min} \geqslant 17$，但 $z_2 < 26$ 时，啮合区显著减小，影响平稳性，而在 $z_2 \geqslant 30$ 时，则可始终保持有两对齿以上啮合，因而通常规定 $z_2 > 28$。另一方面 z_2 也不能过多，当 $z_2 > 80$ 时（对于动力传动），蜗轮直径将增大过多，在结构上相应就必须增大蜗杆两支承点间的跨距，影响蜗杆轴的刚度和啮合精度；对一定直径的蜗轮，如 z_2 取得过多，模数 m 就减小甚多，将影响轮齿的弯曲强度，故对于动力传动，常用的范围为 $z_2 \approx 28 \sim 70$。对于传递运动的传动，z_2 可达200、300，甚至可到1000。

（4）导程角 γ。

蜗杆的形成原理与螺旋相同，所以蜗杆轴向齿距 p_a 与蜗杆导程 p_z 的关系为 $p_z = z_1 p_a$，有：
$\tan \gamma = p_z / \pi d_1 = z_1 p_a / \pi d_1 = z_1 m / d_1 = z_1 / q$

导程角 γ 的范围为 $3.5° \sim 33°$。导程角的大小与效率有关。导程角大时，效率高，通常 $\gamma = 15° \sim 30°$，并多采用多头蜗杆。但导程角过大，蜗杆车削困难。导程角小时，效率低，但可以自锁，通常 $\gamma = 3.5° \sim 4.5°$。

（5）传动比 i。

传动比：$i = n_1 / n_2$

蜗杆为主动的减速运动中：

$$i = n_1 / n_2 = z_2 / z_1 = u$$

式中，n_1 为蜗杆转速，n_2 为蜗轮转速。

减速运动的动力蜗杆传动，通常取 $5 \leqslant u \leqslant 70$，优先采用 $15 \leqslant u \leqslant 50$；增速传动 $5 \leqslant u \leqslant 15$。

六、蜗杆传动变位的特点

变位蜗杆传动根据使用场合的不同，可在以下两种变位方式中选取一种：

（1）变位前后，蜗轮的齿数不变（$z_2' = z_2$），蜗杆传动的中心距改变（$a' \neq a$），其中心距的计算式如下：

$$a' = a + x_2 m = (d_1 + d_2 + 2 x_2 m) / 2$$

（2）变位前后，蜗杆传动的中心距不变（$a' = a$），蜗轮齿数发生变化（$z_2' \neq z_2$），z_2' 计算如下：

$\because a' = a$

$\therefore z_2' = z_2 - 2 x_2$

七、普通圆柱蜗杆传动的几何尺寸计算

普通圆柱蜗杆传动基本几何尺寸计算关系式如表 2-3-1 所示。

表 2-3-1　普通圆柱蜗杆传动基本几何尺寸计算关系式

名称	代号	计算关系式	说明
中心距	a	$a = (d_1 + d_2 + 2x_2 m)/2$	按规定选取
蜗杆头数	z_1		按规定选取
蜗轮齿数	z_2		按传动比确定
齿形角	a	$a_a = 20°$ 或 $a_n = 20°$	按蜗杆类型确定
模数	m	$m = m_a = m_n / \cos\gamma$	按规定选取
传动比	i	$i = n_1 / n_2$	蜗杆为主动，按规定选取
齿数比	u	$u = z_2 / z_1$，当蜗杆主动时 $i = u$	
蜗轮变位系数	x_2	$x_2 = a/m - (d_1 + d_2)\, 2m$	
蜗杆直径系数	q	$q = d_1 / m$	
蜗杆轴向齿距	p_a	$p_a = \pi m$	
蜗杆导程	p_z	$p_z = \pi m z_1$	
蜗杆分度圆直径	d_1	$d_1 = mq$	按规定选取
蜗杆齿顶圆直径	d_{a1}	$d_{a1} = d_1 + 2h_{a1} = d_1 + 2h_a{}^* m$	
蜗杆齿根圆直径	d_{f1}	$d_{f1} = d_1 - 2h_{f1} = d_a - 2(h_a{}^* m = c)$	
顶隙	c	$c = c^* m$	按规定选取
渐开线蜗杆齿根圆直径	d_{b1}	$d_{b1} = d_1 . \mathrm{tg}\gamma / \mathrm{tg}\gamma_b = m z_1 / \mathrm{tg}\gamma_b$	
蜗杆齿顶高	h_{a1}	$h_{a1} = h_a{}^* m = 1/2(d_{a1} - d_1)$	按规定选取
蜗杆齿根高	h_{f1}	$h_{f1} = (h_a{}^* + c^*)m = 1/2(d_{a1} - d_{f1})$	
蜗杆齿高	h_1	$h_1 = h_{f1} + h_{a1} = 1/2(d_{a1} + d_{f1})$	
蜗杆导程角	γ	$\mathrm{tg}\gamma = m z_1 / d_1 = z_1 / q$	
渐开线蜗杆基圆导程角	γ_b	$\cos\gamma_b = \cos\gamma . \cos a_n$	
蜗杆齿宽	b_1		由设计确定
蜗轮分度圆直径	d_2	$d_2 = m z_2 = 2a - d_1 - 2x_2 . m$	
蜗轮喉圆直径	da_2	$d_{a2} = d_2 + 2h_{a2}$	
蜗轮齿根圆直径	df_2	$d_{f2} = d_2 - 2h_{a2}$	
蜗轮齿顶高	ha_2	$h_{a2} = 1/2(d_{a2} - d_2) = m(h_a{}^* + x_2)$	
蜗轮齿根高	hf_2	$h_{f2} = 1/2(d_2 - d_{f2}) = m(h_a{}^* - x_2 + c^*)$	
蜗轮齿高	h_2	$h_2 = h_{a2} + h_{f2} = 1/2(d_{a2} - d_{f2})$	

名称	代号	计算关系式	说明
蜗轮咽喉母圆半径	r_{g2}	$r_{g2} = a - 1/2(d_{a2})$	
蜗轮齿宽	b_2	由设计确定	
蜗轮齿宽角	θ	$\theta = 2\arcsin(b_2/d_1)$	
蜗杆轴向齿厚	s_a	$s_a = 1/2(\pi m)$	
蜗杆法向齿厚	s_n	$s_n = s_a \cdot \cos\gamma$	
蜗轮齿厚	s_t	按蜗杆节圆处轴向齿槽宽 ea' 确定	
蜗杆节圆直径	d_1'	$d_1' = d_1 + 2x_2 m = m(q + 2 \times 2)$	
蜗杆节圆直径	d_2'	$d_2' = d_2$	

八、蜗杆传动的失效形式、计算准则及常用材料

1. 失效形式

失效形式为点蚀、齿面胶合及过度磨损。由于蜗杆传动类似于螺旋传动，啮合效率较低、相对滑动速度较大，点蚀、磨损和胶合最易发生，尤其当润滑不良时出现的可能性更大。又由于材料和结构上的原因，蜗杆螺旋齿部分的强度总是高于蜗轮轮齿的强度，蜗轮是该传动的薄弱环节，因此一般只对蜗轮轮齿进行承载能力计算和蜗杆传动的抗胶合能力计算。

2. 计算准则

开式传动中主要失效形式是齿面磨损和轮齿折断，要按齿根弯曲疲劳强度进行设计。

闭式传动中主要失效形式是齿面胶合或点蚀。要按齿面接触疲劳强度进行设计，而按齿根弯曲疲劳强度进行校核。此外，闭式蜗杆传动，由于散热较为困难，还应作热平衡核算。

3. 常用材料

蜗杆材料、蜗轮材料不仅要求具有足够的强度，更重要的是要具有良好的跑合性能、耐磨性能和抗胶合性能。蜗轮传动常采用青铜或铸铁作蜗轮的齿圈，与淬硬并磨制的钢制蜗杆相匹配。

九、蜗杆传动的载荷和应力分析

1. 受力分析

以右旋蜗杆为主动件，设 F_n 为集中作用于节点 P 处的法向载荷，它作用于法向截面 Pabc 内。F_n 可分解为三个互相垂直的分力，即圆周力 F_t、径向力 F_r 和轴向力 F_a。显然，在蜗杆与蜗轮间，载荷 F_{t1} 与 F_{a2}、F_{r1} 与 F_{r2} 和 F_{a1} 与 F_{t2} 是大小相等、方向相反的力。

各力的大小可按下式计算：

$$F_{t1} = F_{a2} = 2T_1/d_1$$

$$F_{t2} = F_{a1} = 2T_1/d_2$$

$$F_{r1} = F_{r2} = F_{a1}\tan\alpha$$

$$F_n = F_{a1}/\cos\alpha_n\cos\gamma = F_{a2}/\cos\alpha_n\cos\gamma = 2T_2/d_2\cos\alpha_n\cos\gamma$$

式中，T_1、T_2 为蜗杆与蜗轮上的转矩（N·mm）。

确定各力的方向：蜗杆为主动件，蜗杆的圆周力方向与蜗杆上啮合点的速度方向相反；蜗杆为从动件，蜗轮的圆周力方向与蜗轮的啮合点的速度方向相同；蜗杆和蜗轮的轴向力方向分别与蜗轮和蜗杆的周向力方向相反；蜗杆和蜗轮的径向力方向分别指向各自的圆心。

2. 计算载荷

$$K_{ca} = K_{Fn} \qquad K = K_A\, K_\beta\, K_V$$

式中，K 为载荷系数，K_A 为使用系数，K_β 为齿向载荷分布系数，K_V 为动载系数。

使用系数（K_A）

动力机	工作机		
	均匀	中等冲击	严重冲击
电动机、汽轮机	0.8～1.25	0.9～1.5	1～1.75
多缸内燃机	0.9～1.50	1～1.75	1.25～2
单缸内燃机	1～1.75	1.25～2	1.5～2.25

注：小值用于每日偶尔工作，大值用于长期连续工作。

3. 应力分析

由于蜗杆传动中，蜗轮比蜗杆的强度低。因此，在应力分析中只要了解蜗轮的情况就可以了。普通圆柱蜗杆传动在中间平面相当于齿条和齿轮的传动，故可以仿照圆柱斜齿轮推倒蜗轮的应力计算公式。

蜗轮齿面接触应力仍来源于赫其公式。

接触应力：

$$\sigma_H = \sqrt{\frac{KF_n}{L_0 \rho_\Sigma}} Z_E \quad （\text{MPa}）$$

式中，K 为载荷系数；F_n 为啮合面的法向载荷（N）；Z_E 为材料的弹性影响系数，对于青铜或铸铁蜗轮与钢蜗杆配对时，取 $Z_E = 160$；ρ_Σ 为综合曲率；L_0 为接触线总长（mm）。

将上式换算成蜗轮转矩 T_2 和中心距 a 的关系得：

$$\sigma_H = Z_E Z_\rho \sqrt{\frac{KT_2}{a^3}} \quad （\text{MPa}）$$

式中，Z_ρ 为蜗杆传动的接触线长度和曲率半径对接触应力的影响系数，简称接触系数。

十、蜗杆传动的效率

闭式蜗杆传动的效率由三部分组成，蜗杆总效率 η 为：

$$\eta = \eta_1 \eta_2 \eta_3$$

式中，η_1 为传动啮合效率。蜗杆总效率 η 主要取决于传动啮合效率，其考虑齿面间相对滑动的功率损失；啮合效率可近似地按螺纹副的效率计算，即：

$$\eta_1 = \frac{\text{tg}\gamma}{\text{tg}(\gamma + \varphi)}$$

式中，γ 为普通圆柱蜗杆分度圆上的导程角，φ 为当量摩擦角，其值可根据滑动速度 v_s 查表选取。

滑动速度 v_s 为：

$$v_s = \frac{v_1}{\cos\gamma} = \frac{\pi d_1 n_1}{60 \times 1000\cos\gamma} \quad (\text{m/s})$$

式中，v_1 为蜗杆分度圆的圆周速度（m/s），d_1 为蜗杆分度圆直径（mm），n_1 为蜗杆的速度（r/min），η_2 为油的搅动和飞溅损耗时的效率，η_3 为轴承效率。

在设计之初，为了近似计算蜗杆轴上的扭矩 T_2，η 值可估取为：

蜗杆头数 z_1	1	2	4	6
总效率 η	0.7	0.8	0.9	0.95

十二、蜗杆传动的润滑油

1. 润滑油

润滑油的种类很多，需要根据蜗杆、蜗轮配对材料和运转条件合理选用。在钢蜗杆配青铜蜗轮时，常用的润滑油见表。

全损耗系统用油牌号 L-AN	68	100	150	220	320	460	680
运动粘度 v_{40}（cSt）	61.2～74.8	90～110	135～165	198～242	288～352	414～506	612～748
粘度指数不小于	90						
闪点（开口）（℃）不低于	180			200		220	
倾点（℃）不高于	-8				-5		

2. 润滑油粘度及给油方法

润滑油粘度及给油方法一般根据相对滑动速度及载荷类型进行选择。对于闭式传动，常用的润滑油粘度及给油方法见表；对于开式传动，则采用粘度较高的齿轮油或润滑脂。如果采用喷油润滑，喷油嘴要对准蜗杆啮入端；蜗杆正反转时，两边都要装有喷油嘴，而且要控制一定的油压。

蜗杆传动的相对滑动速度	0～1	1～2.5	0～5	>5～10	>10～15	>15～25	>25
载荷类型	重	重	中	（不限）	（不限）	（不限）	（不限）
运动粘度 v_{40}（cSt）	900	500	350	220	150	100	80
给油方法	油池润滑			喷池润滑或油池润滑	喷池润滑时的喷油压力（MPa）		
					0.7	2	3

3. 润滑油量

对闭式蜗杆传动采用油池润滑时，在搅油损耗不致过大的情况下，应有适当的油量。这样不仅有利于动压油膜的形成，而且有助于散热。对于蜗杆下置式或蜗杆侧置式的传动，浸油深度应为蜗杆的一个齿高；当为蜗杆上置式时，浸油深度约为蜗轮外径的 1/3。

十三、蜗轮蜗杆结构

1. 蜗杆结构

蜗杆通常与轴为一体，采用车制或铣制。

2. 蜗轮结构

蜗轮常采用组合结构，由齿冠和齿芯组成。联结方式有：铸造联结、过盈配合联结和螺栓联接。蜗轮只有在低速轻载时采用整体式。

【知识链接】

一、蜗杆传动的类型和特点

蜗杆传动用于在交错轴间传递运动和动力。如图 2-3-1 所示，蜗杆传动由蜗杆和蜗轮组成，一般蜗杆为主动件，通常交错角为 90°。蜗杆传动广泛用于各种机械和仪表中，常用作减速，仅少数机械，如离心机、内燃机增压器等，蜗轮为主动件，用于增速。蜗杆的形状像一个圆柱形螺纹，蜗轮形状像斜齿轮，只是它的轮齿沿齿长方向又弯曲成圆弧形，以便与蜗杆更好地啮合。

图 2-3-1　蜗杆传动的组成

蜗杆和螺纹一样有右旋和左旋之分，分别称为右旋蜗杆和左旋蜗杆，如图 2-3-2 所示。蜗杆上只有一条螺旋线的称为单头蜗杆，即蜗杆转一周，蜗轮转过一齿，若蜗杆上有两条螺旋线，就称为双头蜗杆，即蜗杆转一周，蜗轮转过两个齿。依此类推，设蜗杆头数用 z_1 表示（一般 $z_1=1\sim4$），蜗轮齿数用 z_2 表示。

右旋蜗杆　　　　　左旋蜗杆　　　　　单多头蜗杆

图 2-3-2　蜗杆的类型

（一）蜗杆传动的特点

（1）传动比大、结构紧凑。从传动比公式可以看出，当 $z_1=1$，即蜗杆为单头时，蜗杆须

转 z_2 转蜗轮才转一转，因而可得到很大传动比，一般在动力传动中，取传动比 i =10~80；在分度机构中，i 可达 1000。这样大的传动比如用齿轮传动，则需要采取多级传动才行，所以蜗杆传动结构紧凑、体积小、重量轻。

（2）传动平稳、无噪音。因为蜗杆齿是连续不间断的螺旋齿，它与蜗轮齿啮合时是连续不断的，蜗杆齿没有进入和退出啮合的过程，因此工作平稳，冲击、振动、噪音小。

（3）具有自锁性。蜗杆的螺旋升角很小时，蜗杆只能带动蜗轮转动，而蜗轮不能带动蜗杆转动。

（4）蜗杆传动效率低。一般认为蜗杆传动效率比齿轮传动低，尤其是具有自锁性的蜗杆传动，其效率在 0.5 以下，一般效率只有 0.7~0.9。

（5）发热量大，齿面容易磨损，成本高。

（二）蜗杆传动的类型

按蜗杆形式分为圆柱蜗杆、环面蜗杆和锥蜗杆。

阿基米德蜗杆最常用，垂直于轴线平面的齿廓为阿基米德螺线，在过轴线的平面内齿廓为直线，在车床上切制时切削刃顶面通过轴线。$2a_0$ =40°，加工简单，磨削有误差，精度较低，刀子轴线垂直于蜗杆轴线，如图 2-3-3（a）所示。

单刀：导程用 $\gamma \leqslant 3°$；双刀：导程用 $\gamma < 3°$。

渐开线蜗杆，刀刃平面与蜗杆基圆柱相切，端面齿为渐开线，由渐开线齿轮演化而来（z 小，β 大），在切于基圆的平面内一侧齿形为直线，可滚齿，并进行磨削，精度和 η 高，适于较高速度和较大的功率，如图 2-3-3（b）所示。

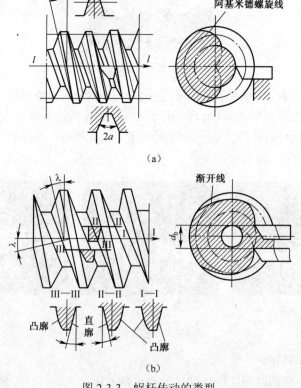

图 2-3-3   蜗杆传动的类型

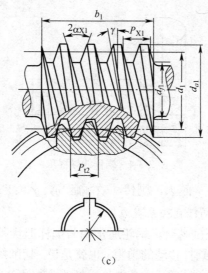

（c）

图 2-3-3　蜗杆传动的类型（续图）

二、蜗杆传动的主要参数和几何尺寸

通过蜗杆轴线并垂直蜗轮轴线的平面称中间平面。在中间平面上，蜗杆与蜗轮的啮合相当于齿条和齿轮的啮合。阿基米德蜗杆传动中间平面上的齿廓为直线，夹角为 $2a=40°$。蜗轮在中间平面上齿廓为渐开线，压力角等于 $20°$。

（一）主要参数

1. 模数 m 和压力角 α

显然，蜗杆轴向齿距 $P_X=\pi m_{X1}$（相当于螺纹螺距）应等于蜗轮端面齿距 $P_t=\pi m_{t2}$，因而蜗杆轴向模数 m_{X1} 必等于蜗轮端面模数 m_{t2}；蜗杆轴向压力角 α_{X1} 必等于蜗轮端面压力角 α_{t2}，即 $m_{X1}=m_{t2}=m$，$\alpha_{X1}=\alpha_{t2}=\alpha$。标准规定压力角 $\alpha=20°$。

$$\text{正确啮合条件} \longrightarrow \begin{cases} m_{a1}=m_{t2}=m \\ \alpha_{a1}=\alpha_{t2}=\alpha \\ \gamma=\beta_2 \end{cases}$$

2. 传动比 i、蜗杆头数 z_1 和蜗轮齿数 z_2

对于减速蜗杆传动：$i=\dfrac{n_1}{n_2}=\dfrac{z_2}{z_1}=\dfrac{d_2}{d_1\tan\gamma}$

式中，n_1、n_2 分别是蜗杆、蜗轮的转速（r/min）。

蜗杆头数越多，γ 角越大，传动效率高；蜗杆头数少，升角 γ 也小，则传动效率低，自锁性好。一般自锁蜗杆头数取 $z_1=1$。常用蜗杆头数 $z_1=1$、2、4，z_1 过多，制造高精度蜗杆和蜗轮滚刀有困难。蜗轮齿数 $z_2=i\cdot z_1$。为了避免根切，z_2 不应少于 26，但也不宜大于 60～80。z_2 过多时，会使结构尺寸过大，蜗杆支承跨距加大，刚度下降，影响啮合精度。

3. 蜗杆导程角（螺旋升角）γ

将蜗杆分度圆上的螺旋线展开，如图 2-3-4 所示，则蜗杆的导程角 γ 为：

$$\tan\gamma=\frac{z_1 p_{x1}}{\pi d_1}=\frac{z_1\pi m}{\pi d_1}=\frac{z_1 m}{d_1}=\frac{z_1}{q}$$

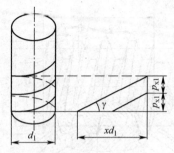

图 2-3-4　蜗杆的导程角

蜗杆直径 d_1 越小，导程角 γ 越大，则传动效率越高，$\gamma \leqslant 3°30'$。

4. 蜗杆分度圆直径 d_1 和蜗杆直径系数 q

为了保证蜗杆与蜗轮的正确啮合，蜗轮通常用与蜗杆形状和尺寸完全相同的滚刀加工，且外径比蜗杆稍大，以便切出蜗杆传动的顶隙。也就是说，切削蜗轮的滚刀不仅与蜗杆模数和压力角一样，而且其头数和分度圆直径还必须与蜗杆的头数和分度圆直径一样。即同一模数蜗轮将需要有许多把直径和头数不同的滚刀。为了限制滚刀数目和有利于滚刀标准化，以降低成本，特制定了蜗杆分度圆直径系列国家标准，即蜗杆分度圆直径 d_1 与模数 m 有一定的搭配关系，同一模数只有有限几种蜗杆直径 d_1。蜗杆同螺旋一样如果旋转一周的周长为 πd_1，其螺旋升角为 γ，则沿轴线移动距离为 P_{X1}。

令：$q = z_1 / \tan\gamma$　　$d_1 = qm$

蜗杆直径 d_1 太小会导致蜗杆的刚度和强度削弱，设计时应综合考虑。一般转速高的蜗杆可取较小 q 值，蜗轮齿数 z_2 较多时可取较大 q 值。

5. 中心距 a

标准蜗杆传动的中心距为：$a = \dfrac{1}{2}(d_1 + d_2) = \dfrac{m}{2}(q + z_2)$

（二）蜗杆传动的几何尺寸

设计蜗杆传动时，一般是先根据传动的功用和传动比的要求选择蜗杆头数 z_1 和蜗轮齿数 z_2，然后再根据强度条件计算模数 m 和蜗杆分度圆直径 d_1。上述主要参数确定后，再计算蜗杆、蜗轮的几何尺寸。

三、蜗杆传动的失效形式、材料和结构

（一）齿面间滑动速度 v

如图 2-3-5 所示，蜗杆蜗轮齿面间相对滑动速度 v_s 方向沿轮齿齿向，其大小为：

$$v_S = \frac{v_1}{\cos\gamma} = \frac{\pi d_1 n_1}{60 \times 1000 \cos\gamma}(m/s) > v_1$$

较大的 v_s 引起：

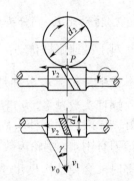

- 易发生齿面磨损和胶合。
- 如润滑条件良好（形成油膜条件），则较大的 v_s 有助于形成润滑油膜，减少摩擦、磨损，提高传动效率。

图 2-3-5　齿面间滑动速度

（二）轮齿传动的失效形式和设计准则

在蜗杆传动中，由于材料和结构上的原因，蜗杆螺旋部分的强度总是高于蜗轮轮齿强度，

所以失效常发生在蜗轮轮齿上。由于蜗杆传动中的相对速度较大、效率低、发热量大,所以蜗杆传动的主要失效形式是蜗轮齿面胶合、点蚀及磨损。由于对胶合和磨损的计算目前还缺乏成熟的方法,因而通常是仿照设计圆柱齿轮的方法进行齿面接触疲劳强度和齿根弯曲疲劳强度的计算,但在选取许用应力时,应适当考虑胶合和磨损等因素的影响。对闭式蜗杆传动,通常是先按齿面接触疲劳强度设计,再按齿根弯曲强度进行校核。对于开式蜗杆传动,则通常只需按齿根弯曲疲劳强度进行设计计算。此外,闭式蜗杆传动,由于散热困难,还应进行热平衡计算。

(三)蜗杆、蜗轮的常用材料

要求:①足够的强度;②良好的减摩、耐磨性;③良好的抗胶合性。

蜗杆材料:

- 40、45,调质 HBS220~300——低速,不太重要。
- 40、45、40Cr,表面淬火,HRC45~55——一般传动。
- 15Cr、20Cr、12CrNiA、18CrMnT$_1$、O20CrK,渗碳淬火,HRC58~63——高速重载。

蜗轮材料:

- 铸造锡青铜(ZCuSn10P$_1$,ZCuSn5P65Zn5)——v_s≥3m/s 时,减摩性好,抗胶合性好,价贵,强度稍低。
- 铸造铝铁青铜(ZcuAl10Fe3)——v_s≤4m/s,减摩性、抗胶合性稍差,但强度高,价廉。
- 铸铁:灰口铸铁、球墨铸铁——v_s≤2m/s,要进行时效处理,防止变形。

(四)蜗杆、蜗轮的结构

1. 蜗杆结构

蜗杆与轴常做成一体,称为蜗杆轴,如图 2-3-6 所示。

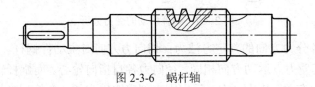

图 2-3-6 蜗杆轴

2. 蜗轮结构

蜗轮结构分为整体式和组合式。铸铁蜗轮或直径小于 100mm 的青铜蜗轮做成整体式。为了降低材料成本,大多数蜗轮采用组合结构,齿圈用青铜,而轮齿用价格较低的铸铁或钢制造。齿圈与轮芯的联接方式有以下 3 种:

(1)压配式齿圈和轮芯用过盈配合联接。配合面处制有定位凸肩。为使联接更可靠,可加装 4~6 个螺钉,拧紧后切去螺钉头部。由于青铜较软,为避免将孔钻偏,应将螺孔中心线向较硬的轮芯偏移 2~3mm。这种结构多用于尺寸不大或工作温度变化较小的场合。

(2)螺栓联接式。蜗轮齿圈和轮芯常用铰制孔螺栓联接,定位面 A 处采用过盈配合,螺栓与孔采用过渡配合。齿圈和轮芯的螺栓孔要一起铰制。螺栓数目由剪切强度确定。这种联接方式装拆方便,常用于尺寸较大或磨损后需要更换齿圈的蜗轮。

(3)组合浇注式。在轮芯上预制出榫槽,浇注上青铜轮缘并切齿。该结构适于大批生产。

四、蜗杆传动的强度计算

(一)蜗杆传动的受力分析

蜗杆传动的受力分析与斜齿轮传动相似。

通常不考虑摩擦力的影响。蜗杆传动时，齿面间相互作用的法向力 F_n 可分解为三个相互垂直的分力：切向力 F_t、径向力 F_r 和轴向力 F_x，如图 2-3-7 所示。蜗杆、蜗轮所受各分力大小和相互关系如下：

$$F_{t1} = -F_{X2} = 2T_1 / d_1$$
$$F_{t2} = -F_{X1} = 2T_2 / d_2$$
$$F_{r2} = -F_{r1} = F_{t2} \tan\alpha$$

式中，Ft_1、Fx_1、Fr_1 分别为蜗杆所受的切向力、轴向力、径向力，Ft_2、Fx_2、Fr_2 分别为蜗轮的切向力、轴向力、径向力，d_1、d_2 分别为蜗杆、蜗轮的分度圆直径，α 为压力角，T_1、T_2 分别为蜗杆和蜗轮的转矩，$T_1 = T_1 i\eta$，i 为传动比，η 为蜗杆传动的总效率。

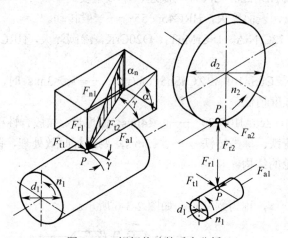

图 2-3-7　蜗杆传动的受力分析

蜗杆、蜗轮上各分力方向的判定方法为：切向力方向对主动件蜗杆，与其运动方向相反；对从动件蜗轮，与其受力点运动方向相同。径向力各自指向轮心。而蜗杆轴向力的方向则与蜗杆转向和螺旋线旋向有关。用左（右）手定则来判定比较方便：右旋蜗杆用右手，左旋蜗杆用左手，四指顺着蜗杆转动方向，四指伸直所指方向即为蜗杆轴向力 Fx_1 的方向。蜗杆轴向力 Fx_1 的反方向即蜗轮的切向力 Ft_2 的方向。

（二）蜗杆传动的强度计算

（1）蜗轮齿面接触疲劳强度计算。由赫其公式按主平面内斜齿轮与齿条啮合进行强度计算。

校核公式：

$$\sigma_H = 500\sqrt{\frac{KT_2}{d_1 d_2{}^2}} \leqslant [\sigma]_H$$

设计公式：

$$m^2 d_1 = KT_2 \left(\frac{500}{Z_2[\sigma_H]} \right)^2$$

式中，$[\sigma_H]$ 为蜗轮齿面的许用接触应力（MPa），T_2 为蜗轮传递的转矩（N·mm），z_2 为蜗轮齿数，K 为载荷系数，用以考虑载荷集中和动载荷的影响，一般 $K=1.1\sim1.5$。

（2）蜗轮轮齿弯曲疲劳强度计算。对于闭式蜗杆传动，轮齿弯曲折断的情况较少出现，通常仅在蜗轮齿数较多（z_2>80～100）时才进行轮齿弯曲疲劳强度计算。对于开式传动，则按蜗轮轮齿的弯曲疲劳强度进行设计。蜗轮轮齿弯曲强度的计算方法在此不予讨论。

五、蜗杆传动的效率、润滑和热平衡计算

（一）蜗杆传动的效率

闭式蜗杆传动一般有三方面的功率损失：啮合摩擦损失、轴承摩擦损失和油浴润滑时的搅油损失。因此，蜗杆传动的效率：

$$\eta = (0.95\sim0.97)\frac{\tan\gamma}{\tan(\gamma+\rho_v)}$$

式中，γ 为蜗杆导程角，ρ_v 为当量摩擦角，η 值与蜗杆导程角 γ 密切相关，η 值随 γ 的增加而增大。要求效率高时，最好 $i\leqslant25$，$z_1\geqslant2$，$15\leqslant\gamma\leqslant30°$，且用法向进刀的非阿基米德蜗杆。提高蜗杆转速也可提高效率，故在多级传动中常将蜗杆传动布置在高速级。

设计时，蜗杆传动的效率可估取为：

闭式传动：　z_1=1　　　η=0.65～0.75
　　　　　　z_1=2　　　η=0.75～0.82
　　　　　　z_1=4、6　η=0.82～0.92
　　　　　　自锁时　　　η<0.5
开式传动：　z_1=1、2　η=0.60～0.70

（二）蜗杆传动的润滑

蜗杆传动一般用油润滑。润滑方式有油浴润滑和喷油润滑两种。一般 v_S<10m/s 的中低速蜗杆传动，大多采用油浴润滑；v_S<10m/s 的高速蜗杆传动，采用喷油润滑，这时仍应使蜗杆或蜗轮少量浸油。

蜗杆传动要求润滑油具有较高的粘度、良好的油性，且含有抗压和减摩、耐磨性好的添加剂，对于一般蜗杆传动，可采用极压齿轮油；对于大功率重要蜗杆传动，应采用专用蜗轮蜗杆油。目前我国已生产出蜗杆传动专用润滑油，如合成极压蜗轮蜗杆油、复合蜗轮蜗杆油等。

（三）热平衡计算

由于蜗杆传动效率较低，工作时发热量大，若散热不良，将使减速器内部温升过高，润滑油稀释、变质老化，润滑失效，导致齿面胶合。所以，对闭式连续运转的蜗杆传动要进行热平衡计算。

蜗杆传动的输入功率为 P_1（kW），传动效率为 η。

蜗杆传动转化热量所消耗的功率为：P_S=1000(1-η)P_1

经自然冷却散发热量的相当功率为：$P_C=ksA(t_1-t_0)$

热平衡时应 $P_S=P_C$，所以得：

$$t_1 = (1000(1-\eta)P_1/ksA)+t_0\leqslant[t_1]$$

式中，ks 为散热系数，一般 ks=10～17（W/m^2·c）；A 为散热箱体散热面积（内表面能被油溅到，而外表面又可为周围空气冷却的箱体表面积）；t_0 为环境温度，通常取 t_0=20℃；t_1 为油的工作温度，一般应限制在 60℃～70℃，最高不超过 80℃，$t_{max}\leqslant$80℃。

设计时，普通蜗杆传动的箱体散热面积 A 可按下式计算：

$$A = 0.33(a/100)^{1.57}$$

式中，a 为中心距（mm），A 的单位为 m^2。

若油温过高，可采取如下散热措施：

- 箱体上设散热片，以增加散热面积。
- 蜗杆轴端加装风扇。
- 在箱内设置冷却水管，利用循环水将热量带走。
- 采用压力喷油循环润滑，既润滑又冷却。

【任务总结】

（1）了解蜗杆传动的特点。传动比大，结构紧凑，具有自锁性，工作平稳噪声低，冲击载荷小，但传动的效率低，发热大，易发生磨损和胶合等失效形式，蜗轮齿圈常需用比较贵重的青铜制造，因此蜗杆传动成本较高。

（2）合理选择蜗杆传动的参数。除模数外，蜗杆的分度圆直径也应取为标准值，目的是为了限制蜗轮滚刀的数目，并便于滚刀的标准化，保证蜗杆与配对蜗轮的正确啮合。蜗轮齿数的选择应避免用滚刀切制蜗轮时产生根切现象，并满足传动比的要求。蜗杆头数的选择应考虑到效率和传动比。

（3）蜗杆传动的受力分析和强度计算。蜗杆传动受力分析的方法与齿轮传动的分析方法类似，但是各力的对应关系与齿轮传动的不同。在蜗杆传动的强度计算时，考虑到蜗杆传动的相对滑动速度大、效率低、发热大，因此蜗轮齿面的主要失效形式是胶合，其次才是点蚀和磨损。然而，目前还没有妥善的方法对胶合和磨损进行计算，所以一般只是仿照圆柱齿轮进行齿面和齿根强度的条件性计算，在选取许用应力时考虑胶合和磨损的影响。

（4）蜗杆的热平衡计算。蜗杆传动结构紧凑，箱体的散热面积小，所以在闭式传动中，产生的热量不能及时散发出去，容易产生胶合，所以与一般的闭式齿轮传动不同，蜗杆传动一般需要进行热平衡计算。热平衡计算的基本原理是单位时间产生的热量不大于单位时间能散发出去的热量。在实际工作中，一般是利用热平衡条件找出工作条件下应控制的油温，通过控制油的工作温度来保证蜗杆传动的正常工作。

【技能训练】

训练内容：

在普通蜗杆传动中，已知模数 $m = 8mm$，$d_1 = 80mm$，$z_1 = 1$，$z_2 = 40$，蜗轮输出转矩 $T_2' = 1.61 \times 10^6 N \cdot mm$，$n_1 = 960 r/min$，蜗杆材料为 45 钢，表面淬火 50HRC，蜗轮材料为 ZCuSu10P1，金属模铸造，传动润滑良好，每日双班制工作，一对轴承的效率 $\eta_3 = 0.99$，搅油损耗的效率 $\eta_2 = 0.99$。试求：

（1）在图上标注蜗杆的转向、蜗轮轮齿的旋向及作用于蜗杆、蜗轮上诸力的方向。

（2）计算诸力的大小。

（3）计算该传动的啮合效率及总效率。

（4）该传动装置 5 年功率损耗的费用（工业用电暂按每度 0.5 元计算）。

训练目的：

蜗杆传动具有传动比大、传动效率低的特点。当传动参数满足一定条件时，蜗杆传动还可以自锁。通过本训练，要求学生学会蜗杆传动的受力分析和效率的理论计算及实际效率的测定方法。

训练过程：

1．画出蜗轮和蜗杆的受力图。

2．计算各力的大小。

3．计算蜗杆传动的效率 η 。

（1）计算蜗杆传动的啮合效率 η_1 。

（2）确定轴承效率 η_2 和搅油效率 η_3 。

（3）计算蜗杆减速器的实际效率。

4．计算损耗费用。

训练总结：

蜗杆传动是一种典型的机械传动形式，在各种齿轮传动中，蜗杆传动的效率最低。蜗杆传动的效率低与多种因素有关，如蜗杆蜗轮的加工精度、安装精度、润滑剂、工作转速、轴承类型等。通过训练，学员可了解机械传动中各种因素对传动效率的影响。

思考问题：

1．蜗杆传动的强度计算包括哪些方面的内容？

2．滑动速度对蜗杆传动有什么影响？

3．蜗杆传动总效率的决定因素是什么？

任务四　轮系计算

【任务提出】

利用齿轮系在各种机械传动设备中进行运动和动力的传递及变速非常广泛，掌握齿轮系的转速及传动比的计算是后续课程的需要，也是在工厂企业工作时的一种基本能力。工厂中应用最为广泛的普通车床的床头箱中就利用了齿轮系实现运动和动力的传递及变速，本任务以车床床头箱中的齿轮系为例，介绍定轴齿轮系的传动比和齿轮转速的计算方法。

【能力目标】

能进行定轴轮系的传动比、转速的计算。

【知识目标】

1．能识别定轴轮系。

2．掌握定轴齿轮系传动比的计算方法和转向的确定。

3．能进行车床主运动系统中主轴转速的计算。

【任务分析】

一、齿轮系及其分类

如图 2-4-1 所示，由一系列齿轮相互啮合而组成的传动系统简称轮系。根据轮系中各齿轮运动形式的不同，轮系分类如下：

$$
轮系\begin{cases}
定轴轮系（轴线固定）\begin{cases}平面定轴轮系\\空间定轴轮系\end{cases}\\
周转轮系（轴有公转）\begin{cases}差动轮系（F=2）\\行星轮系（F=1）\end{cases}\\
混合轮系：由定轴轮系和周转轮系混合而成或由几个周转轮系组合而成
\end{cases}
$$

定轴轮系中所有齿轮的轴线全部固定，若所有齿轮的轴线全部在同一平面或相互平行的平面内，则称为平面定轴轮系（如图 2-4-1 所示）；若所有齿轮的轴线并不全部在同一平面或相互平行的平面内，则称为空间定轴轮系；若轮系中有一个或几个齿轮轴线的位置并不固定，而是绕着其他齿轮的固定轴线回转（如图 2-4-2 所示），则这种轮系称为周转轮系，其中绕着固定轴线回转的这种齿轮称为中心轮（或太阳轮），既绕自身轴线回转又绕着其他齿轮的固定轴线回转的齿轮称为行星轮，支撑行星轮的构件称为系杆（或转臂、行星架），在周转轮系中，一般都以中心轮或系杆作为运动的输入或输出构件，常称其为周转轮系的基本构件；周转轮系还可按其所具有的自由度数目作进一步的划分；若周转轮系的自由度为 2，则称其为差动轮系如图 2-4-2 所示，为了确定这种轮系的运动，须给定两个构件以独立运动规律，若周转轮系的自由度为 1，如图 2-4-3 所示，则称其为行星轮系，为了确定这种轮系的运动，只须给定轮系中一个构件以独立运动规律即可；在各种实际机械中所用的轮系，往往既包含定轴轮系部分，又包含周转轮系部分，或者由几部分周转轮系组成，这种复杂的轮系称为复合轮系（如图 2-4-4 所示），该复合轮系可分为左边的周转轮系和右边的定轴轮系两部分。

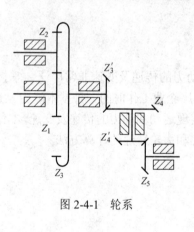

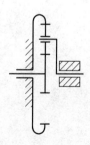

图 2-4-1　轮系

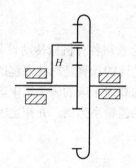

图 2-4-2　周转轮系

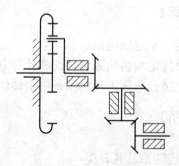

图 2-4-3　行星轮系

图 2-4-4　复合轮系

二、定轴轮系的传动比

1. 传动比大小的计算

由前面齿轮机构的知识可知，一对齿轮：

$$i_{12} = \omega_1 / \omega_2 = z_2 / z_1$$

对于齿轮系，设输入轴的角速度为 ω_I，输出轴的角速度为 ω_m，按定义有：

$$i_{Im} = \omega_I / \omega_m$$

当 $i_{Im} > 1$ 时为减速，$i_{Im} < 1$ 时为增速。

因为轮系是由一对对齿轮相互啮合组成的，如图 2-4-5 所示，当轮系由 m 对啮合齿轮组成时，有：

$$i_{Im} = \frac{\omega_I}{\omega_m} = \frac{\omega_1}{\omega_2} \cdot \frac{\omega_2}{\omega_3} \cdot \frac{\omega_3}{\omega_4} \cdot \cdots \cdot \frac{\omega_{m-1}}{\omega_m} = \frac{z_2 \cdot z_3 \cdot z_4 \cdots z_m}{z_1 \cdot z_2 \cdot z_3 \cdots z_{m-1}}$$

$$= \frac{\text{所有从动轮齿数连乘积}}{\text{所有主动轮齿数连乘积}}$$

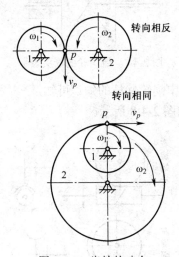

图 2-4-5　齿轮的啮合

2. 首末轮转向的确定

因为角速度是矢量，故传动比计算还有首末两轮的转向问题。对直齿轮表示方法有以下两种：

（1）用 "+"、"−" 表示。

适用于平面定轴轮系，由于所有齿轮轴线平行，故首末两轮转向不是相同就是相反，相同取 "+" 表示，相反取 "−" 表示，如图 2-4-5 所示，一对齿轮外啮合时两轮转向相反，用 "−" 表示；一对齿轮内啮合时两轮转向相同，用 "+" 表示。可用此法逐一对各对啮合齿轮进行分析，直至确定首末两轮的转向关系。设轮系中有 m 对外啮合齿轮，则末轮转向为 $(-1)m$，此时有：

$$i_{Im} = (-1)^m \frac{\text{所有从动轮齿数的连乘积}}{\text{所有主动轮齿数的连乘积}}$$

（2）画箭头。

如图 2-4-6 所示，箭头所指方向为齿轮上离我们最近一点的速度方向。

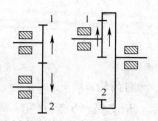

图 2-4-6　齿轮的箭头表示

外啮合时：两箭头同时指向（或远离）啮合点，头头相对或尾尾相对。

内啮合时：两箭头同向。

对于空间定轴轮系，只能用画箭头的方法来确定从动轮的转向。

● 锥齿轮：如图 2-4-7 所示，可见一对相互啮合的锥齿轮其转向用箭头表示时箭头方向要么同时指向节点，要么同时背离节点。

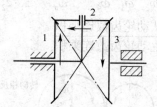

图 2-4-7　锥齿轮的箭头表示

● 蜗轮蜗杆：由齿轮机构中蜗轮蜗杆的知识可知，一对相互啮合的蜗轮蜗杆其转向可用左右手定则来判断，如图 2-4-8 所示。

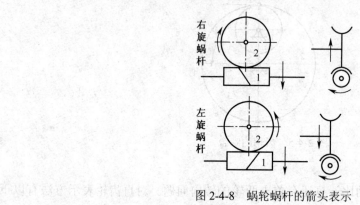

图 2-4-8　蜗轮蜗杆的箭头表示

● 交错轴斜齿轮：用画速度多边形确定，如图 2-4-9 所示。

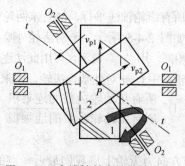

图 2-4-9　交错轴斜齿轮的箭头表示

例 2-4-1 如图 2-4-10 所示，已知轮系中各轮齿数，求传动比 i_{15}。

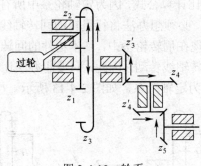

图 2-4-10 轮系

解：（1）确定各齿轮的转向，用画箭头的方法可确定首末两轮转向相反。

（2）计算传动比：

$$i_{15} = \frac{\omega_1}{\omega_5} = -\frac{z_2 z_3 z_4 z_5}{z_1 z_2 z_3' z_4'} = -\frac{z_3 z_4 z_5}{z_1 z_3' z_4'}$$

其中齿轮 2 对传动比没有影响，但能改变从动轮的转向，称其为过轮或中介轮。

三、周转轮系的传动比

周转轮系的分类除按自由度以外，还可根据其基本构件的不同来加以分类，设轮系中的太阳轮以 K 表示，系杆以 H 表示，则图 2-4-11 所示为 $2K\text{-}H$ 型轮系，图 2-4-12 为 $3K$ 型轮系，因其基本构件为 3 个中心轮，而系杆只起支撑行星轮的作用。在实际机构中常用 $2K\text{-}H$ 型轮系。

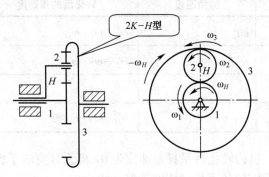

图 2-4-11 $2K\text{-}H$ 型轮系

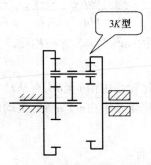

图 2-4-12 $3K$ 型轮系

周转轮系由回转轴线固定的基本构件太阳轮（中心轮）、行星架（系杆或转臂）和回转轴线不固定的其他构件行星轮组成。由于有一个既有公转又有自转的行星轮,因此传动比计算时不能直接套用定轴轮系的传动比计算公式,因为定轴轮系中所有的齿轮轴线都是固定的。为了套用定轴轮系传动比计算公式,必须想办法将行星轮的回转轴线固定,同时又不能让基本构件的回转轴线发生变化。我们发现在周转轮系中,基本构件的回转轴线相同,而行星轮既绕其自身轴线转动,又随系杆绕其回转轴线转动,因此,只要想办法让系杆固定,就可将行星轮的回转轴线固定,即把周转轮系变为定轴轮系,如图 2-4-13 所示。

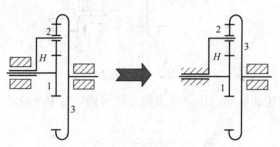

图 2-4-13　周转轮系变为定轴轮系

反转原理:给周转轮系施以附加的公共转动 ω_H 后,不改变轮系中各构件之间的相对运动,但原轮系将转化成为一新的定轴轮系,可按定轴轮系的公式计算该新轮系的传动比。转化后所得的定轴轮系称为原周转轮系的"转化轮系"。将整个轮系机构按 ω_H 反转后,各构件的角速度的变化如下:

构件	原角速度	转化后的角速度
1	ω_1	$\omega_1^H = \omega_1 - \omega_H$
2	ω_2	$\omega_2^H = \omega_2 - \omega_H$
3	ω_3	$\omega_3^H = \omega_3 - \omega_H$
H	ω_H	$\omega_H^H = \omega_H - \omega_H = 0$

由角速度变化可知,机构转化后系杆角速度为 0,即系杆变成了机架,周转轮系演变成定轴轮系,因此可直接套用定轴轮系传动比的计算公式:

$$i_{13}^H = \frac{\omega_1^H}{\omega_3^H} = \frac{\omega_1 - \omega_H}{\omega_3 - \omega_H} = -\frac{z_2 z_3}{z_1 z_2} = -\frac{z_3}{z_1}$$

上式中,"−"说明在转化轮系中 ω_1^H 与 ω_3^H 方向相反。

通用表达式:

$$i_{mn}^H = \frac{\omega_m^H}{\omega_n^H} = \frac{\omega_m - \omega_H}{\omega_n - \omega_H} = \pm \frac{转化轮系中由m至n所有从动轮齿数连乘积}{转化轮系中由m至n所有主动轮齿数连乘积} = f(z)$$

特别注意:

- 齿轮 m、n 的轴线必须平行。
- 计算公式中的 ± 不能去掉,它不仅表明转化轮系中两个太阳轮 m、n 之间的转向关系,而且影响到 ω_m、ω_n、ω_H 的计算结果。

如果周转轮系是行星轮系，则 ω_m、ω_n 中必有一个为 0（不妨设 $\omega_n=0$），此时上述通式可改写为：

$$i_{mn}^H = \frac{\omega_m^H}{\omega_n^H} = \frac{\omega_m - \omega_H}{-\omega_H} = 1 + i_m^H$$

即：

$$i_m^H = 1 - i_{mn}^H = 1 - f(z)$$

以上公式中的 ω_i 可用转速 n_i 代替：

$$n_i = \left(\frac{\omega_i}{2\pi}\right)60 = \frac{30}{\pi}\omega_i$$

用转速表示有：

$$i_{mn}^H = \frac{n_m^H}{n_n^H} = \frac{n_m - n_H}{n_n - n_H} = f(z)$$

例 2-4-2 如图 2-4-14 所示，2K-H 轮系中，$z_1 = z_2 = 20$，$z_3 = 60$，轮 3 固定。求：

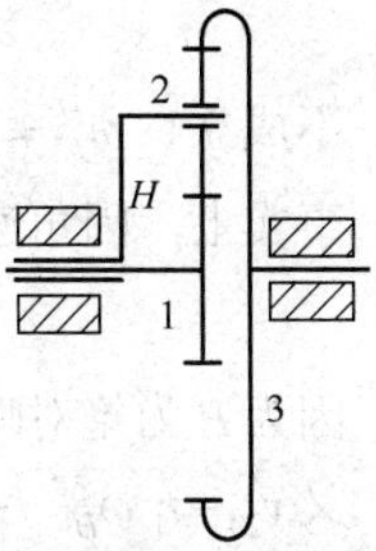

（1）i_{1H}。

（2）$n_1 = 1$，$n_3 = -1$，求 n_H 和 i_{1H} 的值。

（3）$n_1 = 1$，$n_3 = 1$，求 n_H 和 i_{1H} 的值。

图 2-4-14 2K-H 轮系

解：（1）$i_{13}^H = \dfrac{\omega_1^H}{\omega_3^H} = = \dfrac{\omega_1 - \omega_H}{\omega_3 - \omega_H} = \dfrac{\omega_1 - \omega_H}{0 - \omega_H} = -i_{1H} + 1 = -\dfrac{z_2 z_3}{z_1 z_2} = -\dfrac{z_3}{z_1} = -\dfrac{60}{20} = -3$

所以 $i_{1H} = 4$，齿轮 1 和系杆转向相同。

（2）$i_{13}^H = \dfrac{n_1^H}{n_3^H} = \dfrac{n_1 - n_H}{n_3 - n_H} = \dfrac{1 - n_H}{-1 - n_H} = -3$

$$n_H = -1/2$$

得：$i_{1H} = n_1 / n_H = -2$，两者转向相反。

（3）$i_{13}^H = \dfrac{n_1^H}{n_3^H} = \dfrac{n_1 - n_H}{n_3 - n_H} = \dfrac{1 - n_H}{1 - n_H} = -3$

$$n_H = 1$$

$n_1 = 1$，$n_3 = 1$，得：$i_{1H} = n_1 / n_H = 1$，两者转向相同。

结论：①轮 1 转 4 圈，系杆 H 同向转 1 圈。

②轮 1 逆时针转 1 圈，轮 3 顺时针转 1 圈，则系杆顺时针转 2 圈。

③轮 1、轮 3 各逆时针转 1 圈，则系杆逆时针转 1 圈。

特别强调：① $i_{13} \neq i_{13}^H$；② $i_{13} \neq -z_3 / z_1$。

例 2-4-3 如图 2-4-15 所示圆锥齿轮组成的轮系中，已知：$z_1 = 33$，$z_2 = 12$，$z_2' = 33$，求 i_{3H}。

解： 判别转向：齿轮 1、3 方向相反。

$$i_{31}^H = \frac{\omega_3 - \omega_H}{\omega_1 - \omega_H} = \frac{\omega_3 - \omega_H}{0 - \omega_H} = -i_{3H} + 1 = -\frac{z_1}{z_3} = -1$$

$$i_{3H} = 2$$

特别注意：转化轮系中两齿轮轴线不平行时，不能直接计算。

$$i_{21}^H = \frac{\omega_2 - \omega_H}{\omega_1 - \omega_H} \quad 成立否？$$

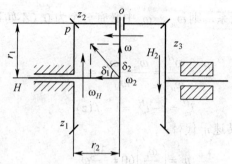

图 2-4-15　圆锥齿轮组成的轮系

不成立！$\omega_2^H \neq \omega_2 - \omega_H$

事实上，因角速度 ω_2 是一个向量，它与牵连角速度 ω_H 和相对角速度 ω_2^H 之间的关系为：

$$\omega_2 = \omega_H + \omega_2^H$$

因为 P 为绝对瞬心，故轮 2 中心速度为：$v_{20} = r_2 \omega_2^H$

又 $v_{20} = r_1 \omega_H$

所以 $\omega_2^H = \omega_H r_1 / r_2 = \omega_H \, \mathrm{tg}\, \sigma_1 = \omega_H \, \mathrm{ctg} \delta_2$

四、复合轮系的传动比

复合轮系或者是由定轴部分与周转部分组成，或者是由几部分周转轮系组成，因此复合轮系传动比求解的思路是：先将复合轮系分解为基本轮系，分别计算各基本轮系的传动比，然后根据组合方式找出各轮系间的关系，联立求解。

根据上述方法，复合轮系分解的关键是将周转轮系分离出来。因为所有周转轮系分离完后，复合轮系要么分离完了，要么只剩下定轴轮系了。周转轮系的分离步骤是先找回转轴线不固定的行星轮，找出后确定支撑行星轮的系杆，然后再找出与行星轮啮合的中心轮，至此，一个周转轮系就分离出来了；用上述方法一直寻找，混合轮系中可能有多个周转轮系，而一个基本周转轮系中至多只有三个中心轮。剩余的就是定轴轮系。

例 2-4-4　如图 2-4-16 所示为龙门刨床工作台的变速机构，J、K 为电磁制动器，设已知各轮的齿数，求 J、K 分别刹车时的传动比 i_{1B}。

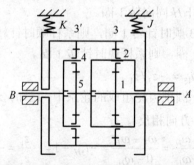

图 2-4-16　龙门刨床工作台的变速机构

解：（1）刹住 J 时：1—2—3 为定轴轮系，B—5—4—3′为周转轮系，3—3′将两者连接。

定轴部分：$i_{13} = \omega_1 / \omega_3 = -z_3 / z_1$

周转部分：$i_{B3'5} = (\omega_3' - \omega_B)/(0 - \omega_B) = -z_5 / z_3'$

连接条件：$\omega_3 = \omega_3'$

联立解得：$i_{1B} = \dfrac{\omega_1}{\omega_B} = -\dfrac{z_3}{z_1}\left(1 + \dfrac{z_5}{z_{3'}}\right)$

（2）刹住 K 时：$A-1-2-3$ 为周转轮系，$B-5-4-3'$ 为周转轮系，$5-A$ 将两者连接。

周转轮系 1：$i_{A13} = (\omega_1 - \omega_A)/(0 - \omega_A) = -z_3/z_1$

周转轮系 2：$i_{B3'5} = (\omega_3' - \omega_B)/(\omega_5 - \omega_B) = -z_5/z_3'$

连接条件：$\omega_5 = \omega_A$

联立解得：$i_{1B} = \dfrac{\omega_1}{\omega_B} = \left(1 + \dfrac{z_3}{z_1}\right)\left(1 + \dfrac{z_{3'}}{z_5}\right) = \dfrac{\omega_1}{\omega_A} \cdot \dfrac{\omega_5}{\omega_B} = i_{1A} i_{5B}$

总传动比为两个串联周转轮系的传动比的乘积。

混合轮系的解题步骤：

①找出所有的基本轮系，关键是找出周转轮系。

②求各基本轮系的传动比。

③根据各基本轮系之间的连接条件，联立基本轮系的传动比方程组求解。

五、轮系的功用

（1）获得较大的传动比，而且结构紧凑。

如图 2-4-17 所示，一对齿轮 $i < 8$，很难实现大传动比，而采用轮系传动比可达 10000。

（2）实现分路传动。

如图 2-4-18 所示，运动从主动轴输入后，可由 Ⅰ、Ⅱ、Ⅲ、Ⅳ、Ⅴ、Ⅵ、Ⅶ、Ⅷ、Ⅸ 分九路输出。

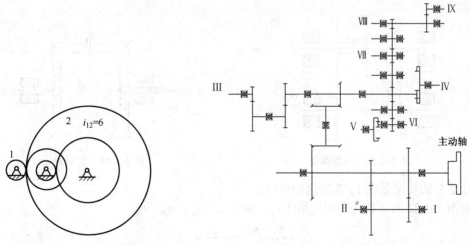

图 2-4-17　齿轮的轮系　　　　　　图 2-4-18　齿轮的分路传动

（3）实现换向传动。

如图 2-4-19 所示为车床走刀丝杠三星轮换向机构。当转动手柄时可改变从动轮的转向，因为转动手柄前有三对齿轮外啮合，转动手柄后只有两对齿轮相啮合，故两种情况下从动轮转向相反。

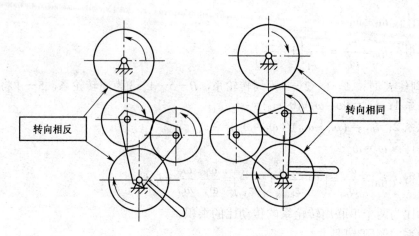

图 2-4-19　车床走刀丝杠三星轮换向机构

（4）实现变速传动。

如图 2-4-20 所示移动双联齿轮使不同齿数的齿轮进入啮合可改变输出轴的转速。前面例 2-4-4 中图 2-4-16 所示的轮系，当输入轴 1 的转速一定时，分别对 J、K 进行制动，输出轴 B 可得到不同的转速。

（5）运动合成与分解。

如图 2-4-21 所示的行星轮系中：

$$z_1 = z_2 = z_3$$

$$i_{31}^H = \frac{n_3 - n_H}{n_1 - n_H} = -\frac{z_1}{z_3} = -1$$

$$n_H = (n_1 + n_3)/2$$

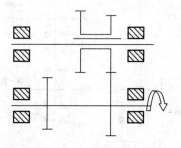

图 2-4-20　双联齿轮

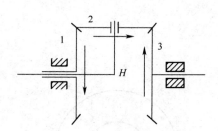

图 2-4-21　行星轮系

行星架的转速是轮 1、3 转速的合成。

如图 2-4-22 所示的汽车差速器中，已知：$z_1 = z_3$，$n_H = n_4$

$$i_{13}^H = \frac{n_1 - n_H}{n_3 - n_H} = -\frac{z_3}{z_1} = -1$$

式中行星架的转速 n_H 由发动机提供，当汽车走直线时，若不打滑：

$$n_1 = n_3$$

汽车转弯时，车体将以 ω 绕 P 点旋转：

$$v_1 = (r - L)\omega \qquad v_3 = (r + L)\omega$$

$$n_1/n_3 = V_1/V_3 = (r - L)/(r + L)$$

r 为转弯半径，$2L$ 为轮距。

该轮系根据转弯半径 r 大小自动分解 n_H 使 n_1、n_3 符合转弯的要求。

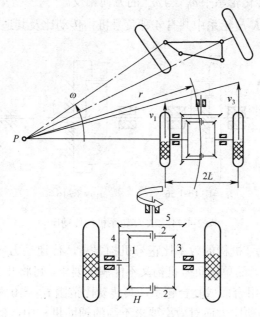

图 2-4-22 汽车差速器

（6）在尺寸及重量较小时实现大功率传动。

如图 2-4-23 所示的某型号涡轮螺旋桨航空发动机主减外形尺寸仅为 $\phi430\text{mm}$，采用 4 个行星轮和 6 个中间轮，传递功率达到 2850kW，$i_{1H}=11.45$。

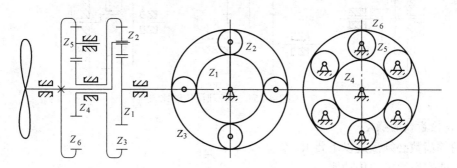

图 2-4-23 涡轮螺旋桨航空发动机主减外形尺寸

六、行星轮系的类型选择及设计的基本知识

从传动原理出发设计行星轮系时，主要解决两个问题：

（1）选择传动类型。

（2）确定各轮的齿数和行星轮的个数。

1. 行星轮系类型的选择

行星轮系的类型很多，在相同的速比和载荷条件下，采用不同的类型，轮系的外廓尺寸、重量和效率相差很多。所以，在设计行星轮系时，要重视类型的选择。选型时要考虑的因素有传动比范围、机械效率的高低、功率流动情况等。

正号机构：$i_{1n}^{H}>0$，转化轮系中 ω_1^H 与 ω_n^H 的方向相同。

负号机构：$i_{1n}^{H}<0$，转化轮系中 ω_1^H 与 ω_n^H 的方向相反。

如图 2-4-24 所示的 2K-H 轮系中共有 4 种负号机构传动比及其适用范围。

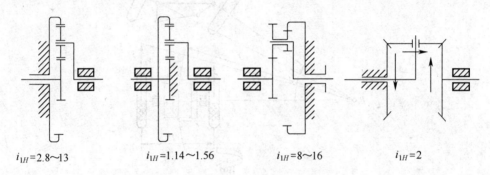

$i_{1H}=2.8\sim13$ $i_{1H}=1.14\sim1.56$ $i_{1H}=8\sim16$ $i_{1H}=2$

图 2-4-24   2K-H 轮系机构传动比

从机械效率来看，负号机构的效率比正号机构要高，传递动力应采用负号机构。如果要求轮系具有较大的传动比，而单级负号机构又不能满足要求，可将几个负号机构串联起来，或采用负号机构与定轴轮系组合而成复合轮系，其传动比范围 $i_{1H}=10\sim60$。

正号机构一般用在传动比大而对效率要求不高的辅助机构中，例如磨床的进给机构、轧钢机的指示器等。如图 2-4-25 所示为三种理论上传动比 $i_{1H}\to\infty$ 的正号机构。

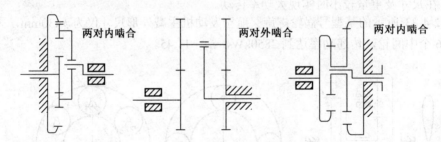

两对内啮合   **两对外啮合**   **两对内啮合**

图 2-4-25   三种理论传动比

2. 各轮齿数的确定

各轮的齿数必须满足以下要求：

- 能实现给定的传动比。
- 中心轮和系杆共轴。
- 能均布安装多个行星轮。
- 相邻行星轮不发生干涉。

（1）传动比条件。

如图 2-4-26 所示，因为：

$$i_{13}^{H}=\frac{\omega_1-\omega_H}{\omega_3-\omega_H}=1-i_{1H}=-\frac{z_3}{z_1}$$

$$z_1+z_3=i_{IH}Z_1$$

所以：

$$z_3=(i_{1H}-1)z_1$$

（2）同心条件。

如图 2-4-27 所示，系杆的轴线与两中心轮的轴线重合，当采用标准齿轮传动或等变位齿轮传动时有：

$$r_3 = r_1 + 2r_2 \quad 或 \quad z_3 = z_1 + 2z_2$$

$$z_2 = (z_3 - z_1)/2 = z_1(i_{1H} - 2)/2$$

上式表明：两中心轮的齿数应同时为偶数或奇数。

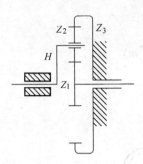

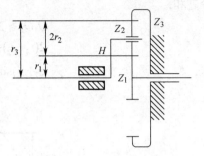

图 2-4-26 行星轮传动比　　　　　　图 2-4-27 行星轮同心

（3）均布安装条件。

如图 2-4-28 所示，能装入多个行星轮且仍呈对称布列，行星轮个数 K 与各轮齿数之间应满足一定的条件。设对称布列有 K 个行星轮，则相邻两轮之间的夹角为：

$$\varphi = 2\pi/k$$

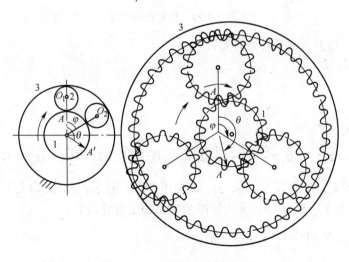

图 2-4-28 行星轮的对称布列

在位置 O_1 装入第一个行星轮，固定轮 3，转动系杆 H，使 $\varphi_H = \varphi$，此时，行星轮从位置 O_1 运动到位置 O_2，而中心轮 1 从位置 A 转到位置 A'，转角为 θ。

∵　$\theta/\varphi = \omega_1/\omega_H = i_{1H} = 1 + (z_3/z_1)$

∴　$\theta = \left(1 + \dfrac{z_3}{z_1}\right)\varphi = \dfrac{z_1 + z_3}{z_1} \cdot \dfrac{2\pi}{k}$

如果此时轮 1 正好转过 N 个完整的齿，则齿轮 1 在 A 处又出现与安装第一个行星轮一样的情形，可在 A 处装入第二个行星轮。

结论：当系杆 H 转过一个等分角 φ 时，若齿轮1转过 N 个完整的齿，就能实现均布安装。对应的中心角为：$\theta = N(2\pi/z_1)$

比较得：$N = (z_1+z_3)/k = z_1 i_{1H}/k$

上式说明：要满足均布安装条件，轮1和轮3的齿数之和应能被行星轮个数 K 整除。

（4）邻接条件。

如图 2-4-29 所示，相邻两个行星轮装入后不发生干涉，即两行星轮中心距应大于两齿顶圆半径之和：

$$O_1O_2 > 2r_{a2}$$
$$2(r_1+r_2)\sin(\varphi/2) > 2(r_2+h_a^*m)$$

即：

$$(z_1+z_2)\sin(\pi/k) > z_2+2h_a^*$$

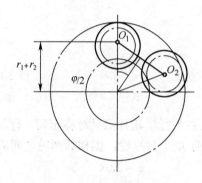

图 2-4-29　行星轮的邻接

为便于应用，将前三个条件合并得：

$z_2 = z_1(i_{1H}-2)/2$

$z_3 = (i_{1H}-1)z_1$

$N = z_1 i_{1H}/k$

由此可得配齿公式：

$$z_1 : z_2 : z_3 : N = z_1 : \frac{z_1(i_{1H}-2)}{2} : z_1(i_{1H}-1) : \frac{z_1 i_{1H}}{k} = 1 : \frac{i_{1H}-2}{2} : (i_{1H}-1) : \frac{i_{1H}}{k}$$

确定各轮齿数时，应保证 z_1、z_2、z_3、N 为正整数，且 z_1、z_2、z_3 均大于 z_{min}。

例 2-4-5 已知 $i_{1H}=5$，$K=3$，采用标准齿轮，确定各轮齿数。

解： $z_1 : z_2 : z_3 : N = 1 : \dfrac{i_{1H}-2}{2} : (i_{1H}-1) : \dfrac{i_{1H}}{k}$

$$=1:(5-2)/2:(5-1):5/3$$
$$=1:3/2:4:5/3$$
$$=6:9:24:10$$

若取 $z_1=18$，则 $z_2=27$，$z_3=72$。

验算邻接条件：$(18+27)\sin\pi/3 = 39 > 29 = z_2+2h_a^*$，可见所选齿数满足要求。

（5）行星轮系均载装置。

为了减少因制造误差引起的多个行星轮所承担载荷不均匀的现象，实际应用时往往采用均载装置，如图 2-4-30 所示。均载装置的结构特点是采用弹性元件使中心轮或系杆浮动。

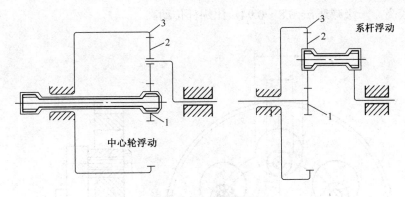

图 2-4-30 均载装置

八、其他轮系简介

1. 渐开线少齿差行星齿轮传动

如图 2-4-31 所示，在 2K-H 行星轮系中，去掉小中心轮，将行星轮加大使与中心轮的齿数差 $z_2 - z_1 = 1 \sim 4$，称为少齿差传动。传动比为：

$$i_{12}^H = \frac{\omega_1 - \omega_H}{\omega_2 - \omega_H} = 1 - i_{1H} = \frac{z_2}{z_1}$$

$$i_{1H} = -\frac{z_2 - z_1}{z_1}$$

$$i_{H1} = 1/i_{1H} = -z_1/(z_2 - z_1)$$

系杆为主动，输出行星轮的运动。由于行星轮作平面运动，故应增加一运动输出机构 V。称此种行星轮系为 K-H-V 型。若 $z_2 - z_1 = 1$（称为一齿差传动），$z_2 = 100$，则 $i_{1H} = -100$。

如图 2-4-32 所示的输出机构为双万向联轴节，不仅向尺寸大，而且不适用于有两个行星轮的场合，不实用。工程上广泛采用的是孔销式输出机构，如图 2-4-33 所示，当满足条件 $d_h = d_s + 2a$ 时销孔和销轴始终保持接触，且四个圆心的连线构成一个平行四边形。

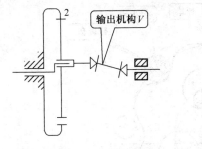

图 2-4-31 2K-H 行星轮系

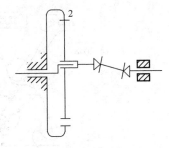

图 2-4-32 双万向联轴节

渐开线少齿差行星齿轮传动其齿廓曲线为普通的渐开线，齿数差一般为 $z_2 - z_1 = 1 \sim 4$。

优点：

①传动比大，一级减速 i_{1H} 可达 135，二级可达 1000 以上。

②结构简单，体积小，重量轻。与同样传动比和同样功率的普通齿轮减速器相比，重量可减轻 1/3 以上。

③加工简单，装配方便。

④效率较高。一级减速 η =0.8～0.94，比蜗杆传动高。

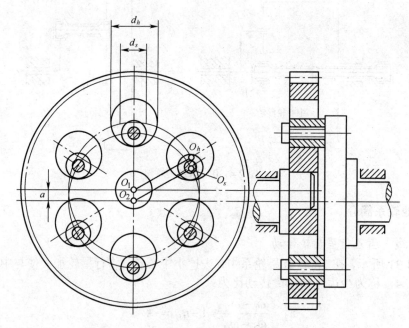

图 2-4-33　孔销式输出机构

缺点：

①只能采用正变位齿轮传动，设计较复杂。

②传递功率不大，$N \leqslant$ 45kW。

③径向分力大，行星轮轴承容易损坏。

2. 摆线针轮传动

如图 2-4-34 所示，摆线针轮传动结构的特点是行星轮齿廓曲线为摆线（称摆线轮），固定轮采用针轮，齿数差为 $z_2 - z_1$ =1。

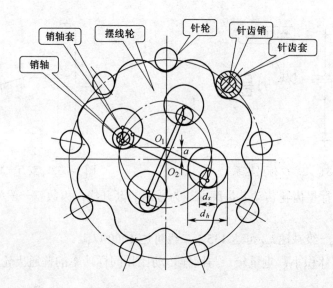

图 2-4-34　摆线针轮传动

当满足条件 $d_h = d_s + 2a$ 时销孔和销轴始终保持接触，四个圆心的连线构成一个平行四边形。齿廓曲线的形成（如图 2-4-35 所示）：

①外摆线：发生圆 2 在导圆 1（$r_1 < r_2$）上作纯滚动时，发生圆上点 P 的轨迹。

②短幅外摆线：发生圆在导圆上作纯滚动时，与发生圆上固联一点 M 的轨迹。

③齿廓曲线：短幅外摆线的内侧等距线（针齿的包络线）。

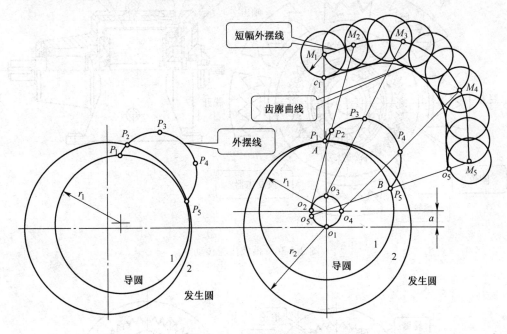

图 2-4-35　齿廓曲线的形成

优点：

①传动比大，一级减速 i_{1H} 可达 135，二级可达 1000 以上。

②结构简单，体积小，重量轻。与同样传动比和同样功率的普通齿轮减速器相比，重量可减轻 1/3 以上。

③加工简单，装配方便。

④效率较高。一级减速 $\eta = 0.8 \sim 0.94$，比蜗杆传动高。

3. 谐波齿轮传动

如图 2-4-36 所示，谐波齿轮传动由三个基本构件组成：波发生器（主动）、刚轮（固定）、柔轮（输出）。谐波齿轮传动的工作原理是当波发生器旋转时，迫使柔轮由圆变形为椭圆，使长轴两端附近的齿进入啮合状态，而端轴附近的齿则脱开，其余不同区段上的齿有的处于逐渐啮入状态，有的处于逐渐啮出状态。波发生器连续转动时，柔轮的变形部位也随之转动，使轮齿依次进入啮合，然后又依次退出啮合，从而实现啮合传动。谐波齿轮传动有双波传动和三波传动两大类，如图 2-4-37 所示，左图为双波传动，右图为三波传动。

优点：

①传动比大，单级减速 i_{1H} 可达 50～500。

②同时啮合的齿数多，承载能力大。

③传动平稳、传动精度高、磨损小。

④在大传动比下，仍有较高的机械效率。

⑤零件数量少、重量轻、结构紧凑。

缺点：启动力矩较大、柔轮容易发生疲劳损坏、发热严重。

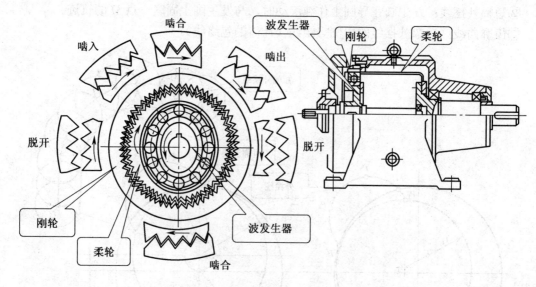

图 2-4-36 谐波齿轮传动

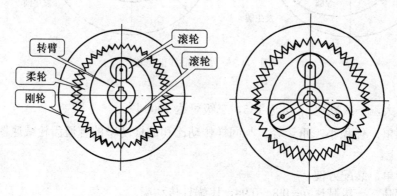

图 2-4-37 双波传动和三波传动

【知识链接】

一、齿轮系的分类

在复杂的现代机械中，为了满足各种不同的需要，常常采用一系列齿轮组成的传动系统。这种由一系列相互啮合的齿轮（蜗杆、蜗轮）组成的传动系统即齿轮系。本任务主要讨论齿轮系的常见类型、不同类型齿轮系传动比的计算方法。

齿轮系可分为两种基本类型：定轴齿轮系和行星齿轮系。

（一）定轴齿轮系

在传动时所有齿轮的回转轴线固定不变的齿轮系称为定轴齿轮系。定轴齿轮系是最基本的齿轮系，应用很广，如图 2-4-38 和图 2-4-39 所示。

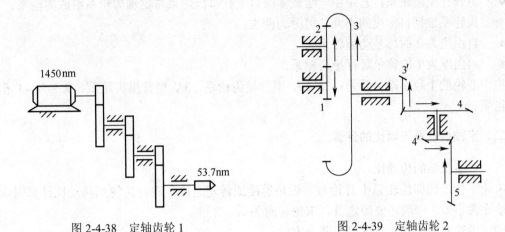

图 2-4-38　定轴齿轮 1　　　　　　　　　图 2-4-39　定轴齿轮 2

（二）行星齿轮系

若有一个或一个以上的齿轮除绕自身轴线自转外，其轴线还绕另一个轴线转动的轮系称为行星齿轮系，如图 2-4-40 所示。

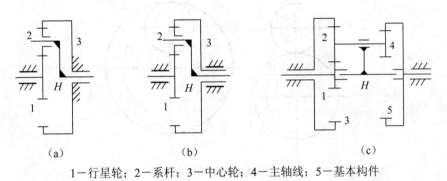

（a）　　　　　　　　　（b）　　　　　　　　　（c）

1－行星轮；2－系杆；3－中心轮；4－主轴线；5－基本构件

图 2-4-40　行星齿轮系

- 行星轮：轴线活动的齿轮。
- 系杆：（行星架、转臂）H。
- 中心轮：与系杆同轴线、与行星轮相啮合、轴线固定的齿轮。
- 主轴线：系杆和中心轮所在的轴线。
- 基本构件：主轴线上直接承受载荷的构件。

行星齿轮系中，既绕自身轴线自转又绕另一固定轴线（轴线 O_1）公转的齿轮 2 形象地称为行星轮。支承行星轮作自转并带动行星轮作公转的构件 H 称为行星架。轴线固定的齿轮 1、3 则称为中心轮或太阳轮。因此行星齿轮系是由中心轮、行星架和行星轮三种基本构件组成的。显然，行星齿轮系中行星架与两中心轮的几何轴线（O_1-O_3-O_H）必须重合，否则无法运动。

根据结构复杂程度不同，行星齿轮系可分为以下三类：

- 单级行星齿轮系：它是由一级行星齿轮传动机构构成的轮系。一个行星架及其上的行星轮及与之啮合的中心轮组成。

- 多级行星齿轮系：它是由两级或两级以上同类单级行星齿轮传动机构构成的轮系。
- 组合行星齿轮系：它是由一级或多级以上行星齿轮系与定轴齿轮系组成的轮系。

行星齿轮系根据自由度的不同，可分为两类：
- 自由度为 2 的称差动齿轮系。
- 自由度为 1 的称单级行星齿轮系。

按中心轮的个数不同又分为：$2K-H$ 型行星齿轮系、$3K$ 型行星齿轮系、$K-H-V$ 型行星齿轮系。

二、定轴齿轮系传动比的计算

（一）齿轮系的传动比

齿轮系传动比即齿轮系中首轮与末轮角速度或转速之比。进行齿轮系传动比计算时除计算传动比大小外，一般还要确定首、末轮转向关系。

确定齿轮系的传动比包含以下两个方面：
- 计算传动比 i 的大小。
- 确定输出轴（轮）的转向，如图 2-4-41 所示。

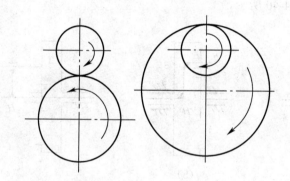

图 2-4-41　轮的转向

（二）定轴齿轮系传动比的计算公式

传动比大小：

$$i_{12} = \omega_1 / \omega_2 = z_2 / z_1$$

转向：外啮合转向相反，取"−"号；内啮合转向相同，取"+"号。

对于圆柱齿轮传动，从动轮与主动轮的转向关系可直接在传动比公式中表示，即：

$$i_{12} = \pm z_2 / z_1$$

其中"+"号表示主从动轮转向相同，用于内啮合；"−"号表示主从动轮转向相反，用于外啮合；对于圆锥齿轮传动和蜗杆传动，由于主从动轮运动不在同一平面内，因此不能用"±"号法确定，圆锥齿轮传动、蜗杆传动和齿轮齿条传动只能用画箭头法确定。

对于齿轮齿条传动，若 ω_1 表示齿轮 1 角速度，d_1 表示齿轮 1 分度圆直径，v_2 表示齿条的移动速度，则存在以下关系：

$$v_2 = d_1 \omega_1 / 2$$

如图 2-4-42 所示为一个简单的定轴齿轮系。运动和动力是由 I 轴经 II 轴传动 III 轴。I 轴和 III 轴的转速比亦即首轮和末轮的转速比，即为定轴齿轮系的传动比：

$$i_{14} = n_1 / n_4 = n_1 / n_3$$

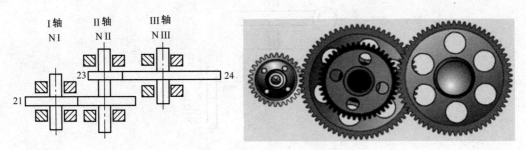

图 2-4-42　简单定轴齿轮系

齿轮系总传动比应为各齿轮传动比的连乘积，从 I 轴到 II 轴和从 II 轴到 III 轴传动比分别为：

$$i_{12} = n_1 / n_2 = -z_2 / z_1 \qquad i_{34} = n_4 / n_5 = -z_4 / z_5$$

$$i_{14} = i_{13} \times i_{34} = \frac{n_1}{n_2} \times \frac{n_2}{n_3} = \frac{-z_2}{z_1} \times \frac{-z_4}{z_3} = \frac{z_2 z_4}{z_1 z_3}$$

定轴齿轮系传动比在数值上等于组成该定轴齿轮系的各对啮合齿轮传动的连乘积，也等于首末轮之间各对啮合齿轮中所有从动轮齿数的连乘积与所有主动轮齿数的连乘积之比。设定轴齿轮系首轮为 1 轮、末轮为 K 轮，定轴齿轮系传动比公式为：

$$i = n_1 / n_k = 各对齿轮传动比的连乘积$$

$$i_{1K} = (\pm 1)m\ 所有从动轮齿数的连乘积/所有主动轮齿数的连乘积$$

式中，"1"表示首轮，"K"表示末轮，m 表示轮系中外啮合齿轮的对数。当 m 为奇数时传动比为负，表示首末轮转向相反；当 m 为偶数时传动比为正，表示首末轮转向相同。

注意：中介轮（惰轮）不影响传动比的大小，但改变了从动轮的转向。

例 2-4-6　如图 2-4-43 所示的齿轮系，蜗杆的头数 $z_1 = 1$，右旋；蜗轮的齿数 $z_2 = 26$；一对圆锥齿轮 $z_3 = 20$，$z_4 = 21$；一对圆柱齿轮 $z_5 = 21$，$z_6 = 28$。若蜗杆为主动轮，其转速 $n_1 = 1500\text{r/min}$，试求齿轮 6 的转速 n_6 的大小和转向。

图 2-4-43　蜗杆传动

解：根据定轴齿轮系传动比公式：

$$i_{16} = \frac{n_1}{n_6} = \frac{z_2 z_4 z_6}{z_1 z_3 z_5} = \frac{26 \times 21 \times 28}{1 \times 20 \times 21} = 36.4$$

转向如图 2-4-44 中的箭头所示。

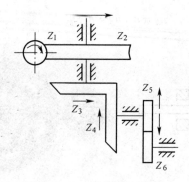

图 2-4-44　蜗杆传动简图

例 2-4-7　如图 2-4-45 所示的定轴齿轮系，已知 $z_1=20$，$z_2=30$，$z_2'=20$，$z_3=60$，$z_3'=20$，$z_4=20$，$z_5=30$，$n_1=100$r/min，逆时针方向转动。求末轮的转速和转向。

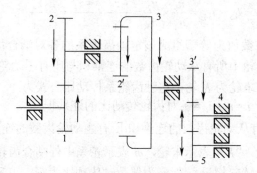

图 2-4-45　定轴齿轮系

解：根据定轴齿轮系传动比公式，并考虑 1 到 5 间有 3 对外啮合，故

$$i = \frac{n_1}{n_5} = (-1)^3 \frac{z_2 z_3 z_5}{z_1 z_2' z_3'}$$

末轮 5 的转速：

$$n_5 = \frac{n_1}{i_{15}} = \frac{100}{-6.75} = -14.8 \ （\text{r/min}）$$

负号表示末轮 5 的转向与 1 首轮相反，顺时针转动。

三、行星齿轮系传动比的计算

（一）单级行星齿轮系传动比的计算

对于行星轮系，其传动比的计算，肯定不能直接用定轴齿轮系传动比的计算公式来计算，这是因为行星轮的轴线在转动。

为了利用定轴齿轮系传动比的计算公式间接计算行星齿轮系的传动比，必须采用转化机构法。即假设给整个齿轮系加上一个与行星架 H 的转速大小相等，转向相反的附加转速 $-n_H$。根据相对性原理，此时整个行星轮系中各构件间的相对运动关系不变。但这时行星轮架转速为 0。即原来运动的行星轮架转化为静止。这样原来的行星齿轮系就转化为一个假想的定轴轮系。这个假想的定轴轮系称原行星轮系的转化机构。对于这个转化机构的传动比，则可以按定轴齿轮系传动比的计算公式进行计算。从而也可以间接求出行星齿轮系的传动比。

转化轮系：给整个机构加上$-n_H$使行星架静止不动 $n_H=0$，各构件之间相对运动关系不变，这个转换轮系是个假想的定轴轮系，如图 2-4-46 所示。

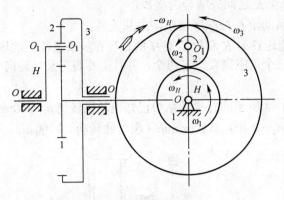

图 2-4-46　转化轮系

行星轮系的组成：

● 太阳轮：齿轮 1、3。

● 行星轮：齿轮 2。

● 行星架：构件 H。

行星轮系的传动比计算，如图 2-4-47 所示。

构件	原转速	相对转速
中心轮 1	n_1	$n_1 = n_1 - n_H$
行星轮 2	n_2	$n_2 = n_2 - n_H$
中心轮 3	n_3	$n_3 = n_3 - n_H$
行星架 H	n_H	$n_H = n_H - n_H = 0$

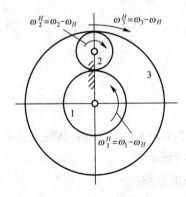

图 2-4-47　定轴轮系

转化轮系为定轴轮系：

$$i_{13}{}^H = \frac{n_1{}^H}{n_3{}^H} = \frac{n_1 - n_H}{n_3 - n_H} = -\frac{z_3}{z_1}$$

"－"表示在转化轮系中齿轮 1、3 转向相反。

一般公式：

$$i_{GK}^H = \frac{n_G^H}{n_K^H} = \frac{n_G - n_H}{n_K - n_H} = (-1)^m \frac{\text{从} G \text{至} K \text{所有从动轮齿数乘积}}{\text{从} G \text{至} K \text{所有主动轮齿数乘积}}$$

式中，m 为齿轮 G 至 K 之间外啮合的次数。

（1）主动轮 G、从动轮 K 按顺序排队，主从关系。

（2）公式只用于齿轮 G、K 和行星架 H 的轴线在一条直线上的场合。

（3）n_G、n_K、n_H 三个量中需要给定两个，并且需要假定某一转向为正，相反方向用负值代入计算。

例 2-4-8 如图 2-4-48 所示的行星轮系中已知电动机转速 $n_1 = 300$r/min（顺时针转动），若 $z_1 = 17$，$z_3 = 85$，求当 $n_3 = 0$ 和 $n_3 = 120$r/min（顺时针转动）时的 n_H。

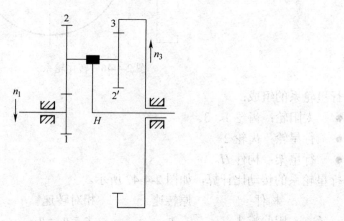

图 2-4-48　行星轮系

解：$\dfrac{n_1 - n_H}{n_3 - n_H} = -\dfrac{z_3}{z_1}$

$$\frac{300 - n_H}{-n_H} = -\frac{85}{17} = -5$$

$$n_H = 50 \text{r/min}$$

$$\frac{300 - n_H}{-120 - n_H} = -\frac{85}{17} = -5$$

$$n_H = -50 \text{r/min}$$

例 2-4-9 行星齿轮系如图 2-4-49 所示，已知各齿轮的齿数分别为 z_a 和 z_b，且齿数 $z_a = z_b$，转速 n_a、n_H 也知道。求 B 轮的转速 n_b。

解：根据相对转动原理可列出方程：

$$i_{ab}^H = \frac{n_a - n_H}{n_b - n_H} = -\frac{z_b}{z_a} = -1$$

$$n_a + n_b = 2n_H \qquad n_b = 2n_H - n_a$$

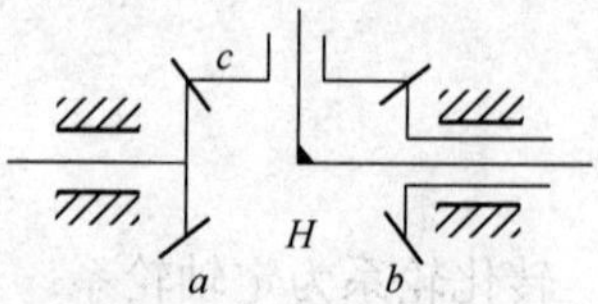

图 2-4-49　行星齿轮系

（二）多级行星齿轮系传动比的计算

多级行星齿轮系传动比是建立在各单级行星齿轮传动比基础上的（如图 2-4-50 所示）。具体方法是：把整个齿轮系分解为几个单级行星齿轮系，然后分别列出各单级行星齿轮系转化机构的传动比计算式，最后再根据相应的关系联立求解。

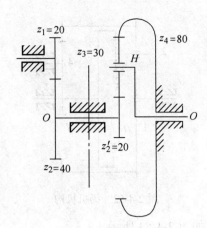

图 2-4-50 多级行星齿轮系

划分单级行星齿轮系的方法如下：

（1）找出行星轮和相应的系杆（行星轮的支架）。

（2）找出和行星齿轮相啮合的太阳轮。

（3）由行星轮、太阳轮、系杆和机架组成的就是单级行星齿轮系。

（4）列出各自独立的转化机构的传动比方程，进行求解。

在多级行星齿轮系中，划分出一个单级行星齿轮系后，其余部分可按上述方法继续划分，直至划分完毕为止。

（三）组合行星齿轮系传动比的计算

在实际应用中，有的轮系既包含定轴轮系又包含行星齿轮系，则形成组合轮系。

计算混合轮系传动比的一般步骤如下：

（1）区别轮系中的定轴轮系部分和行星齿轮系部分。

（2）分别列出定轴轮系部分和行星齿轮系部分的传动比公式，并代入已知数据。

（3）找出定轴轮系部分与行星齿轮系部分之间的运动关系并联立求解，即可求出组合轮系中两轮之间的传动比。

如图 2-4-51 所示的组合行星齿轮系分解为由齿轮 z_1、z_2 组成的定轴轮系 1-2。

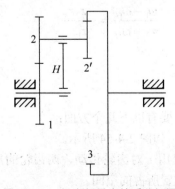

图 2-4-51 组合行星齿轮系分解图

例 2-4-10 如图 2-4-52 所示的扬机机构中，已知各齿轮的齿数为：$z_1 = 24$，$z_2 = 48$，$z_2' = 30$，$z_3 = 90$，$z_3' = 20$，$z_4 = 40$，$z_5 = 100$。求传动比 i_{1H}。若电动机的转速 $n_1 = 1450 r/min$，其卷筒的转速 n_H 为多少？

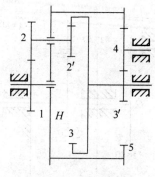

图 2-4-52　扬机机构

解：对齿轮系进行分解，如图 2-4-53 所示。

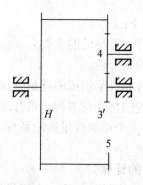

图 2-4-53　扬机机构分解图

（1）定轴轮系 3'-4-5。

（2）行星轮系 1-2-2'-3-H。

（3）由定轴轮系可得：$\dfrac{\omega_{3'}}{\omega_5} = -\dfrac{z_5}{z_{3'}}$

由行星轮系可得：

$$\omega_{3'} = \omega_3 \quad \omega_H = \omega_5$$

$$\frac{\omega_1 - \omega_H}{\omega_3 - \omega_H} = -\frac{z_2 z_3}{z_1 z_{2'}}$$

其余联立方程求解即可。

四、齿轮系的功用

齿轮系的应用十分广泛，主要有以下几个方面：

（1）实现相距较远的传动，如图 2-4-54 所示。

当两轴中心距较大时，若仅用一对齿轮传动，两齿轮的尺寸较大，结构很不紧凑。若改用定轴轮系传动，则缩小传动装置所占的空间。

（2）获得大传动比。

K-H-V 型行星齿轮传动，用很少的齿轮可以达到很大的传动比。

（3）实现变速换向和分路传动。

所谓变速和换向，是指主动轴转速不变时，利用轮系使从动轴获得多种工作速度，并能方便地在传动过程中改变速度的方向，以适应工件条件的变化。

图 2-4-54 较远的齿轮传动

所谓分路传动，是指主动轴转速一定时，利用轮系将主动轴的一种转速同时传到几根从动轴上，获得所需的各种转速。

● 变速。

● 换向：在主动轴转向不变的情况下，利用惰轮可以改变从动轮的转向。

如图 2-4-55 所示为车床上走刀丝杠的三星轮换向机构，扳动手柄可实现两种传动方案。

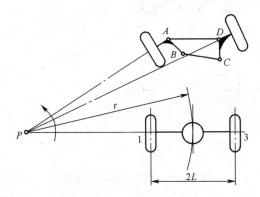

图 2-4-55 三星轮换向机构

（4）运动的合成与分解。

具有两个自由度的行星齿轮系可以用作实现运动的合成和分解。即将两个输入运动合成为一个输出运动，或将一个输入运动分解为两个输出运动。

差动轮系能将两个独立的运动合成为一个运动。在一定的条件下，还可以将一主动件的运动按所需比例分解为另外两个从动件的运动。

图 2-4-56 所示是汽车后桥差速器利用差动轮系分解运动的实例。发动机通过传动轴驱动齿轮 5，齿轮 4 上固联着转臂 H，转臂上装有行星轮 2。在该轮系中，齿轮 1、2、3 和转臂 H（亦即齿轮 4）组成一个差动轮系。当汽车在平坦道路上直线行驶时，两后车轮所滚过的路程相同，故两车轮的转速也相同，即 $n_1 = n_3$。这时的运动由齿轮 5 传给齿轮 4，而齿轮 1、2、3 和 4 如同一个固联的整体随齿轮 4 一起转动，行星轮 2 不绕自身轴线回转。当汽车转弯时，例如左转弯，左轮走的是小圆弧，右轮走的是大圆弧，为使车轮和路面间不发生滑动，以减轻轮胎的磨损，要求右轮比左轮转得快些，即转弯时两轮应具有不同的半径。这时齿轮 1 和齿轮 3

之间便发生相对转动，齿轮 2 除随齿轮 4 绕后车轮轴线公转外，还绕自身轴线自转，即差动轮系开始发挥作用，故有当车身绕瞬时转心 C 转动时，左右两车轮走过的弧长与它们至 C 点的距离成正比，即汽车后桥差速器（牙包）如图 2-4-57 所示。

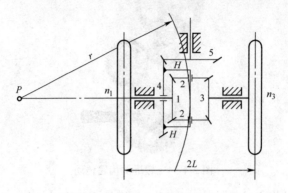

图 2-4-56　汽车后桥差速器

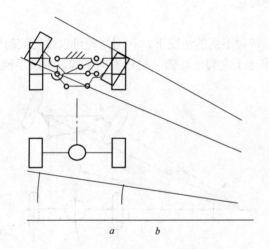

图 2-4-57　汽车后桥差速器简图

汽车直行：$n_b = 2n_H - n_a$

即：$n_a + n_b = 2n_H$

$\because \quad n_a = n_b$

$\therefore \quad n_a = n_b = n_H$

汽车右拐弯：$f = $ 弧长/半径

$$\frac{a}{d_{左}n_a} = \frac{b}{d_{右}n_b}$$

$$n_a / n_b = (r+1)/(r-1)$$

差动轮系广泛应用于飞机、汽车、船舶、农机和起重机以及其他机械的动力传动中。

【任务总结】

本任务介绍了轮系的分类和应用，通过学习要掌握定轴轮系、周转轮系以及混合轮系的传动比的计算方法和转向的确定方法。

学习的重点是轮系的传动比计算和转向的判定。在运用反转法计算周转轮系的传动比时，应十分注意转化轮系传动比计算式中的转向正负号的确定，并区分行星轮系和差动轮系的传动比计算的特点。

混合轮系传动比计算的要点是如何正确划分出各个基本轮系，划分的关键是先找出轮系中的周转轮系部分。

【技能训练】

训练内容：

已知某二级圆柱齿轮减速器，输入功率 $P_1 = 3.8\,kW$，转速 $n_1 = 960 r/min$，各轮齿数 $z_1 = 22$，$z_2 = 77$，$z_3 = 18$，$z_4 = 81$，齿轮传动效率 $\eta_c = 0.97$，每对滚动轴承的效率 $\eta_g = 0.98$。求：

（1）减速器的总传动比 i。

（2）各轴的功率、转速和转矩。

训练目的：

学会区分轮系的类型，掌握轮系和减速器传动的设计计算方法。

训练过程：

本训练主要是设计计算训练，设计过程程见例题。

训练总结：

通过训练，学生应学会利用计算公式设计计算轮系的传动，特别是学会设计的方法和思想。

思考问题：

1. 什么是定轴轮系、周转轮系和差动轮系？

2. 什么是周转轮系的转化轮系？它在计算周转轮系的传动比中起什么作用？

3. 计算复合轮系的传动比时，能否也采用转化轮系法？

项目三 机构平衡与安全计算

在各种机械中，进行机构设计时，要求在受力分析的基础上进行机构的几何组成分析，使各构件按一定的规律组成机构，以确保在载荷的作用下机构的几何形状不发生突变，并充分发挥材料的性能，使设计的结构既安全可靠又经济合理。机构正常工作必须满足强度、刚度和稳定性的要求。

知识要点：

1. 平面构件受力平衡分析。
2. 强度、刚度计算。
3. 受力平衡分析与零件承载能力分析计算。
4. 工程中机构的平衡问题。
5. 实际加工设备的安全计算。

任务一 双柱立车横梁机构平衡与承载能力计算

【任务提出】

双柱立式车床垂直刀架因加工要求，设计规格较大，当垂直刀架在横梁上移动时，受垂直刀架重力影响，往往会引起横梁导轨直线度误差，直接影响加工精度。要保证横梁与立柱结合面对横梁导轨面等高 0.02mm，在横梁的装配中，横梁滑座的合研及斜铁与压板的调试保证接触点 10 点每刮方 25×25mm^2 或接触面积 85%，且结合面 0.04mm 塞尺不入，防止造成"爬行"现象。

【能力目标】

通过受力平衡分析实现零件承载能力计算。

【知识目标】

1. 能实现平面构件受力平衡分析，并掌握其工作原理。
2. 掌握强度、刚度计算方法。
3. 能进行承载能力分析计算。

【任务分析】

一、平面构件受力平衡分析

在图 3-1-1 所示的双柱立车结构简图中，当垂直刀架上下移动和加工过程中，垂直刀架的重量简化为集中载荷 G_d，它使横梁产生扭转变形和弯曲变形，横梁两端支承条件分别简化为简支梁和固定梁。在实际生产中，一般采用以下 3 种方法：

- 刮研导轨以获得所需的形状，它适用于单件、小批生产。
- 加工横梁导轨前进行装夹时，模拟受力条件，使横梁强制变形。加工后，由于装夹预变形的应力释放，横梁弹性恢复成所需的形状，它适用于成批生产。
- 在横梁上安装辅助梁和加载装置，使横梁通过反向的弹性变形，获得所需的形状。此法可采用在工作过程中自动调整或根据导轨磨损情况随时用手动调整。这种方法可使垂直刀架得到较高的运动精度，但结构较复杂，一般用于重型机床。

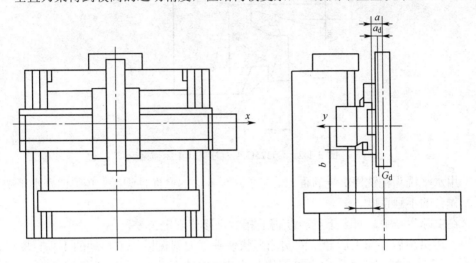

图 3-1-1　双柱立车结构简图

二、确定主要数据

通过对 C 5225C 型双柱立式车床横梁变形的分析，知道其水平面的弹性位移绝大部分由扭转变形引起。因此，只要使横梁上导轨面 d 的形状修正成在 Y 向作正向凸出，导轨面 c 成为相应平行于 d 的凹状曲线；而下导轨面 b 的形状修正成在 Y 向作负向凸出，导轨面 e 成为平行于 b 的凹状曲线，如图 3-1-2 所示。

作用在横梁上的扭矩 M_n 为：

$$M_n = G_d \times y_G$$

式中，y_G 为垂直刀架重心到横梁截面形心的距离，$y_G = y_1 + ad$（cm）。

由横梁的弯曲和扭转变形引起垂直刀架轴线沿 Z 轴坐标的垂直弹性位移量为：

$$f_z = -\frac{G_d(L-x)^2 x^2}{3EI_Y L} - \frac{G_d y_G(L-x)x}{GI_n L} y_p$$

式中，I_Y 为横梁抗弯截面惯性矩（cm⁴），I_N 为横梁极惯性矩（cm⁴），E 为横梁的弹性模量，G_d 为横梁的切变模量，y_p 为主轴轴线至横梁形心的距离，G 为主轴轴线至横梁导轨面的距离（cm），x 为横梁左支承（夹紧点）至计算截面的距离（cm），L 为横梁两夹紧点之间的距离（cm）。

在生产实践中要注意以下 3 点：

- 加工机床的床身精度调到合格以内，并使误差很小，以减少工作台运动精度对预变形的曲线影响。

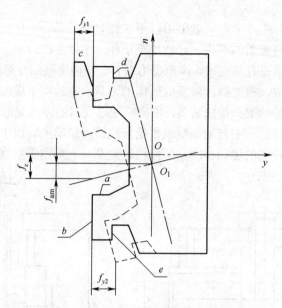

图 3-1-2   C5225C 型双柱立式车床横梁

- 用水平铣头精铣横梁导轨面时，为了减少各面的共面性误差，必须调好水平铣头对工作台的不垂直度。
- 在实际生产中，对上下导轨获得的相对位移值规定公差范围。

采用上述措施后，加工后导轨的实测形状使垂直刀架在横梁上移动的不垂直度误差减至 0.01mm/m；垂直刀架在移动方向上对工作台移动方向的不垂直度误差减至 0.01/500 以下，满足了双柱立式车床的精度要求。

【知识链接】

一、刚体静力学基础

（一）刚体的概念

工程实际中的许多物体，在力的作用下，它们的变形一般很微小，对平衡问题影响也很小，为了简化分析，我们把物体视为刚体。所谓刚体，是指在任何外力的作用下，物体的大小和形状始终保持不变的物体。静力学的研究对象仅限于刚体，所以又称之为刚体静力学。

（二）力的概念

力的概念是人们在长期的生产劳动和生活实践中逐步形成的，通过归纳、概括和科学的抽象而建立的。力是物体之间相互的机械作用，这种作用使物体的机械运动状态发生改变，或使物体产生变形。力使物体的运动状态发生改变的效应称为外效应，而使物体发生变形的效应称为内效应。刚体只考虑外效应；变形固体还要研究内效应。经验表明力对物体作用的效应完全决定于以下力的三要素：

- 力的大小：是物体相互作用的强弱程度。在国际单位制中，力的单位用牛顿（N）或千牛顿（kN），$1kN=10^3N$。
- 力的方向：包含力的方位和指向两方面的含义。如重力的方向是"竖直向下"。"竖直"是力作用线的方位，"向下"是力的指向。
- 力的作用位置：是指物体上承受力的部位。一般来说是一块面积或体积，称为分布力；

　　而有些分布力分布的面积很小，可以近似看作一个点时，这样的力称为集中力。

　　如果改变了力的三要素中的任一要素，也就改变了力对物体的作用效应。

　　既然力是有大小和方向的量，所以力是矢量，可以用一带箭头的线段来表示，如图 3-1-3 所示，线段 AB 长度按一定的比例尺表示力 F 的大小，线段的方位和箭头的指向表示力的方向。线段的起点 A 或终点 B 表示力的作用点。线段 AB 的延长线（图中虚线）表示力的作用线。

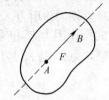

图 3-1-3　力的作用位置

　　一般来说，作用在刚体上的力不止一个，我们把作用于物体上的一群力称为力系。如果作用于物体上的某一力系可以用另一力系来代替，而不改变原有的状态，这两个力系互称等效力系。如果一个力与一个力系等效，则称此力为该力系的合力，这个过程称为力的合成；而力系中的各个力称为此合力的分力，将合力代换成分力的过程称为力的分解。在研究力学问题时，为方便地显示各种力对物体作用的总体效应，用一个简单的等效力系（或一个力）代替一个复杂力系的过程称为力系的简化。力系的简化是刚体静力学的基本问题之一。

二、静力学公理

　　公理一：二力平衡公理

　　作用于同一刚体上的两个力成平衡的必要与充分条件是：力的大小相等，方向相反，作用在同一直线上。

　　公理二：加减平衡力系公理

　　在作用于刚体的任意力系中，加上或减去平衡力系，并不改变原力系对刚体的作用效应。

　　公理三：力的平行四边形法则

　　作用于物体上同一点的两个力可以合成为作用于该点的一个合力，它的大小和方向由以这两个力的矢量为邻边所构成的平行四边形的对角线来表示。

　　公理四：作用与反作用公理

　　两个物体间的相互作用力总是同时存在，它们的大小相等，指向相反，并沿同一直线分别作用在这两个物体上。

　　公理五：刚化原理

　　变形体在已知力系作用下平衡时，若将此变形体视为刚体（刚化），则其平衡状态不变。

三、物体的受力分析与受力图

　　静力学问题大多是受一定约束的非自由刚体的平衡问题，解决此类问题的关键是找出主动力与约束反力之间的关系。因此，必须对物体的受力情况作全面的分析，即物体的受力分析，它是力学计算的前提和关键。物体的受力分析包含两个步骤：一是把该物体从与它相联系的周围物体中分离出来，解除全部约束，单独画出该物体的图形，称为取分离体；二是在分离体上画出全部主动力和约束反力，这称为画受力图。

　　下面举例说明物体受力分析的方法。

　　例 3-1-1　起吊架由杆件 AB 和 CD 组成，起吊重物的重量为 Q。不计杆件自重，作杆件 AB 的受力图。

　　解：取杆件 AB 为分离体，画出其分离体图。

　　杆件 AB 上没有载荷，只有约束反力。A 端为固定铰支座。约束反力用两个垂直分力 X_A

和 Y_A 表示，二者的指向是假定的。D 点用铰链与 CD 连接，因为 CD 为二力杆，所以铰 D 反力的作用线沿 C、D 两点连线，以 F_D 表示。图中 F_D 的指向也是假定的。B 点与绳索连接，绳索作用给 B 点的约束反力 F_T 沿绳索背离杆件 AB。图 3-1-4（b）为杆件 AB 的受力图。应该注意，图（b）中的力 F_T 不是起吊重物的重力 F_G。力 F_T 是绳索对杆件 AB 的作用力，力 F_G 是地球对重物的作用力。这两个力的施力物体和受力物体是完全不同的。在绳索和重物上作用有力 F_T 的反作用力 F_T' 和重力 F_G。由二力平衡条件，力 F_T' 与力 F_G 是反向、等值的；由作用反作用定律，力 F_T 与力 F_T' 是反向、等值的，所以力 F_T 与力 F_G 大小相等，方向相同。

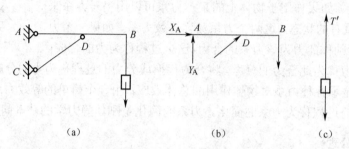

图 3-1-4　杆件 AB 的受力图

例 3-1-2　水平梁 AB 用斜杆 CD 支撑，A、C、D 三处均为光滑铰链连接，如图 3-1-5 所示。梁上放置一重为 F_{G1} 的电动机。已知梁重为 F_{G2}，不计杆 CD 自重，试分别画出杆 CD 和梁 AB 的受力图。

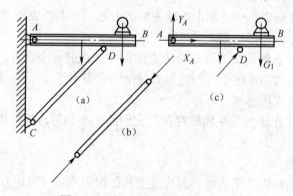

图 3-1-5　杆 CD 和梁 AB 的受力图

解：（1）取 CD 为研究对象。由于斜杆 CD 自重不计，只在杆的两端分别受有铰链的约束反力 F_C 和 F_D 的作用，由此判断 CD 杆为二力杆。根据公理一，F_C 和 F_D 两力大小相等，沿铰链中心连线 CD 方向且指向相反。斜杆 CD 的受力图如图 3-1-5（b）所示。

（2）取梁 AB（包括电动机）为研究对象。它受 F_{G1}、F_{G2} 两个主动力的作用；梁在铰链 D 处受二力杆 CD 给它的约束反力 F_D' 的作用，根据公理四，$F_D' = -F_D$；梁在 A 处受固定铰支座的约束反力，由于方向未知，可用两个大小未知的正交分力 X_A 和 Y_A 表示。梁 AB 的受力图如图 3-1-5（c）所示。

例 3-1-3　简支梁两端分别为固定铰支座和可动铰支座，在 C 处作用一集中载荷 F_P（如图 3-1-6 所示），梁重不计，试画梁 AB 的受力图。

解：取梁 AB 为研究对象。作用于梁上的力有集中载荷 F_P、可动铰支座 B 的反力 F_B，铅垂向上，固定铰支座 A 的反力用过点 A 的两个正交分力 X_A 和 Y_A 表示。受力图如图 3-1-6（b）所示。由于此梁受三个力作用而平衡，故可确定 F_A 的方向。用点 D 表示力 F_P 和 F_B 的作用线交点。F_A 的作用线必过交点 D，如图 3-1-6（c）所示。

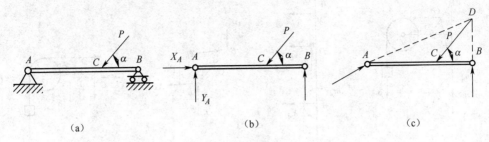

（a）　　　　　　　　　　（b）　　　　　　　　　　（c）

图 3-1-6　梁 AB 的受力图

例 3-1-4　三铰拱桥由左右两拱铰接而成，如图 3-1-7（a）所示。设各拱自重不计，在拱 AC 上作用载荷 F。试分别画出拱 AC 和 CB 的受力图。

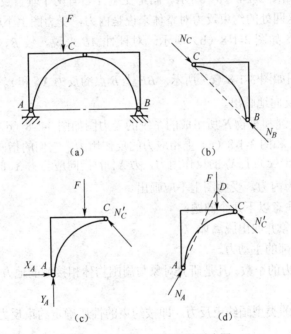

图 3-1-7　拱 AC 和 CB 的受力图

解：（1）取拱 CB 为研究对象。由于拱自重不计，且只在 B、C 处受到铰约束，因此 CB 为二力构件。在铰链中心 B、C 分别受到 F_B 和 F_C 的作用，且 $F_B = -F_C$。拱 CB 的受力图如图 3-1-7（b）所示。

（2）取拱 AC 连同销钉 C 为研究对象。由于自重不计，主动力只有载荷 F；点 C 受拱 CB 施加的约束力 F'_C，且 $F'_C = -F_C$；点 A 处的约束反力可分解为 X_A 和 Y_A。拱 AC 的受力图如图 3-1-7（c）所示。

又拱 AC 在 F、F'_C 和 F_A 三力作用下平衡，根据三力平衡汇交定理，可确定出铰链 A 处约束反力 F_A 的方向。点 D 为力 F 与 F'_C 的交点，当拱 AC 平衡时，F_A 的作用线必通过点 D，如图 3-1-7（d）所示，F_A 的指向可先作假设，以后由平衡条件确定。

例 3-1-5 图 3-1-8 所示的系统中，物体 F 重 F_G，其他和构件不计自重。作：（1）整体；（2）AB 杆；（3）BE 杆；（4）杆 CD、轮 C、绳及重物 F 所组成的系统的受力图。

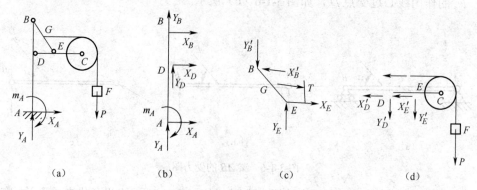

图 3-1-8 系统的受力图

解：整体受力图如图 3-1-8（a）所示。固定支座 A 自有两个垂直反力和一个约束反力偶。铰 C、D、E 和 G 点这四处的约束反力对整体来说是内力，受力图上不应画出。

杆件 AB 的受力图如图 3-1-8（b）所示。对杆件 AB 来说，铰 B、D 的反力是外力，应画出。

杆件 BE 的受力图如图 3-1-8（c）所示。BE 上 B 点的反力 X'_B 和 Y'_B 是 AB 上 X_B 和 Y_B 的反作用力，必须等值、反向地画出。

杆件 CD、轮 C、绳和重物 F 所组成的系统的受力图如图 3-1-8（d）所示。其上的约束反力分别是图 3-1-8（b）和图 3-1-8（c）上相应力的反作用力，它们的指向分别与相应力的指向相反。如 X'_E 是图 3-1-8（c）上 X_E 的反作用力，力 X'_E 的指向应与力 X_E 的指向相反，不能再随意假定。铰 C 的反力为内力，受力图上不应画出。

在画受力图时应注意以下几个问题：

（1）明确研究对象并取出脱离体。

（2）要先画出全部的主动力。

（3）明确约束反力的个数。凡是研究对象与周围物体相接触的地方，都一定有约束反力，不可随意增加或减少。

（4）要根据约束的类型画约束反力。即按约束的性质确定约束反力的作用位置和方向，不能主观臆断。

（5）二力杆要优先分析。

（6）对物体系统进行分析时注意同一力在不同受力图上的画法要完全一致；在分析两个相互作用的力时，应遵循作用和反作用关系，作用力方向一经确定，则反作用力必与之相反，不可再假设指向。

（7）内力不必画出。

四、平面汇交力系

根据力系中各力作用线的位置，力系可分为平面力系和空间力系。各力的作用线都在同一平面内的力系称为平面力系。在平面力系中又可以分为平面汇交力系、平面平行力系、平面力偶系和平面一般力系。在平面力系中，各力作用线汇交于一点的力系称为平面汇交力系。

（一）平面汇交力系合成的几何法

设在某刚体上作用有由力 F_1、F_2、F_3、F_4 组成的平面汇交力系，各力的作用线交于点 A，如图 3-1-9 所示。由力的可传性，将力的作用线移至汇交点 A；然后由力的合成三角形法则将各力依次合成，即从任意点 a 作矢量 ab 代表力矢 F_1，在其末端 b 作矢量 bc 代表力矢 F_2，则虚线 ac 表示力矢 F_1 和 F_2 的合力矢 F_{R1}；再从点 c 作矢量 ad 代表力矢 F_3，则 ad 表示 F_R 和 F_3 的合力 F_{R2}；最后从点 d 作 de 代表力矢 F_4，则 ae 代表力矢 F_{R2} 与 F_4 的合力矢，亦即力 F_1、F_2、F_3、F_4 的合力矢 F_R，其大小和方向如图 3-1-9（b）所示，其作用线通过汇交点 A。

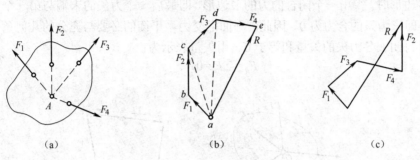

图 3-1-9　平面汇交力系合成

作图 3-1-9（b）时，虚线 ac 和 ad 不必画出，只需把各力矢首尾相连，得折线 $abcd$，则第一个力矢 F_1 的起点 a 向最后一个力矢 F_4 的终点 e 作 ae，即得合力矢 F_R。各分力矢与合力矢构成的多边形称为力的多边形，表示合力矢的边 ae 称为力的多边形的逆封边。这种求合力的方法称为力的多边形法则。

若改变各力矢的作图顺序，所得的力的多边形的形状则不同，但是这并不影响最后所得的逆封边的大小和方向。但应注意，各分力矢必须首尾相连，而环绕力多边形周边的同一方向，而合力矢则把向封闭力多边形。

上述方法可以推广到由 n 个力 F_1、F_2、$\cdots$、F_n 组成的平面汇交力系：平面汇交力系合成的结果是一个合力，合力的作用线过力系的汇交点，合力等于原力系中所有各力的矢量和。

可用矢量式表示为：

$$F_R = F_1 + F_2 + \cdots + F_n = \Sigma F$$

例 3-1-6　同一平面的三根钢索边连结在一固定环上，如图 3-1-10 所示，已知三钢索的拉力分别为：$F_1 = 500\text{N}$，$F_2 = 1000\text{N}$，$F_3 = 2000\text{N}$。试用几何作图法求三根钢索在环上作用的合力。

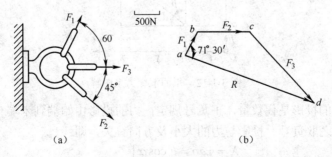

图 3-1-10　三钢索的拉力

解：定力的比例尺，如图 3-1-10 所示，作力多边形，先将各分力乘以比例尺得到各力的长度，然后作出力多边形（如图 3-1-10（b）所示），量得代表合力矢的长度为 5.4，则 *FR* 的实际值为：

$$F_R = 2700\text{N}$$

F_R 的方向可由力的多边形图直接量出，F_R 与 F_1 的夹角为 71°31'。

（二）平面汇交力系平衡的几何条件

在图 3-1-11（a）中，平面汇交力系合成为一合力，即与原力系等效。若在该力系中再加一个等值、反向、共线的力，根据二力平衡公理知物体处于平衡状态，即为平衡力系。对该力系作力的多边形时，得出一个闭合的力的多边形，即最后一个力矢的末端与第一个力矢的始端相重合，亦即该力系的合力为 0。因此，平面汇交力系平衡的必要与充分的几何条件是：力的多边形自行封闭或各力矢的矢量和等于 0。用矢量表示为：

$$F_R = \Sigma F = 0$$

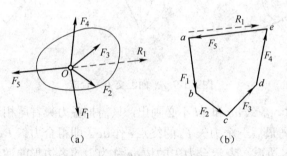

（a）　　　　　　（b）

图 3-1-11　平面汇交力系的合成

（三）平面汇交力系合成与平衡的解析法

求解平面汇交力系问题的几何法具有直观简捷的优点，但是作图时的误差难以避免。因此，工程中多用解析法来求解力的合成和平衡问题。解析法是以力在坐标轴上的投影为基础的。

如图 3-1-12 所示，设力 F 作用于刚体上的 A 点，在力作用的平面内建立坐标系 oxy，由力 F 的起点和终点分别向 x 轴作垂线，得垂足 a_1 和 b_1，则线段 a_1b_1 冠以相应的正负号称为力 F 在 x 轴上的投影，用 X 表示，即 $X = \pm a_1b_1$；同理，力 F 在 y 轴上的投影用 Y 表示，即 $Y = \pm a_2b_2$。

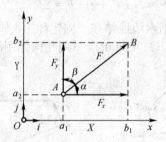

图 3-1-12　平面汇交力系图解

力在坐标轴上的投影是代数量，正负号规定：力的投影由始端到末端与坐标轴正向一致，其投影取正号，反之取负号。投影与力的大小及方向有关，即：

$$\left. \begin{array}{l} X = \pm ab = F\cos\alpha \\ Y = \pm ab = F\cos\beta \end{array} \right\}$$

式中 α、β 分别为 F 与 x、y 轴正向所夹的锐角。

反之，若已知力 F 在坐标轴上的投影 X、Y，则该力的大小及方向余弦为：

$$\left.\begin{array}{l} F = \sqrt{X^2 + Y^2} \\ \cos\alpha = \dfrac{X}{F} \end{array}\right\}$$

应当注意，力的投影和力的分量是两个不同的概念。投影是代数量，而分力是矢量；投影无所谓作用点，而分力作用点必须作用在原力的作用点上。另外仅在直角坐标系中，在坐标上的投影的绝对值和力沿该轴的分量的大小相等。

合力投影定理：设一平面汇交力系由 F_1、F_2、F_3 和 F_4 作用于刚体上，其力的多边形 $abcde$ 如图 3-1-13 所示，封闭边 ae 表示该力系的合力矢 F_R，在力的多边形所在平面内取一坐标系 oxy，将所有的力矢都投影到 x 轴和 y 轴上，得：

$$X = a_1e_1, \quad X_1 = a_1b_1, \quad X_2 = b_1c_1, \quad X_3 = c_1d_1, \quad X_4 = d_1e_1$$

由图 3-1-13 可知：

$$a_1e_1 = a_1d_1 + b_1c_1 + c_1d_1 + d_1e_1$$

即：

$$X = X_1 + X_2 + X_3 + X_4$$

同理：

$$Y = Y_1 + Y_2 + Y_3 + Y_4$$

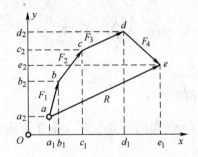

图 3-1-13 平面汇交力系坐标系

将上述关系式推广到任意平面汇交力系的情形，得：

$$\left.\begin{array}{l} X = X_1 + X_2 + \cdots + Xn = \Sigma X \\ Y = Y_1 + Y_2 + \cdots + Yn = \Sigma Y \end{array}\right\}$$

即合力在任一轴上的投影等于各分力在同一轴上投影的代数和，这就是合力投影定理。

用解析法求平面汇交力系的合成时首先在其所在的平面内选定坐标系 oxy。求出力系中各力在 x 轴和 y 轴上的投影，由合力投影定理得：

$$\left.\begin{array}{l} F_R = \sqrt{X^2 + Y^2} = \sqrt{(\Sigma X)^2 + (\Sigma Y)^2} \\ \cos\alpha = \left|\dfrac{X}{F_R}\right| = \left|\dfrac{\Sigma X}{F_R}\right| \end{array}\right\}$$

其中 α 是合力 F_R 分别与 x、y 轴正向所夹的锐角。

例 3-1-7 如图 3-1-14 所示，固定圆环作用有四根绳索，其拉力分别为 $F_1 = 0.2\text{kN}$，$F_2 = 0.3\text{kN}$，$F_3 = 0.5\text{kN}$，$F_4 = 0.4\text{kN}$，它们与轴的夹角分别为 $\alpha_1 = 30°$，$\alpha_2 = 45°$，$\alpha_3 = 0$，$\alpha_4 = 60°$。试求它们的合力的大小和方向。

解：建立如图 3-1-14 所示的直角坐标系。根据合力投影定理，有：

$$X = \Sigma X = X_1 + X_2 + X_3 + X_4 = F_1\cos\alpha_1 + F_2\cos\alpha_2 + F_3\cos\alpha_3 + F_4\cos\alpha_4 = 1.085\text{kN}$$

$$Y = \Sigma Y = Y_1 + Y_2 + Y_3 + Y_4 = F_1 \cos \alpha_1 + F_2 \cos \alpha_2 + F_3 \cos \alpha_3 - F_4 \cos \alpha_4 = -0.234\text{kN}$$

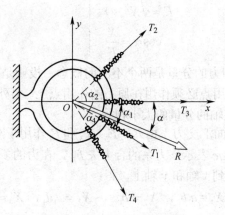

图 3-1-14　受力直角坐标系

由 ΣX、ΣY 的代数值可知，x 沿 x 轴的正向，y 沿 y 轴的负向。得合力的大小为：

$$F_R = \sqrt{(\Sigma X)^2 + (\Sigma Y)^2} = 1.11\text{kN}$$

方向为：

$$\cos \alpha = \left| \frac{\Sigma X}{F_R} \right| = 0.977$$

解得 $\alpha = 12°12'$。

四、平面汇交力系平衡的解析条件

我们已经知道平面汇交力系平衡的必要与充分条件是其合力等于 0，即 $F_R = 0$。要使 $F_R = 0$，必须有：

$$\Sigma X = 0 ; \quad \Sigma Y = 0$$

上式表明，平面汇交力系平衡的必要与充分条件是：力系中各力在力系所在平面内两个相交轴上投影的代数和同时为 0。上式称为平面汇交力系的平衡方程。

上式是由两个独立的平衡方程组成的，因此用平面汇交力系的平衡方程只能求解两个未知量。

例 3-1-8　重量为 G 的重物，放置在倾角为 α 的光滑斜面上（如图 3-1-15 所示），试求保持重物成平衡时需要沿斜面方向所加的力 F 和重物对斜面的压力 F_N。

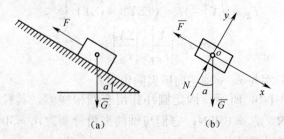

图 3-1-15　受力简图

解：以重物为研究对象。重物受到重力 G、拉力 F 和斜面对重物的作用力 F_N，其受力图如图 3-1-15（b）所示。取坐标系 oxy，列平衡方程：

$$\Sigma X = 0 \quad G\sin\alpha - F = 0$$
$$\Sigma Y = 0 \quad -G\cos\alpha + F_N = 0$$

解得

$$F = G\sin\alpha \quad F_N = G\cos\alpha$$

则重物对斜面的压力 $F_N' = G\cos\alpha$。

例 3-1-9　重 $G = 20\text{kN}$ 的物体被绞车匀速吊起，绞车的绳子绕过光滑的定滑轮 A（如图 3-1-16（a）所示），滑轮由不计重量的杆 AB、AC 支撑，A、B、C 三点均为光滑铰链。试求 AB、AC 所受的力。

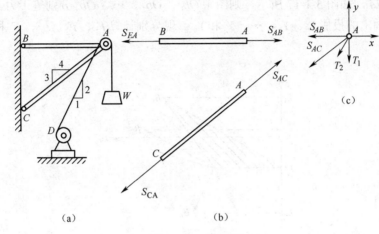

图 3-1-16　受力图

解：杆 AB 和 AC 都是二力杆，其受力如图 3-1-16（b）所示。假设两杆都受拉。取滑轮连同销钉 A 为研究对象。重物 G 通过绳索直接加在滑轮的一边。在其匀速上升时，拉力 $F_{T1} = G$，而绳索又在滑轮的另一边施加同样大小的拉力，即 $F_{T1} = F_{T2}$。受力图如图 3-1-16（c）所示，取坐标系 Axy。

列平衡方程：

由

$$\Sigma X = 0 \quad -F_{AC}\frac{3}{\sqrt{4^2+3^2}} - F_{T2}\frac{2}{\sqrt{1^2+2^2}} - F_{T1} = 0$$

解得

$$F_{AC} = -63.2\text{kN}$$

由

$$\Sigma Y = 0 \quad -F_{AB} - F_{AC}\frac{4}{\sqrt{4^2+3^2}} - F_{T2}\frac{1}{\sqrt{1^2+2^2}} = 0$$

解得

$$F_{AB} = 41.6\text{kN}$$

力 F_{AC} 是负值，表示该力的假设方向与实际方向相反，因此杆 AC 是受压杆。

通过以上分析和求解过程可以看出，在求解平衡问题时，要恰当地选取脱离体，恰当地选取坐标轴，以最简捷、合理的途径完成求解工作。尽量避免求解联立方程，以提高计算的工作效率。这些都是求解平衡问题所必须注意的。

五、力矩与力偶

（一）力矩

力不仅可以改变物体的移动状态，而且还能改变物体的转动状态。力使物体绕某点转动的力学效应称为力对该点之矩。通常规定：力使物体绕矩心逆时针方向转动时，力矩为正，反之为负。

力对点之矩，不仅取决于力的大小，还与矩心的位置有关。力矩随矩心的位置变化而变化。

力对任一点之矩，不因该力的作用点沿其作用线移动而改变，再次说明力是滑移矢量。

力的大小等于零或其作用线通过矩心时，力矩等于零。

合力矩定理：平面汇交力系的合力对其平面内任一点的矩等于所有各分力对同一点之矩的代数和。

证明：设刚体上的 A 点作用着一平面汇交力系。在力系所在平面内任选一点 O，过 O 作 Oy 轴，且垂直于 OA，如图 3-1-17 所示。则图中 Ob_1、Ob_2、$\cdots$、Ob_n 分别等于力 F_1、F_2、$\cdots$、F_n 和 F_R 在 Oy 轴上的投影 Y_1、Y_2、$\cdots$、Y_n 和 Y_R。现分别计算 F_1、F_2、$\cdots$、F_n 和 F_R 各分力对点 O 的力矩。

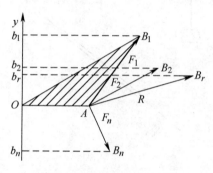

图 3-1-17　平面汇交力系

由图可以看出：

$$\left.\begin{array}{l} m_O(F_1) = Ob_1 OA = Y_1 OA \\ m_O(F_2) = Ob_2 OA = Y_2 OA \\ \vdots \\ m_O(F_n) = Ob_n OA = Y_n OA \\ m_O(F_R) = Ob_r OA = Y_R OA \end{array}\right\}$$

根据合力投影定理：

$$Y_R = Y_1 + Y_2 + \cdots + Y_n$$

两端乘以 OA 得：

$$Y_R\, OA = Y_1\, OA + Y_2\, OA + \cdots + Y_n\, OA$$
$$m_O(F_R) = m_O(F_1) + m_O(F_2) + \cdots + m_O(F_n)$$

即

$$m_O(F_R) = \Sigma m_O(F)$$

上式称为合力矩定理。合力矩定理建立了合力对点之矩与分力对同一点之矩的关系。这个定理也适用于有合力的其他力系。

（二）力偶

在日常生活和工程实际中经常见到物体受到两个大小相等、方向相反，但不在同一直线上的两个平行力作用的情况。例如，司机转动驾驶汽车时两手作用在方向盘上的力（如图 3-1-18（a）所示）、工人用丝锥攻螺纹时两手加在扳手上的力（如图 3-1-18（b）所示），以及用两个手指拧动水龙头（如图 3-1-18（c）所示）所加的力等。在力学中把这样一对等值、反向而不共线的平行力称为力偶，用符号(F,F')表示。两个力作用线之间的垂直距离称为力偶臂，两个力作用线所决定的平面称为力偶的作用面。

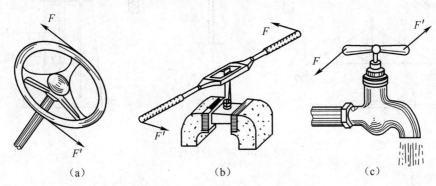

(a)　　　　　　　(b)　　　　　　　(c)

图 3-1-18　日常生活中的物体受力图

力偶不能简化为一个力，即力偶不能用一个力等效替代。因此力偶不能与一个力平衡，力偶只能与力偶平衡。力偶对其作用面内任一点的矩恒等于力偶矩，与矩心位置无关。在同一平面内的两个力偶，只要两力偶代数值相等，则这两个力偶相等。力偶可在其作用面内任意移动和转动，而不会改变它对物体的效应。只要保持力偶矩不变，可同时改变力偶中力的大小和力偶臂的长度，而不会改变它对物体的作用效应。平面力偶系可以合成为一合力偶，此合力偶的力偶矩等于力偶系中各力偶的力偶矩的代数和。平面力偶系平衡的必要与充分条件是：平面力偶系中所有各力偶的力偶矩的代数和等于 0，即 $\Sigma_m = 0$。

六、力的平移定理

刚体上的力可以平行移动到刚体上的任意一指定点，但必须同时在该力与指定点所决定的平面内附加一力偶，其力偶矩等于原力对指定点之矩。力可以沿其作用线滑移到刚体上任意一点作用，而不改变力对刚体的作用效应。但当力平行于原来的作用线移动到刚体上任意一点时，力对刚体的作用效应便会改变，可以将一个力分解为一个力和一个力偶；反过来，也可以将同一平面内的一个力和一个力偶合成为一个力。应该注意，力的平移定理只适用于刚体，而不适用于变形体，并且只能在同一刚体上平行移动。

七、材料力学基础

（一）杆件的内力分析

在进行结构设计时，为保证结构安全正常工作，要求各构件必须具有足够的强度和刚度。解决构件的强度和刚度问题，首先需要确定危险截面的内力。内力计算是结构设计的基础。杆件在外力的作用下的变形可分为四种基本变形及其组合变形：

（1）轴向拉伸与压缩（如图 3-1-19 所示）。

受力特点：杆件受到与杆件轴线重合的外力的作用。

变形特点：杆沿轴线方向伸长或缩短。

产生轴向拉伸与压缩变形的杆件称为拉压杆。

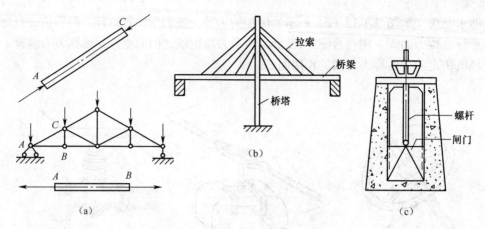

图 3-1-19　轴向拉伸与压缩

（2）剪切。

受力特点：杆件受到垂直杆件轴线方向的一组等值、反向、作用线相距极近的平行力的作用。

变形特点：二力之间的横截面产生相对的错动。

产生剪切变形的杆件通常为拉压杆的连接件，如图 3-1-20 所示。

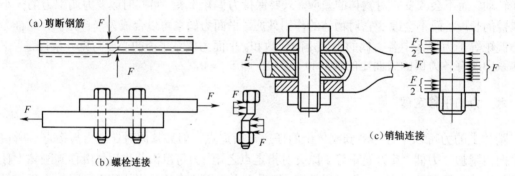

图 3-1-20　剪切变形

（3）扭转。

受力特点：杆件受到作用面垂直于杆轴线的力偶的作用。

变形特点：相邻横截面绕杆轴产生相对旋转变形。

产生扭转变形的杆件多为传动轴，房屋的雨篷梁也有扭转变形，如图 3-1-21 所示。

（4）平面弯曲。

受力特点：杆件受到垂直于杆件轴线方向的外力或在杆轴线所在平面内作用的外力偶的作用。

变形特点：杆轴线由直变弯。

各种以弯曲为主要变形的杆件称为梁，如图 3-1-22 所示。

（二）截面法求内力

由外力作用而引起的受力构件内部质点之间相互作用力的改变量成为附加内力，简称内力。在截面处用一假想截面将构件一分为二并弃去其中一部分。将弃去部分对保留部分的作用以力的形式表示，此即该截面上的内力。

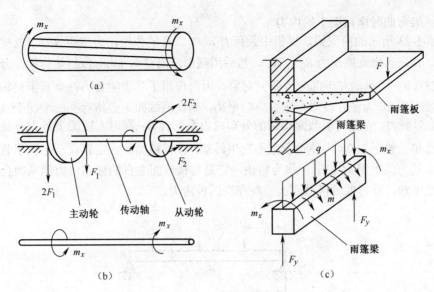

图 3-1-21 扭转变形

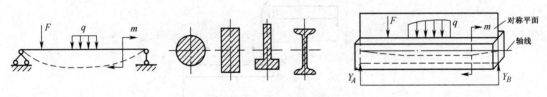

图 3-1-22 弯曲变形

根据力系的平衡方程：

$$\Sigma F_X = 0 \quad \Sigma F_Y = 0 \quad \Sigma F_Z = 0$$
$$\Sigma m_X = 0 \quad \Sigma m_y = 0 \quad \Sigma m_z = 0$$

可求出各内力分量，用截面法研究保留部分的平衡时，各内力分量相当于平衡体上的外力。

截面法求内力的步骤可以归纳为：

（1）截开：在欲求内力截面处用一假想截面将构件一分为二。

（2）代替：弃去任一部分，并将弃去部分对保留部分的作用以相应的内力代替（即显示内力）。

（3）平衡：根据保留部分的平衡条件确定截面内力值。

（三）轴向拉（压）杆件横截面上的内力

轴力 N 方向与截面外法线方向相同为正，即为拉力；相反为负，即为压力。任一截面上的轴力的数值等于对应截面一侧所有外力的代数和，且当外力的方向使截面受拉时为正，受压时为负，即：

$$N = \Sigma P$$

（四）受扭杆件横截面上的内力

杆件受到外力偶矩作用而发生扭转变形时，在杆的横截面上产生的内力称为扭矩。任一截面上的扭矩值等于对应截面一侧所有外力偶矩的代数和，且外力偶矩应用右手螺旋定则背离该截面时为正，反之为负，即

$$T = \Sigma m$$

（五）梁弯曲时横截面上的内力

如图 3-1-23 所示的简支梁，受集中载荷 P_1、P_2、P_3 的作用，为求距 A 端 x 处横截面 m-m 上的内力，首先求出支座反力 R_A、R_B，然后用截面法沿截面 m-m 假想地将梁一分为二，取如图 3-1-23（b）所示的左半部分为研究对象。因为作用于其上的各力在垂直于梁轴方向的投影之和一般不为 0，为使左段梁在垂直方向平衡，则在横截面上必然存在一个切于该横截面的合力 Q，称为剪力。它是与横截面相切的分布内力系的合力；同时左段梁上各力对截面形心 O 之矩的代数和一般不为 0，为使该段梁不发生转动，在横截面上一定存在一个位于载荷平面内的内力偶，其力偶矩用 M 表示，称为弯矩。它是与横截面垂直的分布内力偶系的合力偶的力偶矩。由此可知，梁弯曲时横截面上一般存在两种内力。

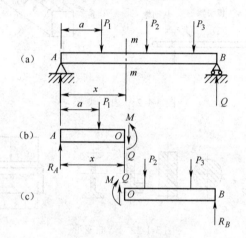

图 3-1-23   简支梁

由 $\qquad\qquad \Sigma Y = 0 \qquad R_A - P_1 - Q = 0$

解得 $\qquad\qquad Q = R_A - P_1$

由 $\qquad\qquad \Sigma m_o = 0 \qquad -R_A x + P_1(x-a) + m = 0$

解得 $\qquad\qquad m = R_A x - P_1(x-a)$

剪力与弯矩的符号规定：

剪力符号：当截面上的剪力使分离体作顺时针方向转动时为正，反之为负。

弯矩符号：当截面上的弯矩使分离体上部受压、下部受拉时为正，反之为负。

例 3-1-10   试求图 3-1-24（a）所示外伸梁指定截面的剪力和弯矩。

解：求梁的支座反力。

如图 3-1-24（b）所示：

由 $\qquad\qquad \Sigma m_B = 0 \qquad -R_C a - P \times 2a - + m_A = 0$

解得 $\qquad\qquad R_C = 3P$

由 $\qquad\qquad \Sigma Y = 0 \qquad R_C - R_B - P = 0$

解得 $\qquad\qquad R_B = 2P$

如图 3-1-24（c）所示：

由 $\qquad\qquad \Sigma Y = 0 \qquad -Q_1 - R_B = 0$

解得 $\qquad\qquad Q_1 = -2P$

由 $\qquad\qquad \Sigma m_{O1} = 0 \qquad M_1 + R_B(1.3a - a) - m_A = 0$

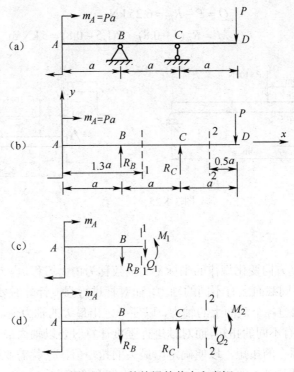

图 3-1-24 外伸梁的剪力和弯矩

解得
$$M_1 = -R_B(1.3a - a) + m_A = 0.4Pa$$

如图 3-1-24（d）所示：

由
$$\Sigma Y = 0 \quad R_C - Q_2 - R_B = 0$$

解得
$$Q_2 = P$$

由
$$\Sigma m_{O2} = 0 \quad M_2 + R_B(2.5a - a) - R_C \times 0.5a = 0$$

解得
$$M_2 = -R_B(2.5a - a) + m_A + R_C \times 0.5a = -0.5Pa$$

由上述剪力及弯矩的计算过程推得：任一截面上的剪力的数值等于对应截面一侧所有外力在垂直于梁轴线方向上的投影的代数和，且当外力对截面形心之矩为顺时针转向时外力的投影取正，反之取负；任一截面上弯矩的数值等于对应截面一侧所有外力对该截面形心的矩的代数和，若取左侧，则当外力对截面形心之矩为顺时针转向时取正，反之取负；若取右侧，则当外力对截面形心之矩为逆时针转向时取正，反之取负，即：
$$Q = \Sigma P, \quad M = \Sigma m$$

例 3-1-11 如图 3-1-25 所示的简支梁，在点 C 处作用一集中力 $P=10\text{kN}$，求截面 $n\text{-}n$ 上的剪力和弯矩。

解：求梁的支座反力。

由
$$\Sigma m_A = 0 \quad 4R_B - 1.5P = 0$$

解得
$$R_B = 3.75 \text{ kN}$$

由
$$\Sigma Y = 0 \quad R_A + R_B - P = 0$$

解得
$$R_A = 6.25 \text{ kN}$$

取左段
$$Q = R_A = 6.25 \text{ kN}$$
$$M = R_A \times 0.8 = 5 \text{ kN·m}$$

取右段
$$Q = P - R_B = 6.25 \text{ kN}$$
$$M = R_B(4 - 0.8) - P(1.5 - 0.8) = 5 \text{ kN·m}$$

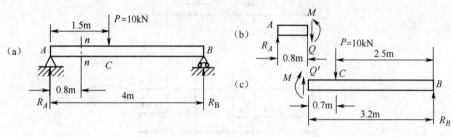

图 3-1-25　简支梁

八、内力图

描述内力沿杆长度方向变化规律的坐标 x 的函数称为内力方程,内力方程所提供的函数图形即为内力图。杆的不同截面上有不同的轴力,而对杆进行强度计算时要以杆内最大的轴力为计算依据,所以必须知道各个截面上的轴力,以便确定出最大的轴力值,这就需要画轴力图来解决。轴的不同截面上有不同的扭矩,而对轴进行强度计算时要以轴内最大的扭矩为计算依据,所以必须知道各个截面上的扭矩,以便确定出最大的扭矩值,这就需要画扭矩图来解决。

例 3-1-12　试作出图 3-1-26(a)所示梁的剪力图和弯矩图。

解:如图 3-1-26(b)所示,求梁的支座反力。

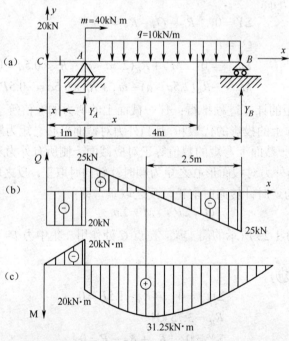

图 3-1-26　梁的剪力图和弯矩图

由
$$\Sigma m_A = 0 \quad 4Y_B - 4q \times 2 - m + 20 \times 1 = 0$$
解得
$$Y_B = 25 \text{ kN}$$

由 $\qquad \Sigma Y = 0 \qquad Y_A + Y_B - 4q - 20 = 0$

解得 $\qquad Y_A = 35\,\mathrm{kN}$

CA 段 $\qquad Q(x) = R_A = -20\,\mathrm{kN} \qquad (0 < x < 1)$

$\qquad\qquad M(x) = -20x \qquad\qquad (0 \leqslant x < 1)$

$\qquad\qquad Q_C^+ = Q_A^- = -20\,\mathrm{kN} \quad M_C = 0, \quad M_A^- = -20\,\mathrm{kN \cdot m}$

AB 段 $\qquad Q(x) = q(5-x) - Y_B = 25 - 10(x) \qquad\qquad (1 < x < 5)$

$\qquad\qquad Q_A^+ = 15\,\mathrm{kN} \quad Q_B^- = -25\,\mathrm{kN}$

$\qquad\qquad M(x) = Y_B(5-x) - \dfrac{1}{2}qP(5-x)^2 = 25x - 5x^2 \qquad (1 < x \leqslant 5)$

根据 Q_B^-、Q_C^-、Q_A^-、Q_A^+ 的对应值便可作出图 3-1-26 所示的剪力图。

根据 M_C、M_B、$M_{\max}$、M_A^-、M_A^+、的对应值便可作出图 3-1-26（c）所示的弯矩图

由上述内力图可见，集中力作用处的横截面，轴力图及剪力图均发生突变，突变的值等于集中力的数值；集中力偶作用的横截面，剪力图无变化，扭矩图与弯矩图均发生突变，突变的值等于集中力偶的力偶矩数值。

九、应力的概念

内力在截面上的某点处分布集度，称为该点的应力，是一个矢量，通常把应力 P 分解成垂直于截面的分量 σ 和相切于截面的分量 τ。σ 称为正应力，τ 称为剪应力。

（一）杆件拉（压）时的正应力

1. 截面上的正应力

如图 3-1-27（a）所示为一轴向拉杆，取左段（如图 3-1-27（b）所示），斜截面上的应力 p_α 也是均布的，由平衡条件知斜截面上内力的合力 $N_\alpha = P = N$。设与横截面成 α 角的斜截面的面积为 A_α，横截面面积为 A，则 $A_\alpha = A\sec\alpha$，于是：

$$p_\alpha = N_\alpha / A_\alpha = N/(A\sec\alpha)$$

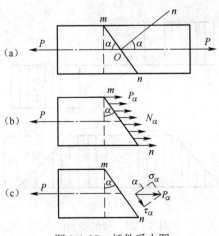

图 3-1-27　杆件受力图

令 $P_\alpha = \tau_\alpha + \sigma_\alpha$（如图 3-1-27（c）所示），于是：

$$\sigma_\alpha = P_\alpha \cos\alpha = \sigma \cos^2\alpha$$

$$\tau_\alpha = P_\alpha \sin\alpha$$

其中角 α 及剪应力 τ_α 符号规定：自 x 轴转向斜截面外法线 n 为逆时针方向时 α 角为正，反之为负。剪应力 τ_α 对所取杆段上任一点的矩顺时针转向时，剪应力为正，反之为负。σ_α 及 α 符号规定相同。

由上式可知，σ_α 及 τ_α 均是 α 角的函数，当 $\alpha = 0$ 时，即为横截面，$\sigma_{max} = \sigma$，$\tau_\alpha = 0$；当 $\alpha = 45°$ 时，$\sigma_a = \sigma/2$，$\tau_{max} = \sigma/2$；当 $\alpha = 90°$ 时，即在平行于杆轴的纵向截面上无任何应力。

（二）梁弯曲时的正应力

在一般情况下，梁的横截面上既有弯矩，又有剪力，如图 3-1-28（a）所示梁的 AC 及 DB 段。这两段梁不仅有弯曲变形，而且有剪切变形，这种平面弯曲称为横力弯曲或剪切弯曲。为使问题简化，先研究梁内仅有弯矩而无剪力的情况。如图 3-1-28（a）所示梁的 CD 段，这种弯曲称为纯弯曲，则 $\sigma = \dfrac{My}{I_z}$，而当梁较细长（$l/h > 5$）时，该公式同样适用于横力弯曲时的正应力计算。横力弯曲时弯矩随截面位置变化。一般情况下，最大正应力 σ_{max} 发生于弯矩最大的横截面上距中性轴最远处。于是得 $\sigma_{max} = \dfrac{M_{max} y_{max}}{I_z}$，令 $I_z/y_{max} = W_z$，则上式可写为：

$$\sigma_{max} = \frac{M_{max}}{W_z}$$

式中 W_z 仅与截面的几何形状及尺寸有关，称为截面对中性轴的抗弯截面模量。若截面是高为 h，宽为 b 的矩形，则：

$$W_z = \frac{I_z}{h/2} = \frac{bh^3/12}{h/2} = \frac{bh^2}{6}$$

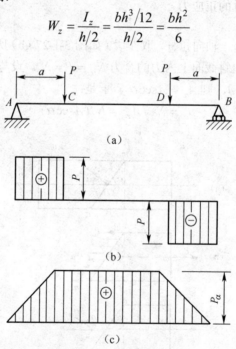

图 3-1-28　梁的受力图

若截面是直径为 d 的圆形，则：

$$W_z = \frac{I_z}{d/2} = \frac{\pi d^4/64}{d/2} = \frac{\pi d^3}{32}$$

若截面是外径为 D、内径为 d 的空心圆形，则：

$$W_z = \frac{I_z}{D/2} = \frac{\pi(D^4 - d^4)/64}{D/2} = \frac{\pi D^3}{32}\left[1 - \left(\frac{d}{D}\right)^4\right]$$

（三）杆件横截面上的切应力

薄壁圆筒扭转时的应力 $\tau = \dfrac{m}{2\pi R_0^2 \delta}$，扭转角 ϕ 与切应变 γ 的关系为：$\gamma = R\dfrac{\phi}{l}$。

圆轴扭转时横截面的切应力 $\tau_\rho = \dfrac{T\rho}{I_P}$，其最大切应力 $\tau_{max} = \dfrac{TR}{I_P}$，令 $W_n = I_P/R$，则

$\tau_{max} = \dfrac{T}{W_n}$，式中 W_n 仅与截面的几何尺寸有关，称为抗扭截面模量。若截面是直径为 d 的圆形，则：

$$W_n = \frac{I_P}{d/2} = \frac{\pi d^3}{16}$$

若截面是外径为 D，内径为 d 的空心圆形，则：

$$W_n = \frac{I_P}{D/2} = \frac{\pi D^3}{16}\left[1 - \left(\frac{d}{D}\right)^4\right]$$

十、强度计算

（一）许用应力与安全系数

材料丧失其正常工作能力时的应力值称为危险应力或极限应力 σ_u。保证构件安全工作的最大应力值称为许用应力 $[\sigma]$，所以其低于极限应力。常将材料的极限应力 σ_u 除以大于 1 的安全系数 n 作为其许用应力 $[\sigma]$。

塑性材料：$[\sigma] = \dfrac{\sigma_s}{n_s}$

脆性材料：$[\sigma] = \dfrac{\sigma_b}{n_b}$

式中，n_s 和 n_b 分别为塑性材料和脆性材料的安全系数。确定安全系数应考虑以下几方面因素：

- 构件材料是塑性还是脆性及其均匀性。
- 构件所受载荷及其估计的准确性。
- 实际构件的简化过程及其计算方法的精确性。
- 构件的工作条件及其重要性。

一般在静载荷下，对塑性材料 n_s 可取 1.5～2.5，对脆性材料 n_b 可取 2.0～5.0。

（二）强度计算

由内力图可直观地判断出等直杆内力最大值所发生的截面，称为危险截面，危险截面上应力值最大的点称为危险点。为了保证构件有足够的强度，其危险点的有关应力需要满足对应的强度条件。

拉（压）杆的正应力强度条件为 $\sigma_{max} = \dfrac{N_{max}}{A} \leqslant [\sigma]$，材料在纯剪切应力状态下的切应力

强度条件为 $\tau \leqslant [\tau]$，梁弯曲的正应力强度条件为 $\sigma_{\max} = \dfrac{M_{\max}}{W_z} \leqslant [\sigma]$，组合变形构件的强度计算 $\sigma = \sigma' + \sigma''$。

　　例 3-1-13　如图 3-1-29 所示的钻床铸铁立柱，已知钻孔力 $P = 15\text{kN}$，力 P 跟立柱中心线的距离 $e = 300\text{mm}$。许用拉应力 $[\sigma_t] = 32\,\text{MPa}$，试设计立柱直径 d。

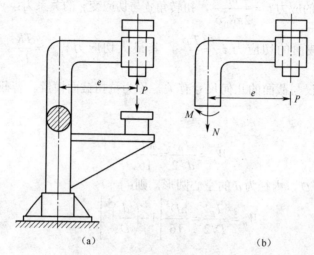

（a）　　　　　　　　　　　（b）

图 3-1-29　钻床立柱的组合变形

　　解：如图 3-1-29（b）所示钻床立柱发生拉伸和弯曲的组合变形，最大拉应力强度条件为：

$$\sigma_{t\max} = \frac{4P}{\pi d^2} + \frac{32Pe}{\pi d^3} \leqslant [\sigma_t]$$

得

$$\frac{4 \times 15 \times 10^3}{\pi d^2} + \frac{32 \times 15 \times 10^3 \times 300}{\pi d^3} \leqslant 32$$

　　解此三次方程便可求得立柱的直径 d 值，但求解麻烦费时。若 e（偏心距）值较大，首先按弯曲正应力强度条件求出直径 d 的近似值，然后取略大于此值为直径 d，再代入偏心拉伸的强度条件公式中进行校核，逐步增大直径 d 值至满足此强度条件。由 $\dfrac{M}{W_z} \leqslant [\sigma]$ 有

$\dfrac{32 \times 15 \times 10^3 \times 300}{\pi d^3} \leqslant 32$，解得 $d \geqslant 112.7\,\text{mm}$，取 $d = 116\text{mm}$，再代入式中得：

$$\frac{4 \times 15 \times 10^3}{\pi 116^2} + \frac{32 \times 15 \times 10^3 \times 300}{\pi 116^3} = 30.78 \leqslant 32\,\text{MPa} = [\sigma_t]$$

满足强度条件，最后选用立柱直径 $d = 116\text{mm}$。

　　例 3-1-14　如图 3-1-30（a）所示的齿轮用平键与轴联接（齿轮未画出）。已知轴的直径 $d = 70\text{mm}$，键的尺寸 $b \times h \times l = 20 \times 12 \times 100\,\text{mm}$，传递的扭矩 $m = 2\,\text{kN·m}$，键的许用应力 $[\tau] = 60\,\text{MPa}$，$[\sigma_{bs}] = 100\,\text{MPa}$，试校核键的强度。

　　解：如图 3-1-30 所示，$m - m$ 剪切面上的剪力 Q 为：

$$Q = A\tau = bl\tau$$

由

$$\Sigma m_0 = 0 , \quad Qd/2 - m = 0$$

解得

$$\tau = \frac{2m}{bld} = \frac{2 \times 200}{20 \times 100 \times 70 \times 10^{-9}} = 28.6\,\text{MPa} < 60\text{MPa} = [\tau]$$

此键满足剪切强度条件。

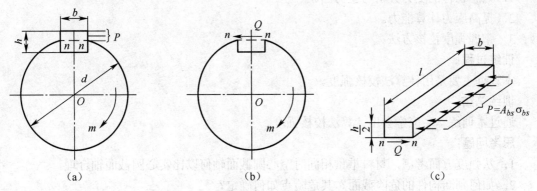

图 3-1-30　齿轮的平键与轴联接受力图

如图 3-1-30（c）所示，右侧面上的挤压力为：

$$P = A_{bs}\sigma_{bs} = \frac{h}{2}l\sigma_{bs}$$

由　　　　　　　　　　　　　$\Sigma X = 0$，$Q - P = 0$

解得　　　　$\sigma_{bs} = \frac{2b\tau}{h} = \frac{2 \times 20 \times 28.6}{12} = 95.3\ \text{MPa} < 100\text{MPa} = [\sigma_{bs}]$

此键满足挤压强度条件。

【任务总结】

完成此任务，要求在受力分析的基础上进行机构的几何组成分析，使各构件按一定的规律组成机构，应用工程力学的理论，确保在载荷的作用下机构几何形状不发生塑变，并充分发挥材料的性能，使机构正常工作必须满足强度的要求。

【技能训练】

训练内容：

如图 3-1-31（a）所示的阶梯形圆轴，AB 段的直径 $d_1 = 40\text{mm}$，BD 段的直径 $d_2 = 70\text{mm}$，外力偶矩分别为：$m_A = 0.7\ \text{kN·m}$，$m_C = 1.1\ \text{kN·m}$，$m_D = 1.8\ \text{kN·m}$，许用切应力 $[\tau] = 60\text{MPa}$。试校核该轴的强度。

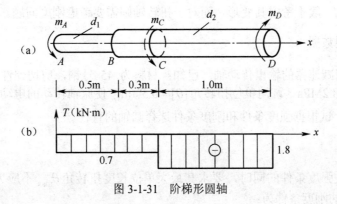

图 3-1-31　阶梯形圆轴

训练目的：

1. 熟悉物体的受力分析与受力图。

2. 提高应力计算能力。

3. 掌握强度校核方法。

训练过程：

本训练主要是用计算法校核强度。

训练总结：

通过本训练学生应学会用计算法校核强度。

思考问题：

1. 从强度方面考虑，材料重量相同时空心圆截面轴何以比实心圆截面轴合理。

2. 如何判断构件的危险截面？其危险点如何确定？

3. 对两种组合变形构件总述其计算危险点应力的解题一般步骤。

任务二　减速器输出轴刚度计算

【任务提出】

在某些情况下，虽然承受外力的杆件不发生破坏，但若其弹性变形超过允许限度，也将导致其不能正常工作。

【能力目标】

通过受力平衡分析实现零件刚度计算。

【知识目标】

1. 掌握零件基本变形的变形情况。

2. 理解直杆的轴向变形和扭转角。

3. 实现轴的刚度校核计算。

【任务分析】

在工程实际中，对于轴向拉（压）杆，除极特殊的情况外，一般不会因其变形过大而影响正常使用，因此一般不考虑其变形。而对于扭转轴则需要考虑刚度问题。

二、确定主要数据

有一闸门启闭减速器的输出传动轴。已知：材料为 45 号钢，剪切弹性模量 $G = 79\text{GPa}$，许用切应力 $[\tau] = 88.2\text{MPa}$，许用单位扭转角 $[\theta] = 0.5°/\text{m}$，使原轴转动的电动机功率为 16kW，转速为 3.86r/min，试根据强度条件和刚度条件选择圆轴的直径。

【知识链接】

扭转轴在满足强度条件的同时，要求其最大单位长度扭转角 θ_{max} 不应大于许用单位长度扭转角 $[\theta]$，则轴的刚度条件为：

$$\theta_{\max} = \frac{T}{GI_P} \leqslant [\theta]$$

式中 G 为比例系数，称为剪切弹性模量；I_P 为极惯性矩。

式中 $[\theta]$ 的单位是 rad/m，若以 °/m 为单位，则轴的刚度条件为：

$$\theta_{\max} = \frac{T}{GI_P} \times \frac{180}{\pi} \leqslant [\theta]$$

一、计算传动轴传递的扭矩

$$T = m = 9550 \frac{N}{n} = 9550 \times \frac{16}{3.86} = 39.59 \, \text{kN·m}$$

二、由强度条件确定圆轴的直径

$$W_n \geqslant \frac{T}{[\tau]} = 0.4488 \times 10^{-3} \, \text{m}^3$$

而 $W_n = \frac{\pi d^3}{16}$，则：

$$d \geqslant \sqrt[3]{\frac{16 W_n}{\pi}} = 131 \, \text{mm}$$

三、由刚度条件确定圆轴的直径

$$I_p \geqslant \frac{T}{G[\theta]} \times \frac{180}{\pi}$$

而 $I_P = \frac{\pi d^4}{32}$，则：

$$d \geqslant \sqrt[4]{\frac{32 T}{\pi G[\theta]} \times \frac{180}{\pi}} = 155 \, \text{mm}$$

选择圆轴的直径 $d = 160 \, \text{mm}$，才可以既满足强度条件又满足刚度条件。

【任务总结】

完成此任务，要求在受力分析的基础上进行机构的几何组成分析，使各构件按一定的规律组成机构，应用工程力学的理论，确保在载荷的作用下机构材料强度性能的前提下，使机构满足刚度和稳定性的要求。

【技能训练】

训练内容：

一电动机的传动轴传递的功率为 30kW，转速为 1400r/min，直径为 40mm，轴材料的许用切应力 $[\tau] = 40$MPa，剪切弹性模量 $G = 80$GPa，许用单位扭转角 $[\theta] = 1°$/m，试校核该轴的强度和刚度。

训练目的：

1. 掌握零件基本变形的变形情况。

2．理解直杆的扭转角。

3．实现轴的刚度校核计算。

训练过程：

本训练主要是用计算法校核刚度。

训练总结：

通过本训练学生应学会用计算法校核刚度。

思考问题：

1．机构材料为什么在强度校核的基础上还要进行刚度校核？

2．更换优质钢材是否是提高构件刚度的有效途径？

3．试分析电动机轴刚度对于精度的影响。

项目四 机械零件的设计与选择

在各种机械中，原动件输出的运动一般以匀速旋转和往复直线运动为主，而实际生产中机械的各种执行部件要求的运动形式却是千变万化的，为此人们在生产劳动的实践中创造了平面连杆机构、凸轮机构、螺旋机构、棘轮机构、槽轮机构等常用机构，这些机构都有典型的结构特征，可以实现各种运动的传递和变化。

知识要点：

1. 轴系结构设计方法。
2. 轴承的类型与选择计算。
3. 连接件的选择。
4. 联轴器、离合器的选择。
5. 轴系结构图设计。
6. 轴系拆装。

任务一 减速器轴系结构与零件设计

【任务提出】

机器上所安装的旋转零件，例如带轮、齿轮、联轴器和离合器等都必须用轴来支承才能正常工作，因此轴是机械中不可缺少的重要零件。本任务将讨论轴的类型、轴的材料和轮毂联接，重点是轴的设计问题，其包括轴的结构设计和强度计算。结构设计是合理确定轴的形状和尺寸，它除了应考虑轴的强度和刚度外，还要考虑使用、加工和装配等方面的许多因素。

【能力目标】

1. 会设计轴。
2. 能选择滚动轴承。
3. 能选择与校核键和连轴器。

【知识目标】

1. 了解轴类零件的分类、作用。
2. 掌握轴类零件的选材、特点。
3. 掌握轴向零件的轴向定位和固定。
4. 掌握轴向零件的周向定位和固定。
5. 能确定轴上的尺寸。
6. 绘制轴的结构图纸。

【任务分析】

一、轴的设计

1. 材料选择

减速器轴系结构如图 4-1-1 所示。

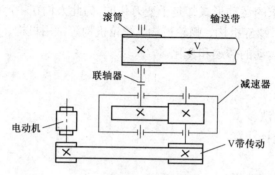

图 4-1-1　减速器轴系结构

选取 45Cr，调质，极限 δ_b =650MPa。

2. 初步计算轴的最小直径

查机械设计基础表，取 C =110，根据公式得：

$$d \geqslant C \times \sqrt[3]{\frac{P_2}{n_2}} = 110 \times \sqrt[3]{\frac{24}{245.6}} = 50.7mm$$

3. 轴的结构设计

初定轴径及其各段尺寸如图 4-1-2 所示。

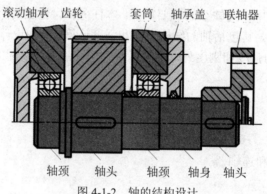

图 4-1-2　轴的结构设计

　　轴头长度由其上所装传动零件的轮毂宽度决定，但轴头长度应比传动零件的宽度短 1～3mm，以保证轴上零件可靠的轴向定位和固定。轴颈长度可与轴承宽度相同，但有时亦应比轴承宽度短 1～3mm。各轴段的直径应与相配合的零件毂孔直径一致，并最好采用标准值。为使轴上零件定位可靠，装拆方便，并有良好的加工工艺性，常将轴制成阶梯形。当直径变化处的端面是为了固定轴上零件或承受轴向力时，则直径变化值要大些，一般可取 6～8mm。当直径变化仅为了减少装配长度和便于安装或区别加工表面，不承受轴向力也不固定轴上零件时，其变化量可取 1～3mm。

4. 轴上零件的轴向定位和固定

轴向固定的目的：保证零件在轴上有确定的轴向位置，防止零件作轴向移动，并能承受轴向力。

（1）轴肩固定：结构简单、可靠，并能承受较大轴向力，如图 4-1-3 所示。

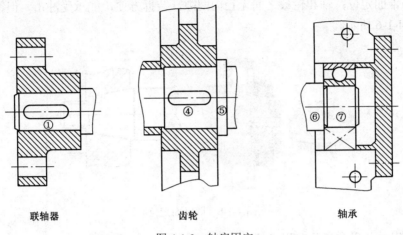

联轴器　　　　　　齿轮　　　　　　轴承

图 4-1-3　轴肩固定

（2）套筒固定：套筒定位结构简单、可靠，但不适合高转速情况（轴承与齿轮之间），如图 4-1-4 所示。

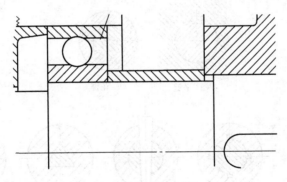

图 4-1-4　套筒固定

（3）圆螺母定位：无法采用套筒或套筒太长时，可采用圆螺母加以固定，圆螺母固定可靠并能承受较大轴向力。

（4）轴端挡圈定位：适用于轴端，可承受剧烈的震动和冲击载荷，如图 4-1-5 所示。

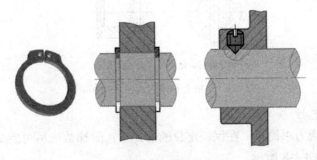

图 4-1-5　轴端挡圈定位

（5）弹性挡圈定位：结构简单、紧凑，能承受较小的轴向力，但削弱轴的强度。

（6）紧定螺钉定位：结构简单、调整灵活，能承受的轴向力较小。

（7）止动垫圈固定：固定可靠，但轴上必须切削螺纹和纵向槽。一般用细牙螺纹，以减少对轴的削弱，常用于固定轴端零件。

（8）圆锥面定位：轴和轮毂之间无径向间隙，装拆方便，能承受冲击，但锥面加工较为麻烦，如图 4-1-6 所示。

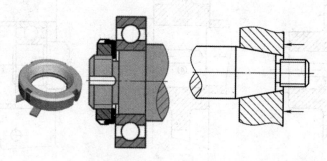

图 4-1-6　圆锥面定位

5. 轴上零件的周向定位和固定

周向固定的目的：为了传递运动和转矩，防止零件与轴产生相对的转动。

采用键、花键、销、过盈配合等方式，如图 4-1-7 所示。

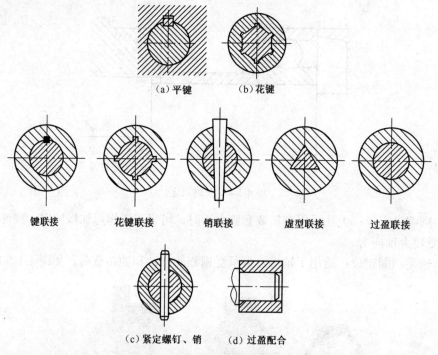

(a) 平键　　　　(b) 花键

键联接　　　花键联接　　　销联接　　　虚型联接　　　过盈联接

(c) 紧定螺钉、销　　　(d) 过盈配合

图 4-1-7　轴上零件的周向定位和固定

6. 轴的结构工艺性

（1）轴的形状应力求简单，在保证定位的前提下，阶梯数应尽可能少，以减少加工次数以及应力集中，如图 4-1-8 所示。

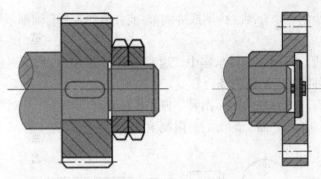

图 4-1-8　轴的结构工艺性

（2）轴端、轴颈与轴肩（或轴环）的过渡部分要设置倒角和过渡圆弧，以便于轴上零件的装配，并减小应力集中。轴端应加工出 45°（或 30°、60°）倒角。

（3）轴上有螺纹时，应有退刀槽；需要磨削的阶梯轴，应留有越程槽。

（4）为了便于轴的加工，必要时应设置中心孔。

（5）轴上有多个键槽时，尽可能用同一规格尺寸，并安排在同一直线上。

7. 提高轴的强度和刚度的措施

减小应力集中，提高轴的强度。在零件截面发生变化处会产生应力集中现象，从而削弱材料的强度。因此，进行结构设计时，应尽量减小应力集中。在阶梯轴的截面尺寸变化处应采用圆角过渡，且圆角半径不宜过小。在圆角半径受到限制时，可采用卸载槽、过渡肩环或凹切圆角。

8. 轴上零件的定位和固定

轴上零件的轴向定位和固定方式常采用轴肩、轴环、套筒、圆螺母、轴段挡圈、紧定螺钉等方式，滚动轴承依靠其主要元件间的滚动接触来支承转动或摆动零件，其相对运动表面间的摩擦是滚动摩擦。

滚动轴承的基本结构如图 4-1-9 所示。

图 4-1-9　滚动轴承的基本结构

滚动轴承由下列零件组成：

- 带有滚道的内圈 1 和外圈 2。
- 滚动体（球或滚子）3。
- 隔开并导引滚动体的保持架 4。

　　有些轴承可以少用一个套圈（内圈或外圈），或者内外两个套圈都不用，滚动体直接沿滚道滚动。

　　内圈装在轴颈上，外圈装在轴承座中。通常内圈随轴回转，外圈固定，但也有外圈回转而内圈不动，或内外圈同时回转的场合。

　　常用的滚动体有球、圆柱滚子、滚针、圆锥滚子、球面滚子、非对称球面滚子等几种，如图 4-1-10 所示。轴承内外圈上的滚道有限制滚动体侧向位移的作用。

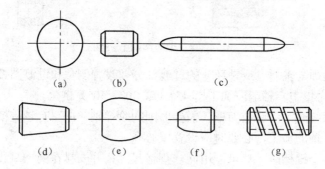

(a)　　　(b)　　　(c)

(d)　　　(e)　　　(f)　　　(g)

图 4-1-10　常用的滚动体

与滑动轴承相比，滚动轴承的主要优点有：

- 摩擦力矩和发热较小。在通常的速度范围内，摩擦力矩很少随速度而改变。起动转矩比滑动轴承要低得多（比后者小 80%～90%）。
- 维护比较方便，润滑剂消耗较小。
- 轴承单位宽度的承载能力较大。
- 大大减少了有色金属的消耗。

二、滚动轴承的选择

　　由于滚动轴承多为已标准化的外购件，因而在机械设计中，设计滚动轴承部件时只需：

　　（1）正确选择出能满足约束条件的滚动轴承，包括合理选择轴承和校核所选出的轴承是否能满足强度、转速、经济等方面的约束。

　　（2）进行滚动轴承部件的组合设计。

　　滚动轴承的选择包括：合理选择轴承的类型、尺寸系列、内径，以及诸如公差等级、特殊结构等。

　　（一）类型选择

　　选用滚动轴承时，首先是选择滚动轴承的类型。选择轴承的类型，应考虑轴承的工作条件、各类轴承的特点、价格等因素。和一般的零件设计一样，轴承类型选择的方案也不是唯一的，可以有多种选择方案，选择时，应首先提出多种可行方案，经深入分析比较后，再决定选用一种较优的轴承类型。一般选择滚动轴承时应考虑的问题主要有以下几个：

　　（1）轴承所受载荷的大小、方向和性质。这是选择轴承类型的主要依据。

　　1）载荷的大小与性质。

　　通常，由于球轴承主要元件间的接触是点接触，适合于中小载荷及载荷波动较小的场合工作；滚子轴承主要元件间的接触是线接触，宜用于承受较大的载荷。

2）载荷方向。

若轴承承受纯轴向载荷，一般选用推力轴承；若所承受的纯轴向载荷较小，可选用推力球轴承；若所承受的纯轴向载荷较大，可选用推力滚子轴承；若轴承承受纯径向载荷，一般选用深沟球轴承、圆柱滚子轴承或滚针轴承；当轴承在承受径向载荷的同时还承受不大的轴向载荷时，可选用深沟球轴承或接触角不大的角接触球轴承或圆锥滚子轴承；当轴向载荷较大时，可选用接触角较大的角接触球轴承或圆锥滚子轴承，或者选用向心轴承和推力轴承组合在一起的结构，分别承担径向载荷和轴向载荷。

（2）轴承的转速。

通常，转速较高，载荷较小或要求旋转精度较高时，宜选用球轴承；转速较低，载荷较大或有冲击载荷时，宜选用滚子轴承。

推力轴承的极限转速很低。工作转速较高时，若轴向载荷不很大，可采用角接触球轴承承受轴向载荷。

（3）轴承的调心性能。

当轴的中心线与轴承座中心线不重合而有角度误差时，或因轴受力弯曲或倾斜时，会造成轴承的内外圈轴线发生偏斜。这时，应采用有一定调心性能的调心球轴承或调心滚子轴承。

对于支点跨距大、轴的弯曲变形大或多支点轴，也可考虑选用调心轴承。

圆柱滚子轴承、滚针轴承以及圆锥滚子轴承对角度偏差敏感，宜用于轴承与座孔能保证同心、轴的刚度较高的地方。

值得注意的是，各类轴承内圈轴线相对外圈轴线的倾斜角度是有限制的，超过限制角度，会使轴承寿命降低。

（4）轴承的安装和拆卸。

当轴承座没有剖分面而必须沿轴向安装和拆卸轴承部件时，应优先选用内外圈可分离的轴承（如圆柱滚子轴承、滚针轴承、圆锥滚子轴承等）。当轴承在长轴上安装时，为了便于装拆，可以选用其内圈孔为 1:12 的圆锥孔的轴承。

（5）经济性要求。

一般，深沟球轴承价格最低，滚子轴承比球轴承价格高。轴承精度越高，价格越高。选择轴承时，必须详细了解各类轴承的价格，在满足使用要求的前提下，尽可能地降低成本。

（二）尺寸系列、内径等的选择

尺寸系列包括直径系列和宽（高）度系列。选择轴承的尺寸系列时，主要考虑轴承承受载荷的大小，此外也要考虑结构的要求。就直径系列而言，载荷很小时，一般可以选择超轻或特轻系列；载荷很大时，可考虑选择重系列；一般情况下，可先选用轻系列或中系列，待校核后再根据具体情况进行调整。对于宽度系，一般情况下可选用正常系列，若结构上有特殊要求时，可根据具体情况选用其他系列。

轴承内径的大小与轴颈直径有关，一般可根据轴颈直径初步确定。

公差等级，若无特殊要求，一般选用 0 级，若有特殊要求，可根据具体情况选用不同的公差等级。

由于设计问题的复杂性，轴承的选择不应指望一次成功，必须在选择、校核乃至结构设计的全过程中反复分析、比较和修改，才能选择出符合设计要求的较好的轴承。

三、键的选择

键一般采用抗拉强度极限 $ss < 600\text{MPa}$ 的碳钢制造，通常用 45 钢。

（1）类型选择：键的类型应根据键联接的结构、使用特性及工作条件来选择。选择时应考虑以下各方面的情况：需要传递转矩的大小；联接于轴上的零件是否需要沿轴滑动及滑动距离的长短；对于联接的对中性要求；键是否需要具有轴向固定的作用；以及键在轴上的位置（在轴的中部还是端部）等。

（2）尺寸选择：键的剖面尺寸 $b \times h$ 按轴的直径 d 由标准中选定。键的长度 L 一般按轮毂宽度定，要求键长比轮毂略短 5～10mm，且符合长度系列值。

【知识链接】

一、轴的分类、结构设计和要求

（一）轴的分类

按轴受的载荷和功用可分为以下 3 类：

- 心轴：只承受弯矩不承受扭矩的轴，主要用于支承回转零件，如车辆轴和滑轮轴，如图 4-1-11 所示。

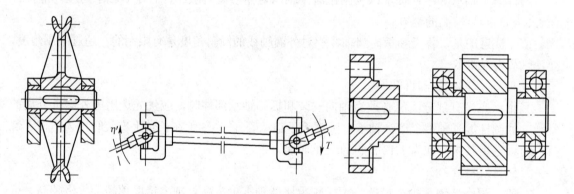

图 4-1-11　轴的分类

- 传动轴：只承受扭矩不承受弯矩或承受很小的弯矩的轴，主要用于传递转矩，如汽车的传动轴。
- 转轴：同时承受弯矩和扭矩的轴，既支承零件又传递转矩，如减速器轴。

（二）轴的材料

轴主要是承受弯矩和扭矩。轴的失效形式是疲劳断裂，故应具有足够的强度、韧性和耐磨性。轴的材料从以下几种中选取：

（1）碳素钢。

优质碳素钢具有较好的机械性能，对应力集中敏感性较低，价格便宜，应用广泛。例如 35、45、50 等优质碳素钢。一般轴采用 45 钢，经过调质或正火处理；有耐磨性要求的轴段，应进行表面淬火及低温回火处理。轻载或不重要的轴，使用普通碳素钢 Q235、Q275 等。

（2）合金钢。

合金钢具有较高的机械性能，对应力集中比较敏感，淬火性较好，热处理变形小，价格较贵，多使用于要求重量轻和轴颈耐磨性的轴。例如汽轮发电机轴要求在高速、高温重载下工作，采用 27Cr2Mo1V、38CrMoAlA 等；滑动轴承的高速轴采用 20Cr、20CrMnTi 等。

（3）球墨铸铁。

球墨铸铁吸振性和耐磨性好，对应力集中敏感低，价格低廉，使用铸造制成外形复杂的轴，例如内燃机中的曲轴。

（三）设计轴的要求

轴的设计一般应解决轴的结构和承载能力两方面的问题。具体地说，轴的设计步骤有：①选择轴的材料；②初步估算轴的直径；③进行轴的结构设计；④精确校核（强度、刚度、振动等）；⑤绘制零件的工作图。

二、轴的结构设计

如图 4-1-12 所示为一齿轮减速器中的高速轴。轴上与轴承配合的部分称为轴颈，与传动零件配合的部分称为轴头，连接轴颈与轴头的非配合部分称为轴身，起定位作用的阶梯轴上截面变化的部分称为轴肩。

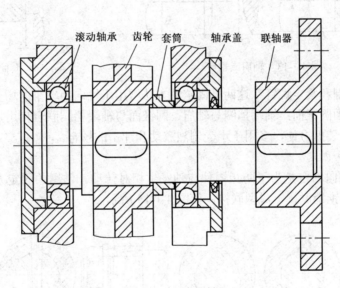

图 4-1-12　高速轴

轴结构设计的基本要求有以下几点：

● 轴和轴上的零件有准确定位和固定。

● 轴上零件便于调整和装拆。

● 良好的制造工艺性。

● 形状、尺寸应尽量减小应力集中。

（一）便于轴上零件的装配

轴的结构外形主要取决于轴在箱体上的安装位置及形式、轴上零件的布置和固定方式、受力情况和加工工艺等。为了便于轴上零件的装拆，将轴制成阶梯轴，中间直径最大，向两端逐渐直径减小，近似为等强度轴。

（二）保证轴上零件的准确定位和可靠固定

轴上零件的轴向定位方法主要有：轴肩定位、套筒定位、圆螺母定位、轴端挡圈定位和轴承端盖定位。

1. 轴向定位和固定

（1）轴肩或轴环：如图4-1-13所示。轴肩定位是最方便可靠的定位方法，但采用轴肩定位会使轴的直径加大，而且轴肩处由于轴径的突变而产生应力集中，因此多用于轴向力较大的场合。定位轴肩的高度 $h=(0.07\sim0.1)d$ ， d 为与零件相配处的轴径尺寸，要求 $r_轴<R_孔$ 或 $r_轴<C_孔$ 。

（2）套筒和圆螺母：定位套筒用于轴上两零件距离较小的情况，结构简单，定位可靠；圆螺母用于轴上两零件距离较大的情况，需要在轴上切制螺纹，对轴的强度影响较大，如图4-1-14所示。

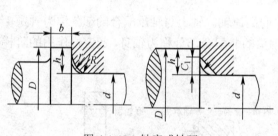

图4-1-13　轴肩或轴环　　　　　　　　图4-1-14　套筒和圆螺母

（3）弹性挡圈和紧定螺钉：这两种固定的方法常用于轴向力较小的场合。

（4）轴端挡圈圆锥面：轴端挡圈与轴肩、圆锥面与轴端挡圈联合使用，常用于轴端，起到双向固定作用，装拆方便，多用于承受剧烈震动和冲击的场合。

2. 周向定位和固定

轴上零件的周向固定是为了防止零件与轴发生相对转动。常用的固定方式有：键联接、过盈配合联接、圆锥销联接、成型联接，如图4-1-15所示。

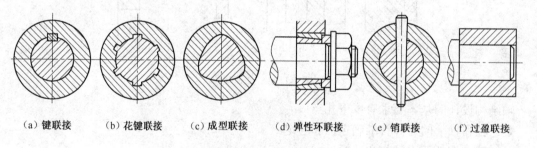

（a）键联接　　（b）花键联接　　（c）成型联接　　（d）弹性环联接　　（e）销联接　　（f）过盈联接

图4-1-15　常用的固定方式

过盈配合是利用轴和零件轮毂孔之间的配合过盈量来联接，能同时实现周向和轴向固定，结构简单，对中性好，对轴削弱小，装拆不便。成型联接是利用非圆柱面与相同的轮毂孔配合，对中性好，工作可靠，制造困难，应用少。

（三）具有良好的制造和装配工艺性

轴为阶梯轴便于装拆。轴上磨削和车螺纹的轴段应分别设有砂轮越程槽和螺纹退刀槽。

轴上沿长度方向开有几个键槽时，应将键槽安排在轴的同一母线上。同一根轴上所有圆角半径和倒角的大小应尽可能一致，以减少刀具规格和换刀次数。为使轴上的零件容易装拆，轴端和各轴段端部都应有 45°的倒角。

为便于加工定位，轴的两端面上应做出中心孔。

（四）减小应力集中，改善轴的受力情况

轴大多在变应力下工作，结构设计时应减少应力集中，以提高轴的疲劳强度，这尤为重要。轴截面尺寸突变处会造成应力集中，所以对阶梯轴，相邻两段轴径变化不宜过大，在轴径变化处的过渡圆角半径不宜过小。尽量不在轴面上切制螺纹和凹槽，以免引起应力集中。尽量使用圆盘铣刀。此外，提高轴的表面质量，降低表面粗糙度，采用表面碾压、喷丸和渗碳淬火等表面强化方法，均可提高轴的疲劳强度。

三、轴的设计计算

（一）按扭转强度计算

这种方法是只按轴所受的扭矩来计算轴的强度。如果还受不大的弯矩时，则采用降低许用扭转切应力的办法予以考虑，并且应根据轴的具体受载及应力情况采取相应的计算方法，并恰当地选取其许用应力。

在进行轴的结构设计时，通常用这种方法初步估算轴径。对于不太重要的轴，也可作为最后计算结果。

轴的扭转强度条件：
$$\tau = \frac{T}{W_p} = \frac{9.55 \times 10^6 \dfrac{P}{n}}{0.2d^3} \leqslant [\tau] \ （\text{MPa}）$$

设计公式：
$$d \geqslant \sqrt[3]{\frac{5 \times 9.55 \times 10^6 P}{[\tau]n}} = C \sqrt[3]{\frac{P}{n}} \ （\text{mm}）$$

式中，$[\tau]$ 为许用扭转剪应力（N/mm²），C 为由轴的材料和承载情况确定的常数。

轴上有键槽，放大：3%～5%一个键槽，7%～10%两个键槽，并且取标准值。

（二）按弯扭合成强度计算

通过轴的结构设计，轴的主要结构尺寸、轴上零件的位置以及外载荷和支反力的作用位置均已确定，轴上的载荷（弯矩和扭矩）已可以求得，因而可按弯扭合成强度条件对轴进行强度校核计算。

对于钢制的轴，按第三强度理论，强度条件为：
$$\sigma_e = \frac{M_e}{W} = \frac{\sqrt{M^2 + (\alpha T)^2}}{\dfrac{1}{32}\pi d^3} \approx \frac{\sqrt{M^2 + (\alpha T)^2}}{0.1d^3} \leqslant [\sigma_{-1}]_b$$

设计公式：$d \geqslant \sqrt[3]{\dfrac{M_e}{0.1[\sigma_{-1}]_b}} \ （\text{mm}）$

式中，σ_e 为当量应力（MPa），d 为轴的直径（mm），$M_e = \sqrt{M^2 + (\alpha T)^2}$ 为当量弯矩，M 为危险截面的合成弯矩，$M = \sqrt{M_H^2 + M_V^2}$，M_H 为水平面上的弯矩，M_V 为垂直面上的弯矩，W 为轴危险截面抗弯截面系数，α 为将扭矩折算为等效弯矩的折算系数。

因为弯矩引起的弯曲应力为对称循环的变应力，而扭矩所产生的扭转剪应力往往为非对称循环变应力，所以 α 与扭矩变化情况有关：

$$\alpha = \begin{cases} [\sigma_{-1}]_b \big/ [\sigma_{-1}]_b = 1 & \text{——扭矩对称循环变化} \\ [\sigma_{-1}]_b \big/ [\sigma_0]_b \approx 0.6 & \text{——扭矩脉动循环变化} \\ [\sigma_{-1}]_b \big/ [\sigma_{+1}]_b \approx 0.3 & \text{——不变的扭矩} \end{cases}$$

$[\sigma_{-1}]_b$、$[\sigma_0]_b$、$[\sigma_{+1}]_b$ 分别为对称循环、脉动循环和静应力状态下的许用弯曲应力。

对于重要的轴，还要考虑影响疲劳强度的一些因素而作精确验算，内容请参看有关书籍。

（三）轴的刚度计算概念

轴在载荷作用下，将产生弯曲或扭转变形。若变形量超过允许的限度，就会影响轴上零件的正常工作，甚至会丧失机器应有的工作性能。轴的弯曲刚度是以挠度 y 或偏转角 θ 以及扭转角 ϕ 来度量的，其校核公式为：

$$y \leqslant [y] \qquad \theta \leqslant [\theta] \qquad \phi \leqslant [\phi]$$

式中，$[y]$、$[\theta]$、$[\phi]$ 分别为轴的许用挠度、许用转角和许用扭转角。

（四）轴的设计步骤

设计轴的一般步骤如下：

（1）选择轴的材料。根据轴的工作要求、加工的工艺性和经济性选择合适的材料和热处理工艺。

（2）初步确定轴的直径。按扭转强度计算公式计算出轴的最细部分的直径。

（3）轴的结构设计。要求：①轴和轴上零件要有准确、牢固的工作位置；②轴上零件装拆、调整方便；③轴应具有良好的制造工艺性；④尽量避免应力集中。根据轴上零件的结构特点，首先要预定出主要零件的装配方向、顺序和相互关系，它是轴进行结构设计的基础，拟定装配方案，应先考虑几个方案，进行分析比较后再选优。

原则：①轴的结构越简单越合理；②装配越简单越合理。

（4）轴的强度设计。

①作轴的空间受力简图（将分布看成集中力，轴的支承看成简支梁，支点作用于轴承中点，将力分解为水平分力和垂直分力）。

②求水平面的支反力 R_{H1}、R_{H2}，作水平面内弯矩图。

③求垂直平面内支反力 R_{V1}、R_{V2}，作垂直平面内的弯矩图。

④作合成弯矩图 $M = \sqrt{M_H^2 + M_V^2}$。

⑤作扭矩图 αT。

⑥作当量弯矩图

$$M_{ca} = \sqrt{M^2 + (\alpha T)^2}$$

$$\sigma_e = \frac{M_e}{W} = \frac{\sqrt{M^2 + (\alpha T)^2}}{0.1d^3} \leqslant [\sigma_{-1}]_b$$

α 为将扭矩折算为等效弯矩的折算系数。

⑦校核轴的强度——$M_{ca\,max}$ 处；M_{ca} 较大，轴径 d 较小处。

⑧校核轴的刚度 $y \leqslant [y]$；$\theta \leqslant [\theta]$；$\phi \leqslant [\phi]$。

需要刚度计算的轴类零件要进行刚度计算。

如果计算所得 d 大于轴的结构设计 $d_{结构}$，则应重新设计轴的结构。

四、轴毂联接

轴与轴上的零件周向固定形成的联接称为轴毂联接。轴毂联接的主要形式为键联接。

（一）键联接的类型、特点和应用

键联接主要用于轴和轴上零件的周向固定并传递转矩，有的兼作轴上零件的轴向固定或轴向滑动。

1. 平键联接

平键的上表面与轮毂键槽顶面留有间隙，依靠键与键槽间的两侧面挤压力 F 传递转矩 T，所以两侧面为工作面，制造容易、装拆方便、定心良好，用于传动精度要求较高的场合。根据用途可将其分为如下 3 种：

（1）普通平键联接。键的尺寸是长 L、宽 b 和高 h。端部形状有圆头（A 型）、平头（B 型）和单圆头（C 型）三种，如图 4-1-16 所示。C 型键用于轴端。A、C 型键的轴上键槽用立铣刀加工，对轴应力集中较大；B 型键的轴上键槽用盘铣刀加工，轴上应力集中较小。

A 型　　　　B 型　　　　C 型

图 4-1-16　普通平键联接

（2）导向平键联接。

当零件需要作轴向移动时，可采用导向平键联接。导向平键较普通平键长，为防止键体在轴中松动，用两个螺钉将其固定在轴上，其中部制有起键螺钉，如图 4-1-17 所示。

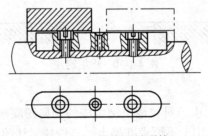

图 4-1-17　导向平键联接

（3）滑键联接。

滑键与轴上的零件固定为一体，工作时二者一起沿长长的轴槽滑动，适用于轴上零件移动距离较大的场合，如图 4-1-18 所示。

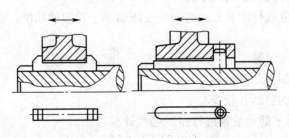

图 4-1-18　滑键联接（键槽已截短）

2. 半圆键联接

半圆键的两个侧面为半圆形，工作时靠两侧面受挤压传递转矩，键在轴槽内绕其几何中心摆动，以适应轮毂槽底部的斜度，装拆方便，但对轴的强度削弱较大，主要用于轻载场合，如图 4-1-19 所示。

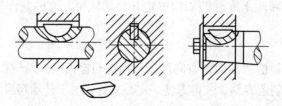

图 4-1-19   半圆键联接

3. 楔键联接

键的上表面和轮毂槽底面均制成 1:100 的斜度，装配时将键用力打入槽内，使轴与轮毂之间的接触面产生很大的径向压紧力，转动时靠接触面的摩擦力来传递转矩及单向轴向力。可分为普通楔键和钩头楔键两种形式。钩头楔键与轮毂端面之间应留有余地，以便于拆卸。楔键的定心性差，在冲击、震动或变载荷下，联接容易松动，适用于不要求准确定心、低速运转的场合，如图 4-1-20 所示。

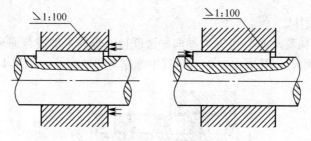

图 4-1-20   楔键连接

4. 切向键

传递较大转矩时，可采用由一对普通楔键组成的切向键联接。键的上、下面互相平行，需要两边打入，定心性差，适用于不要求准确定心、低速运转的场合。

（二）平键联接的选择与强度校核

1. 尺寸选择

（1）根据键联接的工作要求和使用特点选择平键的类型。

（2）按照轴的公称直径 d 从国家标准中选择平键的尺寸 $b \times h$。

（3）根据轮毂长度选择键长 L，键的长度应略小于轮毂的长度，符合标准长度系列。

2. 强度计算

失效形式：
- 压溃（键、轴、毂中较弱者——静联接）
- 磨损（动联接）
- 键的剪断（较少）

强度核算：对普通平键一般只进行挤压强度计算：

$$\sigma_P = \frac{F}{A} = \frac{2T/d}{hl/2} = \frac{4T}{hld} \leqslant [\sigma]_P$$

耐磨性校核：

$$p = \frac{4T}{dhl} \cdot \leqslant [p]$$

键联接的许用应力和许用压强请参考相关资料。

（三）花键联接

花键联接由轴上加工出多个键齿的花键轴和轮毂孔上加工出同样的键齿槽组成。工作时靠键齿的侧面互相挤压传递转矩，如图 4-1-21 所示。优点是比平键联接承载能力强、轴与零件的定心性好、导向性好、对轴的强度削弱小；缺点是成本较高。因此，花键联接用于定心精度要求高和载荷较大的场合。花键已标准化，按齿廓的不同可分为矩形花键和渐开线花键。

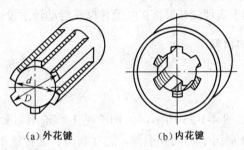

（a）外花键　　　　　　　（b）内花键

图 4-1-21　花键联接

1. 矩形花键联接

矩形花键的齿侧面为互相平行的平面，制造方便，广泛应用。国标 GB1144－87。见教材图 4-1-21（a）。

2. 渐开线花键联接

渐开线花键的齿廓为渐开线，分度圆上的压力角为 30°和 45°两种。具有制造工艺性好、强度高、易于定心和精度高等特点，适用于重载及尺寸较大的联接。

五、滑动轴承概述

（一）滑动轴承的类型

滑动轴承按其承受载荷的方向分为径向滑动轴承（主要承受径向载荷）和止推滑动轴承（只承受轴向载荷）。

滑动轴承按摩擦（润滑）状态可分为液体摩擦（润滑）轴承和非液体摩擦（润滑）轴承，如图 4-1-22 所示。

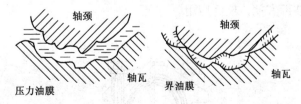

图 4-1-22　滑动轴承的类型

- 液体摩擦轴承（完全液体润滑轴承）：液体摩擦轴承的原理是在轴颈与轴瓦的摩擦面间有充足的润滑油，润滑油的厚度较大，将轴颈和轴瓦表面完全隔开，因而摩擦系数很小，一般摩擦系数=0.001～0.008。由于始终能保持稳定的液体润滑状态，这种轴承适用于高速、高精度和重载等场合。

- 非液体摩擦轴承（不完全液体润滑轴承）：非液体摩擦轴承依靠吸附于轴和轴承孔表面的极薄油膜，但不能完全将两摩擦表面隔开，有一部分表面直接接触，因而摩擦系数大，一般摩擦系数=0.05～0.5。如果润滑油完全流失，将会出现干摩擦，剧烈摩擦、磨损，甚至发生胶合破坏。

（二）滑动轴承的特点

优点：①承载能力高；②工作平稳可靠、噪声低；③径向尺寸小；④精度高；⑤流体润滑时，摩擦、磨损较小；⑥油膜有一定的吸振能力。

缺点：①非流体摩擦滑动轴承摩擦较大，磨损严重；②流体摩擦滑动轴承在起动、行车、载荷、转速比较大的情况下难于实现流体摩擦；③流体摩擦滑动轴承设计、制造、维护费用较高。

六、滑动轴承的结构和材料

（一）径向滑动轴承

1. 整体式滑动轴承

整体式滑动轴承结构如图 4-1-23 所示，由轴承座 1 和轴承衬套 2 组成，轴承座上部有油孔，整体衬套内有油沟，分别用于加油和引油，进行润滑。这种轴承结构简单、价格低廉，但轴的装拆不方便，磨损后轴承的径向间隙无法调整，适用于轻载低速或间歇工作的场合。

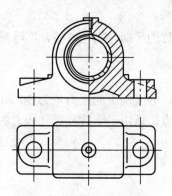

图 4-1-23　整体式滑动轴承

2. 对开式滑动轴承

对开式滑动轴承结构如图 4-1-24 所示，由轴承座、轴承盖、对开式轴瓦、双头螺柱和垫片组成。轴承座和轴承盖接合面作成阶梯形，为了定位对中，此处放有垫片，以便磨损后调整轴承的径向间隙，故装拆方便，广泛应用。

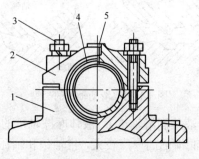

图 4-1-24　对开式滑动轴承

3. 自动调心轴承

自动调心轴承结构如图 4-1-25 所示，其轴瓦外表面作成球面形状，与轴承支座孔的球状内表面相接触，能自动适应轴在弯曲时产生的偏斜，可以减少局部磨损，适用于轴承支座间跨距较大或轴颈较长的场合。

（二）止推滑动轴承

止推滑动轴承结构如图 4-1-26 所示，可分为以下 3 种形式：

（1）实心止推滑动轴承，轴颈端面的中部压强比边缘的大，润滑油不易进入，润滑条件差。

（2）空心止推滑动轴承，轴颈端面的中空部分能存油，压强也比较均匀，承载能力不大。

（3）多环止推滑动轴承，压强较均匀，能承受较大载荷，但各环承载不等，环数不能太多。

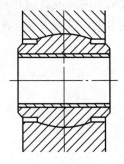
图 4-1-25　自动调心轴承

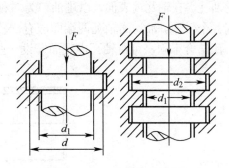
图 4-1-26　止推滑动轴承

（三）轴承材料

滑动轴承的主要失效形式有：磨损和胶合、疲劳破坏等。

1. 对轴承材料的要求

主要就是考虑轴承的这些失效形式，对轴承材料的要求如下：

（1）足够的抗拉强度、疲劳强度和冲击能力。

（2）良好的减摩性、耐磨性和抗胶合性。

（3）良好的顺应性、嵌入性和磨合性。

（4）良好的耐腐蚀性、热化学性能（传热性和热膨胀性）和调滑性（对油的吸附能力）。

（5）良好的塑性，具有适应轴弯曲变形和其他几何误差的能力。

（6）良好的工艺性和经济性等。

轴瓦可以由一种材料制成，也可以在轴瓦内表面浇铸一层金属衬，即轴承衬，如图 4-1-27 所示。

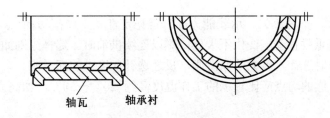

轴瓦　　轴承衬

图 4-1-27　滑动轴承

2. 常用材料

（1）铸铁、灰铁、球铁：性能较好，适于轻载、低速、不受冲击的场合。

（2）轴承合金：由锡（Sn）、铂（Pb）、锑（Sb）、铜（Cu）等组成。

（3）铜合金：锡青铜、铅青铜、铝青铜。

（4）铝基合金：可作成单金属轴瓦，也可作成双金属轴瓦的轴承衬，用钢作衬背。

（5）多孔质金属材料（粉末冶金）：含油轴承。

（6）精末冶金 $\begin{cases} \text{铜基粉末冶金：减摩、抗胶合性好。} \\ \text{铁基粉末冶金：耐磨性好，强度高。} \end{cases}$

（四）轴瓦结构

轴瓦的结构如图 4-1-28 所示，分为整体式和对开式两种。对开式轴瓦有承载区和非承载区，一般载荷向下，故上瓦为非承载区，下瓦为承载区。润滑油应由非承载区进入，故上瓦顶部开有进油孔。在轴瓦内表面，以进油口为对称位置，沿轴向、周向或斜向开有油沟，油经油沟分布到各个轴颈。油沟离轴瓦两端面应有一段距离，不能开通，以减少端部泄油。为了使轴承衬与轴瓦结合牢固，可在轴瓦内表面开设一些沟槽。

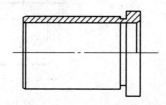

图 4-1-28　轴瓦的结构

七、滑动轴承的润滑

滑动轴承工作时需要有良好的润滑，对减少摩擦，提高效率；减少磨损，延长寿命；冷却和散热，以及保证轴承正常工作十分重要。

（一）润滑剂

1. 润滑油

对流体动力润滑轴承，粘度是选择润滑油最重要的参考指标，选择粘度时，应考虑如下基本原则：

（1）在压力大、温度高、载荷冲击变动大时，应选用粘度大的润滑油。

（2）滑动速度高时，容易形成油膜（转速高时），为减少摩擦应选用粘度较低的润滑油。

（3）加工粗糙或未经跑合的表面，应选用粘度较高的润滑油。

2. 润滑脂

润滑脂稠度大、不易流失、承载能力高，但稳定性差、摩擦功耗大、流动性差、无冷却效果，适用于低速重载且温度变化不大处，难以连续供油时。选择原则如下：

- 轻载高速时选针入度大的润滑脂，反之选针入度小的润滑脂。
- 所用润滑脂的滴点应比轴承的工作温度高约 20℃～30℃，如高点温度较高的钙基或复合钙基。
- 在有水淋或潮湿的环境下应选择防水性强的润滑脂，如铝基润滑脂。

3. 固体润滑剂

轴承在高温、低速、重载的情况下工作，不宜采用润滑油或脂时可采用固体润滑剂——在摩擦表面形成固体膜，常用石墨、聚四氟乙烯、二硫化钼、二硫化钨等。

使用方法：（1）调配到油或脂中使用；（2）涂敷或烧结到摩擦表面；（3）渗入轴瓦材料或成型镶嵌在轴承中使用。

（二）润滑方式

滑动轴承的润滑方式可按下式计算求得 k 值后选择：

$$k = \sqrt{pv^3}$$

式中，p 为轴颈的平均压强（MPa），v 为轴颈的圆周速度（m/s）。

当 $k \leqslant 2$ 时，选择润滑脂润滑，用旋盖式油杯注入润滑脂。

当 $k < 2 \sim 16$ 时，油壶或油枪定期向润滑孔和杯内注油（如图 4-1-29 所示：压注式油杯、旋套式油杯、针阀式油杯），利用绳芯的毛吸管作用吸油滴到轴颈上。

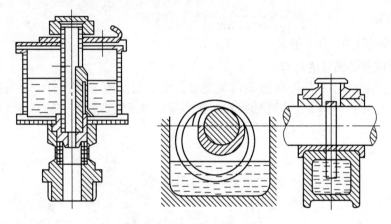

图 4-1-29 滑动轴承润滑

当 $k = 16 \sim 32$ 时，油环润滑，油环下端浸到油里，飞溅润滑，利用下端浸在油池中的转动件将润滑油溅成油来润滑。

当 $k > 32$ 时，压力循环润滑——用油泵进行连续压力供油，润滑、冷却效果较好，适于重载、高速或交变载荷作用。

八、不完全液体润滑轴承的设计计算

大多数轴承实际处在混合润滑状态（边界润滑与液体润滑同时存在的状态），其可靠工作的条件是：维持边界油膜不受破坏，以减少发热和磨损（计算准则），并根据边界膜的机械强度和破裂温度来决定轴承的工作能力。但影响边界膜的因素很复杂，因此采用简化的条件进行计算。

（一）径向滑动轴承的计算

通常已知条件是轴颈直径 d、转速 n 和径向载荷 F_n。

根据这些条件，选择轴承的结构形式，确定轴承的宽度 F，并进行校核计算；对于不完全液体润滑轴承，常取宽度 $B = (0.8 \sim 1.5) d$。

由于滑动轴承的主要失效形式为磨损和胶合，故设计时进行相应的计算。

1. 限制平均压强 p

目的：避免在载荷作用下润滑油被完全挤出而导致轴承过度磨损。

$$p = \frac{F_R}{dB} \leqslant [p] \ (\text{MPa})$$

$[p]$ 为许用压强 MPa，d、B 为轴颈直径和宽度（mm），F_R 为径向载荷（N）。

2. 限制轴承的 $p \cdot v$ 值

为了反映单位面积上的摩擦功耗与发热，$p \cdot v$ 越高，轴承温升越高，容易引起边界膜的破裂，所以目的是限制 $p \cdot v$，控制轴承温升，避免边界膜的破裂。

$$p \cdot v = \frac{F_R}{dB} \times \frac{\pi d n}{60 \times 1000} \approx \frac{F_R n}{19100B} \leqslant [p \cdot v] \ (\text{MPa·m/s})$$

式中，n 为轴颈转速（r/min），v 为轴颈圆周线速度（m/s），$[p \cdot v]$ 为轴承材料许用 $p \cdot v$ 值。

3. 限制滑动速度 v

目的：当 p 较小时，避免由于 v 过高而引起轴瓦加速磨损。

$$v = \frac{\pi d n}{60 \times 1000} \leqslant [v] \ (\text{m/s})$$

$[v]$ 为轴承材料的许用 v 值。

（二）止推滑动轴承的计算

止推滑动轴承的计算与径向滑动轴承类似，实心端面由于跑合时中心与边缘磨损不均匀，越近边缘部分磨损越快，空心轴颈和环状轴颈可以克服此缺点。载荷很大时可以采用多环轴颈。

1. 校核压强 p

$$p = \frac{F_a}{\frac{\pi}{4}(d_2^2 - d_1^2)} \leqslant [p] \ (\text{MPa})$$

F_a 为轴向载荷（N），d_1、d_2 为止推环内、外直径（mm），$[p]$ 为许用压强（MPa）。

2. 限制轴承的 $p \cdot v_m$ 值

$$p \cdot v_m \leqslant [p \cdot v] \ (\text{MPa·m/s})$$

式中，v_m 为止推环平均直径处的圆周速度（m/s），$[p \cdot v]$ 为 p、v_m 的许用值，多环轴承考虑受力不均。

九、液体润滑轴承简介

根据润滑油膜形成原理，可分为液体动压润滑轴承和液体静压润滑轴承。

液体动压润滑轴承，如图 4-1-30 所示。

由于轴颈与轴瓦之间存在着一弯曲的楔形间隙，所加的润滑油填满了间隙，轴静止不动，轴上的载荷使轴颈与轴瓦在下部直接接触。当轴顺时针转动时，轴颈沿轴瓦内右壁向上滚动，并挤压润滑油进入楔形间隙。由于润滑油是从间隙大的空间向间隙小的空间挤压，随着转速增加形成很大的挤压力，足以把轴抬起，形成很厚的压力油膜。当油膜的厚度大于两接触表面不平度之和时，轴颈与轴瓦之间的接触完全被油膜隔开，摩擦力迅速下降，在合力作用下，轴颈便向左下方漂移。油膜压力与外载荷保持平衡，轴颈便在稳定的位置上正常旋转。

液体静压润滑轴承的轴瓦内表面上有四个对称的油腔，使用一台油泵，经过四个节流器分别调整油的压力，使得四个油腔的压力相等。当轴上无载荷时，油泵使四个油腔出口处的流量相等,管道内的压力相等,使轴颈与轴瓦同心。当轴受载后,轴颈向下移动,油泵使上油腔出口处的流量减小,下油腔出口处的流量增大,形成一定的压力差。该压力差与载荷保持平衡,轴颈悬浮在轴瓦内,使轴承实现液体摩擦。适用范围广,供油装置复杂。

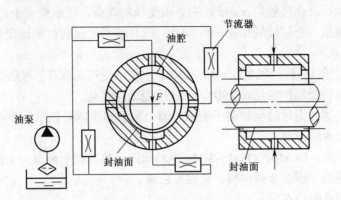

图 4-1-30　液体动压润滑轴承

十、滚动轴承的构造、类型及特点

(一) 滚动轴承的构造

滚动轴承一般由内圈、外圈、滚动体和保持架组成,如图 4-1-31 所示。内圈装在轴径上,与轴一起转动。外圈装在机座的轴承孔内,一般不转动。内外圈上设置有滚道,当内外圈之间相对旋转时,滚动体沿着滚道滚动。保持架使滚动体均匀分布在滚道上,减少滚动体之间的碰撞和磨损。

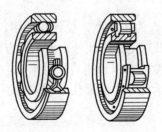

图 4-1-31　滚动轴承

滚动轴承具有摩擦阻力小、启动灵敏、效率高、旋转精度高和润滑简便等特点,广泛应用于各种机器中。滚动轴承为标准零件,由轴承厂批量生产,使用者可以根据需要直接选用。

常见的滚动体有短圆柱形、长圆柱形、螺旋滚子、圆锥滚子、鼓形滚子、滚针 6 种形状。如图 4-1-32 所示。

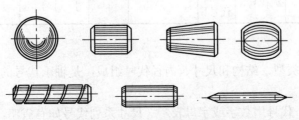

图 4-1-32　常见的滚动体

（二）滚动轴承的类型及特点

按所能承受载荷的方向或公称接触角 α 分为向心轴承和推力轴承。

（1）向心轴承。

径向接触轴承：公称接触角 $\alpha = 0°$，主要承受径向载荷，可承受较小的轴向载荷。

向心角接触轴承：公称接触角 $\alpha = 0°\sim45°$，同时承受径向载荷和轴向载荷。

（2）推力轴承。

推力角接触轴承：公称接触角 $\alpha = 45°\sim90°$，主要承受径向载荷，可承受较小的轴向载荷。

轴向接触轴承：公称接触角 $\alpha = 90°$，只能承受轴向载荷。

按滚动体及其他分为球轴承和滚子轴承、调心轴承和非调心轴承、单列轴承和双列轴承。

（三）滚动轴承的材料

内外圈、滚动体：GCr15、GCr15-SiMn 等轴承钢，热处理后硬度为 HRC60～65。

保持架：低碳钢、铜合金或塑料、聚四氟乙烯。

（四）滚动轴承的特点

优点：起动力矩小；运转精度高；轴向尺寸小；某些轴能同时承受 F_r 和 F_a，使机器结构紧凑；润滑方便、简单，易于密封和维护；互换性好。

缺点：承受冲击载荷能力差；高速时噪音、振动较大；高速重载寿命较低；径向尺寸较大。

应用：广泛应用于中速、中载和一般工作条件下运转的机械设备。

十一、滚动轴承的代号及类型选择

（一）滚动轴承的代号

滚动轴承的类型和尺寸繁多，为了生产、设计和使用，对滚动轴承的类型、类别、结构特点、精度和技术要求等国家标准规定了用代号来表示的方法。滚动轴承的端面上通常印有该轴承的代号。滚动轴承的代号由数字和汉语拼音字母组成，代号表示其类型、结构和内径等。按照 GB/T272－93 规定，滚动轴承代号由前置代号、基本代号和后置代号组成，含义如表 4-1-1 所示。

表 4-1-1　滚动轴承代号的构成

前置代号	基本代号					后置代号						
		一	二	三	四	五	内部结构代号	密封与防尘结构代号	保持架及其材料代号	特殊轴承材料代号	公差等级代号	游隙代号	其他代号
轴承分部件代号	类型代号	尺寸系列代号		内径代号								
		宽度系列代号	直径系列代号									

1. 基本代号

基本代号由基本类型、结构和尺寸、内径代号组成，是轴承代号的基础，由以下 3 部分内容构成：

（1）类型代号。代号用数字或字母表示（尺寸系列代号如有省略，则为第 4 位）；用字母表示时，类型代号与右边的数字之间空半个汉字宽度，如表 4-1-2 所示。

表 4-1-2　轴承的类型表

代号	轴承类型	代号	轴承类型
0	双列角接触球轴承	6	深沟球轴承
1	调心球轴承	7	角接触球轴承
2	调心滚子轴承	8	推力圆柱滚子轴承
3	圆锥滚子轴承	N	圆柱滚子轴承
4	双列深沟球轴承	NN	表示双列或多列
5	推力球轴承	NA	滚针轴承

（2）尺寸系列代号。表示轴承在结构、内径相同的条件下具有不同的外径和宽度，包括宽度系列代号和直径系列代号，如图 4-1-33 所示。

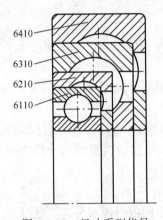

图 4-1-33　尺寸系列代号

宽度系列表示轴承的内径、外径相同，宽度不同的系列，常用代号有 0（窄）、1（正常）、2（宽）3、4、5、6（特宽）等。

直径系列表示同一内径不同外径的系列，常用代号有 0（特轻）、2（轻）3（中）、4（重）等。

（3）公称内径代号。

① $d = 10$、12、15、17mm 时，用代号 00、01、02、03 表示。

② 内径 $d = 20\sim480$mm 且为 5 的倍数时，代号$= d/5$ 或 $d =$代号$\times5$（mm）。

③ $d < 10$mm 或 $d > 500$mm，及 $d = 22$、28、32mm 时，代号用内径尺寸（mm）表示。

2. 前置代号（表示轴承的分部件，用字母表示）

L：可分离轴承的可分离内圈或外圈，如 LN207。

K：轴承的滚动体与保持架组件，如 K81107。

R：不带可分离内圈或外圈的轴承，如 RNU207。

NU：表示内圈无挡边的圆柱滚子轴承。

WS、GS：分别为推力圆柱滚子轴承的轴圈和座圈，如 WS81107、GS81107。

3. 后置代号（反映轴承的结构、公差、游隙及材料的特殊要求等）

● 内部结构代号，反映同一类轴承的不同内部结构，如 C、AC、B。

● 密封、防尘与外部形状变化代号，如 RS、RZ、Z、FS、R、N、NR 等。

● 轴承的公差等级，精度由高到低公差等级为 2、4、5、6、6X、0。

- 轴承的径向游隙，代号为/C1、/C2、/C3、/C4、/C5。
- 保持架代号：J 为钢板冲压，Q 为青铜实体，M 为黄铜实体，N 为工程塑料。

（二）滚动轴承的类型选择

1. 载荷的大小、方向和性质

（1）载荷大小。载荷较大使用滚子轴承，载荷中等以下使用球轴承。例如深沟球轴承既可承受径向载荷又可承受一定轴向载荷，极限转速较高。圆柱滚子轴承可承受较大的冲击载荷，极限转速不高，不能承受轴向载荷。

（2）载荷方向。主要承受径向载荷使用深沟球轴承、圆柱滚子轴承和滚针轴承，承受纯轴向载荷使用推力轴承，同时承受径向和轴向载荷使用角接触轴承或圆锥滚子轴承。当轴向载荷比径向载荷大很多时使用推力轴承和深沟球轴承的组合结构。

（3）载荷性质。承受冲击载荷使用滚子轴承。因为滚子轴承是线接触，承载能力大，抗冲击和振动。

2. 转速

转速较高、旋转精度较高，使用球轴承，否则使用滚子轴承。

3. 调心性能

跨距较大或难以保证两轴承孔的同轴度的轴及多支点轴使用调心轴承，但调心轴承需成对使用，否则将失去调心作用。

轴承外圈滚道作成球面，所以内外圈可以绕几何转动。偏转后内外圈轴心线间的夹角 θ 称为倾斜角。倾斜角的大小标志轴承自动调整轴承倾斜的能力，是轴承的性能参数，故称为调心轴承。

4. 装调性能

圆锥滚子轴承和圆柱滚子轴承的内外圈可分离，便于装拆。

5. 经济性

在满足使用要求的情况下优先使用球轴承、精度低和结构简易的轴承，其价格低廉。

十二、滚动轴承的寿命计算

（一）滚动轴承的失效形式

1. 疲劳点蚀

轴承转动时，承受径向载荷 F_r，外圈固定，如图 4-1-34 所示。当内圈随轴转动时，滚动体滚动，内外圈与滚动体的接触点不断发生变化，其表面接触应力随着位置的不同作脉动循环变化。滚动体在上面位置时不受载荷，滚到下面位置受载荷最大，两侧所受载荷逐渐减小。所以轴承元件受到脉动循环的接触应力。这种周期性变化的应力促使疲劳裂纹的产生，并逐渐扩展到表面，从而形成疲劳点蚀，使轴承旋转精度下降，产生噪声、冲击和振动。

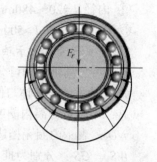

图 4-1-34 径向载荷

2. 塑性变形

当滚动轴承转速很低或只作间歇摆动时，一般不会产生疲劳点蚀。但若承受很大的静载荷或冲击载荷时，轴承各元件接触处的局部应力可能超过材料的屈服极限，从而产生永久变形。过大的永久变形会使轴承在运转中产生剧烈的振动和噪音，致使滚动轴承不能正常工作。

此外，由于使用、维护和保养不当或密封、润滑不良等因素，也能导致轴承早期磨损、胶合、内外圈和保持架破损等不正常失效。

（二）基本额定寿命和基本额定动载荷

1. 轴承的寿命

单个轴承，其中一个套圈或滚动体材料首次出现疲劳扩展之前，一个套圈相对于另一个套圈转动的圈数称为轴承的寿命。

2. 轴承寿命分布曲线

由于制造精度、材料的均质程度等的差异，即使是同样的材料、同样的尺寸以及同一批生产出来的轴承，在完全相同的条件下工作，它们的寿命也会极不相同，如图 4-1-35 所示。

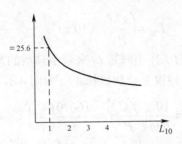

图 4-1-35 轴承寿命分布曲线

3. 轴承的基本额定寿命

按一组轴承中 10%的轴承发生点蚀破坏，而 90%的轴承不发生点蚀破坏前的转数（以 10^6 为单位）或工作小时数作为轴承的寿命，并把这个寿命叫做基本额定寿命，以 L_{10} 表示。对单个轴承而言，基本额定寿命意味着有 90%的可能性达到或超过该寿命。滚动轴承的基本额定寿命通常简称为寿命，后面如无特别声明，滚动轴承的寿命均指额定寿命。

4. 滚动轴承的基本额定动载荷

轴承的寿命与所受载荷的大小有关，工作载荷越大，引起的接触应力也就越大，因而在发生点蚀破坏前所能经受的应力变化次数也就越少，也就是说，轴承的寿命越短。所谓轴承的基本额定动载荷，就是使轴承的基本额定寿命恰好为 10^6 转时轴承所能承受的载荷值，用字母 C 表示。

对于向心轴承，指的是纯径向载荷，并称为径向基本额定动载荷，常用 C_r 表示；对于推力轴承，指的是纯轴向载荷，并称为轴向基本额定动载荷，常用 C_a 表示；对于角接触球轴承或圆锥滚子轴承，指的是套圈间产生纯径向位移的载荷的径向分量。

不同型号的轴承有不同的基本额定动载荷值，它表征了不同型号轴承的承载特性。在轴承样本中对每个型号的轴承都给出了它的基本额定动载荷值，需要时可从轴承样本中查取。

（三）当量动载荷

在实际应用的情况下，一般滚动轴承受径向载荷 F_r 和轴向载荷 F_A 同时作用。因此，在进行轴承寿命计算时，必须把实际载荷转换为与确定基本额定动载荷的载荷条件相一致的当量动载荷，用字母 p 表示。

当量动载荷 p 的计算公式：

$$p = f_p (XF_r + YF_A)$$

式中，F_r 为径向载荷，F_A 为轴向载荷，f_p 为考虑振动、冲击等工作引入的载荷系数，X

为径向系数，Y 为轴向系数，p 中必须考虑 F_A 的影响。

（四）寿命计算公式

载荷与寿命的关系曲线方程为：

$$P^\varepsilon L_{10} = 常数$$

ε 为寿命指数：

$$\varepsilon = \begin{cases} 3 & ——球轴承 \\ 10/3 & ——滚子轴承 \end{cases}$$

根据定义：$L_{10} = 1(10^6 r)$，$P = C$（轴承所能承受的载荷为基本额定动载荷）

所以

$$P^\varepsilon L_{10} = C^\varepsilon \times 1$$

$$L_{10} = \left(\frac{C}{P}\right)^\varepsilon \quad (10^6 \text{r})$$

用给定转速 n（r/min）下的工作小时数 L_h 来表示轴承的基本额定寿命，当轴承温度高于 120℃时 C 将降低，因此引入 f_t 温度系数加以修正（如图 4-1-36 所示），则有：

$$L_h = \frac{10^6}{60n}\left(\frac{f_t C}{P}\right)^\varepsilon = \frac{16670}{n}\left(\frac{C}{P}\right)^\varepsilon$$

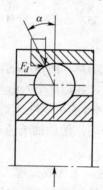

图 4-1-36　轴承

（五）角接触球轴承的轴向载荷计算

角接触球轴承和圆锥轴承由于结构上存在接触角，承受径向载荷时要产生轴向反力，如图 4-1-37 所示。图中 F_i 是作用于第 i 个滚动体的反力，F_i 可以分解为径向分力 F_{Ri} 和轴向分力 F_{Si}，所有滚动体轴向分力的总和 F_S 称为轴承的内部轴向力。

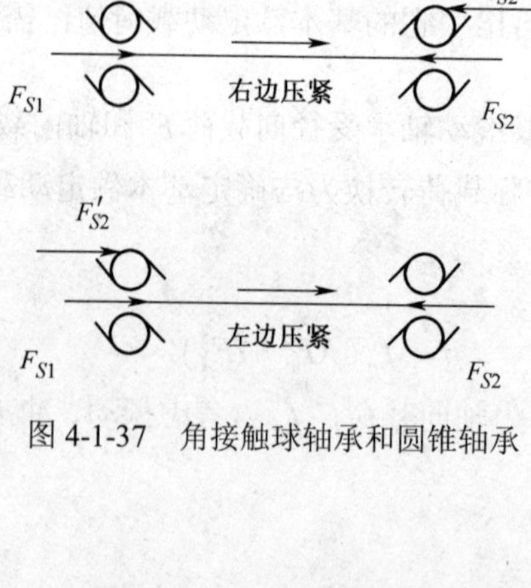

图 4-1-37　角接触球轴承和圆锥轴承

内部轴向力 F_S 由公式确定。

分析角接触轴承的轴向载荷 F_A ，既要考虑轴承内部轴向力 F_S ，又要考虑轴上传动零件作用于轴上的轴向力 F_a （如斜齿轮等）。 F_{R1} 和 F_{R2} 为轴承支座约束力。

F_{R1} 和 F_{R2} 的位置由轴承手册查得。由 F_{R1} 和 F_{R2} 产生的相应轴向力为 F_{S1} 和 F_{S2} 。

将轴承内圈和轴视为一体，有以下两种情况：

（1）当 $F_{S1}+F_a>F_{S2}$ 时：轴有向右移动的趋势，使轴承 2 被"压紧"，轴承 1 被"放松"，压紧的轴承 2 外圈通过滚动体将对内圈和轴产生一个阻止其左移的平衡力 F'_{S2} 。

由此可知轴承 2 的轴向载荷 F_{A2} 为：

$$F_{A2}=F_{S1}+F_a$$

轴承 1 的轴向载荷 F_{A1} 为：

$$F_{A1}=F_{S1}$$

压紧端=除本身的内部轴向力外其余轴向力之和

放松端=本身的内部轴向力

（2）当 $F_{S1}+F_a<F_{S2}$ 时：轴有向左移动的趋势，使轴承 1 被"压紧"，轴承 2 被"放松"，压紧的轴承 1 外圈通过滚动体将对内圈和轴产生一个阻止其左移的平衡力 F'_{S1} 。

可知轴承 2 的轴向载荷 F_{A2} 为：

$$F_{A2}=F_{S2}$$

轴承 1 的轴向载荷 F_{A1} 为：

$$F_{A1}=F_{S2}-F_a$$

结论——实际轴向力 F_A 的计算方法：

①分析轴上内部轴向力 F_S 和外加轴向载荷 F_a ，判定被"压紧"和"放松"的轴承。

②"压紧"端轴承的轴向力 F_A 等于除本身内部轴向力外轴上其他所有轴向力的代数和。

③"放松"端轴承的轴向力 F_A 等于本身的内部轴向力。

（六）滚动轴承的静强度计算

对于不转动、低速旋转或缓慢摆动的轴承，由于主要失效形式为塑性变形，因此应按静载荷对轴承进行计算。

滚动轴承的基本额定静载荷是指，在承受载荷最大的滚动体与滚道接触处产生的总塑性变形量为滚动体直径的万分之一倍时的接触应力所引起的载荷，用 C_0 表示，向心轴承径向基本额定动载荷 C_{0r} 、推力轴承轴向基本额定动载荷 C_{0a} 的值可查机械手册。

轴承静强度的计算公式：

$$C_0 \geqslant S_0 P_0$$

式中， P_0 为当量静载荷， S_0 为静强度安全系数。

对于 $\alpha=0°$ 的向心滚子轴承： $P_0=F_r$

对于角接触轴承：　　$P_0\ r=X_0\ F_r+Y_0\ F_a$ ⎫

　　　　　　　　　　 $P_0\ r=F_r$ ⎭ 取式中的 P_0 较大值

X_0 、 Y_0 分别为静径向和轴向载荷系数。

十三、滚动轴承的组合设计

正确选用轴承类型和型号之后，为了保证轴与轴上旋转零件的正常运行，还应解决轴承组合的结构问题，其中包括轴承组合的轴向固定、轴承与相关零件的配合、间隙调整、装拆、润滑等一系列问题。

（一）轴系上的轴向固定

正常的滚动轴承支承应使轴能正常传递载荷而不发生轴向窜动及轴受热膨胀后卡死等现象。常用的滚动轴承支承结构形式有以下 3 种：

（1）两端单向固定。

轴的两个轴承分别限制一个方向的轴向移动，这种固定方式称为两端单向固定。考虑到轴受热伸长，对于深沟球轴承可在轴承盖与外圈端面之间留出热补偿间隙 $c = 0.2 \sim 0.3 \text{mm}$。间隙量的大小可用一组垫片来调整。这种支承结构简单，安装调整方便，适用于工作温度变化不大的短轴，如图 4-1-38 所示。

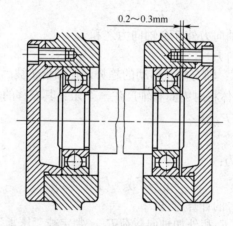

图 4-1-38 轴两端单向固定

（2）一端双向固定，一端游动。

一端支承的轴承，内外圈双向固定，另一端支承的轴承可以轴向游动。双向固定端的轴承可承受双向轴向载荷，游动端的轴承端面与轴承盖之间留有较大的间隙，以适应轴的伸缩量，这种支承结构适用于轴的温度变化大和跨距较大的场合，如图 4-1-39 所示。

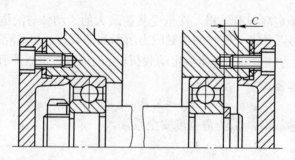

图 4-1-39 轴的双向固定

（3）两端游动。

两端游动支承结构的轴承不对轴作精确的轴向定位。两轴承的内外圈双向固定，以保证轴能作双向游动。两端采用圆柱滚子轴承支承，适用于人字齿轮主动轴。

轴承内圈常用的四种轴向固定方法：利用轴肩作单向固定，它能承受大的博向的轴向力；利用轴肩和轴用弹性挡圈作双向固定，挡圈能承受的轴向力不大；利用轴肩和轴端挡板作双向固定，挡板能承受中等的轴向力；利用轴肩和圆螺母、止动垫、D 圈作双向固定，能承受大的轴向力，如图 4-1-40 所示。

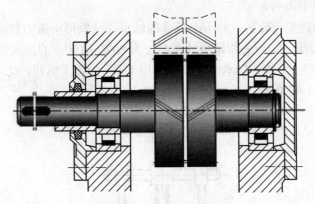

图 4-1-40 轴的两端游动

（二）轴向位置的调整

为了保证机器正常工作，轴上某些零件通过调整位置以达到工作所要求的准确位置。例如蜗杆传动中要求能调整蜗轮轴的轴向位置，来保证正确啮合。在圆锥齿轮传动中要求两齿轮的节锥顶重合于一点，要求两齿轮都能进行轴向调整。其调整是利用轴承盖与套杯之间的垫片组调整轴承的轴向游隙，利用套杯与箱孔端面之间的垫片组调整轴的轴向位置，如图 4-1-41 所示。

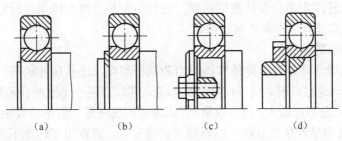

| （a） | （b） | （c） | （d） |

图 4-1-41 轴向位置

（三）提高轴承系统的刚度和同轴度

与轴承配合的轴和轴承支座孔应具有足够的刚度，为保证轴承支座孔的刚度，可采用加强筋和增加轴承座孔的厚度。同一根轴上的轴承座孔应保证同心，应使两轴承座孔直径相同，以便加工时能一次定位镗孔。如两轴承外径不同时，外径小的轴承可在座孔处安装衬套，使轴承座孔直径相同，以便一次镗出。如果不保证支承系统的刚度和同轴度，会使轴线有较大的偏移，影响轴承的旋转精度，从而降低轴承的使用寿命。还要减小轴承支点相对于箱体孔壁的悬臂长度。对于角接触轴承要进行预紧，可增加刚度。

（四）配合与装拆

1. 滚动轴承与轴和座孔的配合

滚动轴承的套圈与轴和座孔之间应选择适当的配合，以保证轴的旋转精度和轴承的周向固定。滚动轴承是标准零件，因此轴承内圈与轴颈的配合采用基孔制，轴承外圈与座孔的配合采用基轴制。为了防止轴颈与内圈在旋转时有相对运动，轴承内圈与轴颈一般选用 m_5、m_6、n_6、p_6、r_6、js_5 等较紧的配合，轴承外圈与座孔一般选用 J_7、K_7、M_7、H_7 等较松的配合。配合选择取决于载荷大小、方向和性质；轴承类型、尺寸和精度；轴承游隙以及其他因素，具体选用可参考机械手册。

2. 滚动轴承的安装与拆卸

轴承的内圈与轴颈配合较紧，对于小尺寸的轴承，一般可用压力直接将轴承的内圈压入轴颈。对于尺寸较大的轴承，可先将轴承放在温度为80℃～100℃的热油中加热，使内孔胀大，然后用压力机装在轴颈上。拆卸轴承时应使用专用工具。为便于拆卸，设计时轴肩高度不能大于内圈高度，如图4-1-42所示。

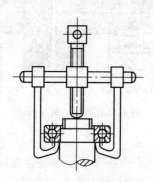

图4-1-42　轴承的安装

十四、滚动轴承的维护和使用

要延长轴承的使用寿命和保持旋转精度，在使用中应及时对轴承进行维护，采用合理的润滑和密封，并经常检查润滑和密封状况。

（一）滚动轴承的润滑

滚动轴承的润滑主要是为了降低摩擦阻力和减轻磨损，还有缓冲吸振、冷却、防锈和密封等作用。当轴承转速较低时，可采用润滑脂润滑，其优点是便于维护和密封，不易流失，能承受较大载荷；缺点是摩擦较大，散热效果差。润滑脂的填充量一般不超过轴承内空隙的1/2～1/3，以免润滑脂太多导致摩擦发热，影响轴承正常工作。通常用于转速不高及不便于加油的场合。当轴承的转速过高时，采用润滑油润滑。一般轴承承受载荷较大、温度较高、转速较低时，使用粘度较大的润滑油；相反使用粘度较小的润滑油。润滑方式有油浴或飞溅润滑。而油浴润滑时，油面高度不应超过最下方滚动体的中心。其他润滑方式请参考滑动轴承的润滑课程。

（二）滚动轴承的密封

滚动轴承密封的目的：防止灰尘、水分和杂质等进入轴承，同时也阻止润滑剂的流失。良好的密封可保证机器正常工作，降低噪音，延长有关零件的寿命。密封方式分接触式密封和非接触式密封。

1. 接触式密封

由于密封件直接与轴接触，工作时摩擦、磨损严重，只适用于低速场合。接触式密封主要有以下两种：

（1）毡圈密封。

在轴承盖上开梯形槽，将毛毡按标准制成环形或带形，放置在梯形槽中与轴密合接触。毡圈密封主要用于脂润滑的场合，结构简单，但摩擦系数较大，只用于滑动速度小于4～5m/s，且工作温度不高于90℃的地方。

（2）唇形密封圈密封。

在轴承盖中，放置一个用耐油橡胶制成的唇形密封圈，靠弯折了的橡胶的弹性力和附加的环形螺旋弹簧的扣紧作用而紧套在轴上，以便起密封作用。唇形密封圈的密封唇的方向要朝向密封的部位。即如果主要是为了封油，密封唇应对着轴承（朝内）；如果主要是为了防止外物浸入，则密封唇应背对轴承（朝外）；如果两方面要求都需要，最好使用密封唇反向放置的两个唇形密封圈。唇形密封圈密封可用于接触面滑动速度小于 10m/s（当轴颈是精车的时候）或小于 15m/s（当轴颈是磨光的时候）的场合。

2. 非接触式密封

使用非接触式密封可以避免接触面间的滑动摩擦。常用的非接触式密封有以下两种：

（1）油沟密封。

在轴和轴承盖通孔的孔壁间留一个极窄的隙缝，半径间隙通常为 0.1～0.3mm。这对使用脂润滑的轴承已有一定的密封效果。如果窄轴承盖上车出环槽，在槽内填上润滑脂，可以提高密封效果。隙缝密封适用于干燥清洁的环境中。

（2）迷宫式密封。

迷宫式密封是将旋转件和固定件之间的间隙作成曲路（迷宫）形式，并在间隙中充填润滑油或润滑脂以加强密封效果，分径向和轴向两种：径向曲路径向间隙不大于 0.1～0.2mm；轴向曲路因考虑到轴受热后会伸长，间隙应取大些，为 1.5～2mm。迷宫式密封在环境比较脏和比较潮湿时也是相当可靠的。

（三）滚动轴承的检验

检验的主要内容有以下 3 个方面：

（1）外观检验。检验是否有点蚀出现，磨损是否严重，保持架是否松动。

（2）空转检验。手拿内圈旋转外圈，轴承转动是否灵活，有无噪声阻滞现象。

（3）游隙测量。游隙一般不超过 0.1～0.15mm，径向游隙不能过大。

根据检查结果和使用要求决定轴承是否能继续使用。

十五、滚动轴承与滑动轴承的比较

滚动轴承与滑动轴承，类型很多，各自特点不同，在使用轴承时，应结合工作情况和各类轴承的特点及性能对比选择，选出最实际的轴承。滚动轴承与滑动轴承的比较如表 4-1-3 所示。

表 4-1-3　滚动轴承与滑动轴承性能比较

性能	滚动轴承	滑动轴承	
		不完全液体润滑	液体动压润滑
一对轴承效率 η	$\eta \approx 0.99$	$\eta \approx 0.97$	$\eta \approx 0.995$
适应转速	低、中速	低速	中、高速
承受冲击载荷能力	不高	较高	高
启动阻力	低	高	高
噪声	较大	不大	无噪音
旋转精度	较高	低	高
轴承外廓尺寸	径向大、轴向小	径向小、轴向大	径向小、轴向大

续表

性能	滚动轴承	滑动轴承	
		不完全液体润滑	液体动压润滑
安装精度要求	安装精度高	安装精度不高	安装精度高
使用寿命	有限	有限	长
使用润滑剂	润滑油或润滑脂	润滑油或润滑脂	润滑油
维护要求	润滑简单、维护方便	需要一定的润滑装置	需要经常检查润滑装置、换油
其他	更换方便、价格便宜	需要经常修复或更换轴瓦或修复轴颈	价格较高

【任务总结】

一、轴部分

（1）轴的功用是支承轴上的旋转零件，并传递转矩和运动。按轴受载荷的性质不同，可将轴分为传动轴、心轴和转轴。

（2）轴是机械中的重要零件，轴的设计直接影响整机的质量。轴的设计一般应解决轴的结构和承载能力两方面的问题。具体地说，轴的设计步骤有：①选择轴的材料；②初步估算轴的直径；③进行轴的结构设计；④精确校核（强度、刚度、振动等）；⑤绘制零件的工作图。

（3）轴的结构设计应从多方面考虑，应满足的基本要求有：轴上零件有准确的位置、固定可靠，轴具有良好的工艺性，便于加工和装拆，合理布置轴上零件，以减小轴的工作应力。

（4）轴的强度计算包括以下两种：①按转矩初步计算轴的直径，只是根据转矩计算直径，忽略了弯矩，计算结果是粗略的；②按弯扭合成的当量弯矩校核轴的强度，同时考虑了弯矩和扭矩的作用，由于弯矩和转矩引起的应力性质可能不同，所以引入了折算系数。

（5）键和花键是最常用的轮毂联接方式，均已标准化。设计和使用时应根据定心要求、载荷大小、使用要求和工作条件等合理选择。

（6）根据工作前是否有预紧力，键联接可分为松联接和紧联接。松联接的工作表面是键的侧面，靠挤压工作，属于这类联接的有平键（普通平键、导键和滑键）联接和半圆键联接；紧联接的工作表面是上下面，靠摩擦力工作，常用的有楔键联接和切向键联接。

（7）平键的选用方法是根据轴径 d 确定键的截面尺寸 $b \times h$，根据轮毂宽度 B 确定键长 L（$L < B$），必要时进行强度校核。普通平键联接的主要失效形式是轮毂压溃。

二、滑动轴承部分

（1）滑动轴承根据摩擦状态不同可分为非液体润滑轴承和完全液体润滑轴承。完全液体润滑轴承又分为动压润滑轴承和静压润滑轴承。工程上大多用非液体润滑轴承。滑动轴承有多种结构形式：整体式、剖分式、自动调心式等。由于滑动轴承本身有一些独特的优势，适用于一些特殊的场合，如高速、重载、高精度。

（2）轴承材料和轴瓦结构对滑动轴承的性能影响较大，应综合考虑多方面因素选定轴承材料和轴瓦结构。

（3）非液体摩擦滑动轴承计算和校核时，限制压强 p，以保证润滑油膜不被破坏；限制 $p \cdot v$ 值，以保证轴承温升不至于太高，因为温度太高，容易引起边界油膜的破裂。

（4）根据流体动压润滑的形成原理设计出的动压润滑滑动轴承，主要用于连续高速运转的场合。动压润滑滑动轴承的设计较复杂，故不在本书中叙述，必要时请参阅有关资料。

三、滚动轴承部分

（1）滚动轴承是标准件，在类型和尺寸方面已制定了国家标准，并由专业厂家生产。因此，作为设计者的任务是：熟悉滚动轴承的有关国家标准，选择轴承的型号，进行轴承装置的结构设计。

（2）在熟悉常用滚动轴承的类型、代号、基本性能和结构特点的基础上，根据轴承所受载荷大小、方向、性质、工作转速高低、轴颈的偏转情况等要求来选择滚动轴承的类型。通过寿命计算，确定轴承尺寸。另外，轴承装置的结构设计不可忽视，由于轴承装置设计不合理而导致设计失败的情况时有发生，所以应根据不同类型的轴承、功用、工况、载荷特性等设计出合理的轴承装置结构形式和结构尺寸。

（3）GB272/T－1993 规定了滚动轴承代号的表示方法，通过学习，应掌握轴承代号中的基本代号，了解前置代号和后置代号。

（4）滚动轴承主要承受的是脉动接触应力，主要的失效形式是疲劳点蚀破坏。

（5）在滚动轴承寿命计算中，基本额定寿命和基本额定动载荷是两个重要定义；对于同时受径向力和轴向力的轴承，载荷由当量动载荷公式进行计算。当轴承寿命要求不等于基本额定寿命时，或轴承的受力不等于基本额定动载荷时，可通过轴承的寿命计算公式进行计算。计算时，还应加入温度影响系数、载荷系数和可靠度的额定寿命修正系数。

（6）当量动载荷计算不同于一般的合力计算，当轴向力较小时，$F_a = 0$，即轴向力忽略不计；当轴向力较大时，才按比例折算入载荷计算式。较小较大的判断是由不同类型的轴承按径向力与轴向力的比值确定的。

（7）滚动轴承的尺寸一般是先根据轴的结构来初步确定，然后再进行承载能力的验算。

【技能训练】

训练内容：

学会根据轴的功能、轴上零件及载荷情况进行轴的结构设计，校核轴的强度；熟悉轴的零件图的表达方法。

训练目的：

设计二级斜齿圆柱齿轮减速器的中间轴，并画出零件图。已知中间轴输入功率 $p = 40 \mathrm{kW}$，转速 $n = 200 \mathrm{r/min}$；齿轮 2 的分度圆直径 $d_2 = 688 \mathrm{mm}$，螺旋角 $\beta_2 = 10°29'$。

训练过程：

按步骤设计轴的结构及尺寸，再对轴进行强度校核，绘制轴的零件图。

训练总结：

通过本训练，学生应学会根据轴上零件载荷的大小、载荷性质、零件在轴上的位置、零件的尺寸设计轴的结构和尺寸，对轴进行强度校核。

轴结构设计过程是一个需要学生综合运用知识、耐心和仔细实践的学习过程，这一过程可能是反复的。所以设计轴时，需要教师的指导和学生的自我学习和反复实践。

任务二　减速器通用零部件选择

【任务提出】

联轴器和离合器通常用来联接两轴并在其间传递运动和转矩。有时也可以作为一种安全装置用来防止被联接件承受过大的载荷，起到过载保护的作用。用联轴器联接轴时只有在机器停止运转，经过拆卸后才能使两轴分离。而离合器联接的两轴可在机器工作中方便地实现分离与接合。制动器则是用来降低机械的运转速度或迫使机械停止运转的部件。

联轴器所联接的两轴，由于制造及安装误差、承载后的变形以及温度变化的影响，往往存在着某种程度的相对位移与偏斜。因此，设计联轴器时要从结构上采取各种不同的措施，使联轴器具有补偿各种偏移量的性能。联轴器、离合器和制动器都是常用构件，大多已经标准化了。

【能力目标】

1．了解常用联轴器的特点和选择。
2．掌握常用离合器的类型和工作原理。

【知识目标】

1．熟悉联轴器的类型、特点、应用和选择。
2．了解离合器的类型和应用。
3．了解制动器的类型和应用。

【任务分析】

联轴器和离合器是机械传动中的重要部件。联轴器和离合器可联接主、从动轴，使其一同回转并传递扭矩，有时也可用作安全装置。联轴器联接的分与合只能在停机时进行，而离合器联接的分与合可随时进行。

如图 4-2-1 和图 4-2-2 所示为联轴器和离合器应用实例。

图 4-2-1 所示为电动绞车，电动机输出轴与减速器输入轴之间用联轴器联接，减速器输出轴与卷筒之间同样用联轴器联接来传递运动和扭矩。图 4-2-2 所示为自动车床转塔刀架上用于控制转位的离合器。

联轴器和离合器的类型很多，其中多数已标准化，设计选择时可根据工作要求，查阅有关手册、样本，选择合适的类型，必要时对其中的主要零件进行强度校核。

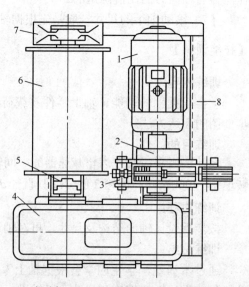

1—电动机；2、5—联轴器；3—制动器；
4—减速器；6—卷筒；7—轴承；8—机架

图 4-2-1　电动绞车上的联轴器

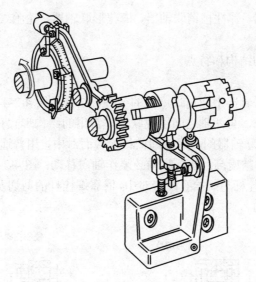

图 4-2-2 自动车床转塔刀架上的离合器

一、联轴器

(一) 联轴器的性能要求

联轴器所联接的两轴，由于制造及安装误差、承载后的变形、温度变化和轴承磨损等原因，不能保证严格对中，使两轴线之间出现相对位移，如图 4-2-3 所示，如果联轴器对各种位移没有补偿能力，工作中将会产生附加动载荷，使工作情况恶化。因此，要求联轴器具有补偿一定范围内两轴线相对位移量的能力。对于经常负载起动或工作载荷变化的场合，要求联轴器中具有起缓冲、减振作用的弹性元件，以保护原动机和工作机不受或少受损伤。同时还要求联轴器安全、可靠，有足够的强度和使用寿命。

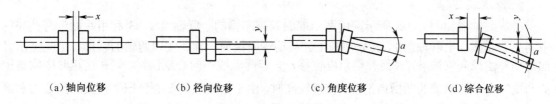

（a）轴向位移　　　　（b）径向位移　　　　（c）角度位移　　　　（d）综合位移

图 4-2-3 联轴器两轴线之间出现相对位移

(二) 联轴器的分类

联轴器可分为刚性联轴器和挠性联轴器两大类。

刚性联轴器不具有缓冲性和补偿两轴线相对位移的能力，要求两轴严格对中，但此类联轴器结构简单，制造成本较低，装拆、维护方便，能保证两轴有较高的对中性，传递转矩较大，应用广泛。常用的有凸缘联轴器、套筒联轴器和夹壳联轴器等。

挠性联轴器又可分为无弹性元件挠性联轴器和有弹性元件挠性联轴器，前一类只具有补偿两轴线相对位移的能力，但不能缓冲减振，常见的有滑块联轴器、齿式联轴器、万向联轴器和链条联轴器等；后一类因含有弹性元件，除具有补偿两轴线相对位移的能力外，还具有缓冲和减振作用，但传递的转矩因受到弹性元件强度的限制，一般不及无弹性元件挠性联轴器，常见的有弹性套柱销联轴器、弹性柱销联轴器、梅花形联轴器、轮胎式联轴器、蛇形弹簧联轴器和簧片联轴器等。

（三）常用联轴器的结构和特点

1. 凸缘联轴器

凸缘联轴器是刚性联轴器中应用最广泛的一种，结构如图 4-2-4 所示，是由两个带凸缘的半联轴器用螺栓联接而成，与两轴之间用键联接。常用的结构形式有两种，其对中方法不同，图 4-2-4（a）所示为两半联轴器的凸肩与凹槽相配合而对中，用普通螺栓联接，依靠接合面间的摩擦力传递转矩，对中精度高，装拆时轴必须作轴向移动；图 4-2-4（b）所示为两半联轴器用铰制孔螺栓联接，靠螺栓杆与螺栓孔配合对中，依靠螺栓杆的剪切及其与孔的挤压传递转矩，装拆时轴不须作轴向移动。

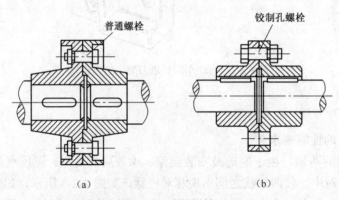

（a）　　　　　　　　　　　　　（b）

图 4-2-4　凸缘联轴器

联轴器的材料一般采用铸铁，重载或圆周速度 $v \geq 30\text{m/s}$ 时应采用铸钢或锻钢。

凸缘联轴器结构简单，价格低廉，能传递较大的转矩，但不能补偿两轴线的相对位移，也不能缓冲减振，故只适用于联接的两轴能严格对中、载荷平稳的场合。

2. 滑块联轴器

滑块联轴器如图 4-2-5 所示，由两个端面开有凹槽的半联轴器 1、3 利用两面带有凸块的中间盘 2 联接，半联轴器 1、3 分别与主、从动轴联接成一体，实现两轴的联接。中间盘沿径向滑动补偿径向位移 y，并能补偿角度位移 α。若两轴线不同心或偏斜，则在运转时中间盘上的凸块将在半联轴器的凹槽内滑动；转速较高时，由于中间盘的偏心会产生较大的离心力和磨损，并使轴承承受附加动载荷，故这种联轴器适用于低速。为减少磨损，可由中间盘油孔注入润滑剂。

半联轴器和中间盘的常用材料为 45 钢或铸钢 ZG310-570，工作表面淬火 HRC48～58。

3. 万向联轴器

万向联轴器如图 4-2-6 所示，由两个叉形接头 1、3 和十字轴 2 组成，利用中间联接件十字轴联接的两叉形半联轴器均能绕十字轴的轴线转动，从而使联轴器的两轴线能成任意角度 α，一般 α 最大可达 $35°\sim45°$。但 α 角越大，传动效率越低。万向联轴器单个使用时，当主动轴以等角速度转动时，从动轴作变角速度回转，从而在传动中引起附加动载荷。为避免这种现象，可采用两个万向联轴器成对使用，使两次角速度变化的影响相互抵消，使主动轴和从动轴同步转动，如图 4-2-7 所示。各轴相互位置在安装时必须满足：

（1）主动轴、从动轴与中间轴 C 的夹角必须相等，即 $\alpha_1 = \alpha_2$。

（2）中间轴两端的叉形平面必须位于同一平面内，如图 4-2-8 所示。

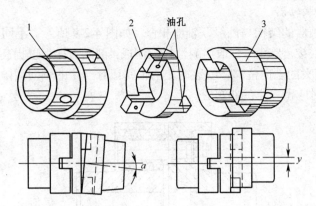

图 4-2-5　滑块联轴器

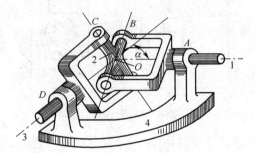

1、3—叉形接头；2—十字轴；4—机架

图 4-2-6　万向联轴器

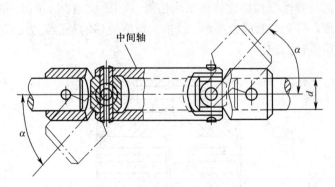

图 4-2-7　万向联轴器同步转动

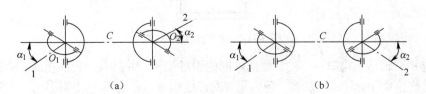

图 4-2-8　万向联轴器位于同一平面

万向联轴器的材料常采用合金钢，以获得较高的耐磨性和较小的尺寸。

万向联轴器能补偿较大的角位移，结构紧凑，使用、维护方便，广泛用于汽车、工程机械等的传动系统中。

4. 弹性套柱销联轴器

弹性套柱销联轴器的结构与凸缘联轴器相似，如图 4-2-9 所示。不同之处是用带有弹性圈的柱销代替了螺栓联接，弹性圈一般用耐油橡胶制成，剖面为梯形以提高弹性。柱销材料多采用 45 钢。为补偿较大的轴向位移，安装时在两轴间留有一定的轴向间隙 c；为了便于更换易损件弹性套，设计时应留一定的距离 B。

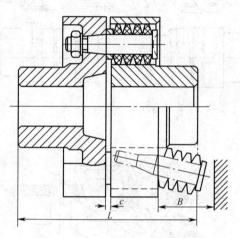

图 4-2-9　弹性套柱销联轴器

弹性套柱销联轴器制造简单，装拆方便，但寿命较短，适用于联接载荷平稳，需要正反转或起动频繁的小转矩轴，多用于电动机轴与工作机械的联接上。

5. 弹性柱销联轴器

弹性柱销联轴器与弹性套柱销联轴器结构相似，如图 4-2-10 所示，只是柱销材料为尼龙，柱销形状一端为柱形，另一端制成腰鼓形，以增大角度位移的补偿能力。为防止柱销脱落，柱销两端装有挡板，用螺钉固定。

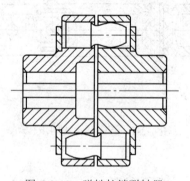

图 4-2-10　弹性柱销联轴器

弹性柱销联轴器结构简单，能补偿两轴间的相对位移，并具有一定的缓冲、吸振能力，应用广泛，可代替弹性套柱销联轴器。但因尼龙对温度敏感，使用时受温度限制，一般在 -20℃～70℃之间使用。

（四）联轴器的选择

联轴器多已标准化，其主要性能参数为：额定转矩 T_n、许用转速 $[n]$、位移补偿量和被联接轴的直径范围等。选用联轴器时，通常先根据使用要求和工作条件确定合适的类型，再按转矩、轴径和转速选择联轴器的型号，必要时应校核其薄弱件的承载能力。

考虑工作机起动、制动、变速时的惯性力和冲击载荷等因素，应按计算转矩 T_c 选择联轴器。计算转矩 T_c 和工作转矩 T 之间的关系为：

$$T_c = K T$$

式中 K 为工作情况系数，如表 4-2-1 所示。一般刚性联轴器选用较大的值，挠性联轴器选用较小的值；被传动的转动惯量小，载荷平稳时取较小值。

表 4-2-1　工作情况系数 K

原动机	工作机械	K
电动机	皮带运输机、鼓风机、连续运转的金属切削机床	1.25～1.5
	链式运输机、刮板运输机、螺旋运输机、离心泵、木工机械	1.5～2.0
	往复运动的金属切削机床	1.5～2.0
	往复式泵、往复式压缩机、球磨机、破碎机、冲剪机	2.0～3.0
	起重机、升降机、轧钢机	3.0～4.0
涡轮机	发电机、离心泵、鼓风机	1.2～1.5
往复式发动机	发电机	1.5～2.0
	离心泵	3～4
	往复式工作机	4～5

所选型号联轴器必须同时满足：

$$T_c \leqslant T_n$$
$$n \leqslant [n]$$

例 4-2-1　功率 $p=11kW$，转速 $n=970$ r/min 的电动起重机中，联接直径 $d=42mm$ 的主、从动轴，试选择联轴器的型号。

解：（1）选择联轴器类型。

为缓和振动和冲击，选择弹性套柱销联轴器。

（2）选择联轴器型号。

计算转矩：由表 11-1 查取 $K=3.5$，按公式计算：

$$T_c = K \cdot T = K \cdot 9550 \frac{p}{n} = 3.5 \times 9550 \times \frac{11}{970} = 379 \text{ N} \cdot \text{m}$$

计算转矩、转速和轴径，由 GB4323－84 中选用 TL7 型弹性套柱销联轴器，标记为：TL7 联轴器 42×112　GB4323－84。查得有关数据：额定转矩 $T_n=500N·m$，许用转速 $[n]=2800$ r/min，轴径为 40～45mm。

满足 $T_c \leqslant T_n$、$n \leqslant [n]$，适用。

二、离合器

（一）离合器的性能要求

离合器在机器传动过程中能方便地接合和分离。对它的基本要求是：工作可靠，接合、分离迅速而平稳，操纵灵活、省力，调节和修理方便，外形尺寸小、重量轻，对摩擦式离合器还要求其耐磨性好并具有良好的散热能力。

（二）离合器的分类

离合器的类型很多。按实现接合和分离的过程可分为操纵离合器和自动离合器；按离合的工作原理可分为嵌合式离合器和摩擦式离合器。

嵌合式离合器通过主、从动元件上牙齿之间的嵌合力来传递回转运动和动力，工作比较可靠，传递的转矩较大，但接合时有冲击，运转中接合困难。

摩擦式离合器是通过主、从动元件间的摩擦力来传递回转运动和动力，运动中接合方便，有过载保护性能，但传递转矩较小，适用于高速、低转矩的工作场合。

（三）常用离合器的结构和特点

1．牙嵌式离合器

牙嵌式离合器如图4-2-11所示，是由两端面上带牙的半离合器1、2组成。半离合器1用平键固定在主动轴上，半离合器2用导向键3或花键与从动轴联接。在半离合器1上固定有对中环5，从动轴可在对中环中自由转动，通过滑环4的轴向移动操纵离合器的接合和分离，滑环的移动可用杠杆、液压、气压或电磁吸力等操纵机构控制。

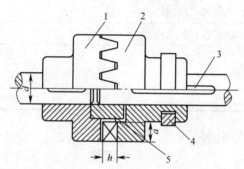

1、2—半离合器；3—导向键；4—滑环；5—对中环

图4-2-11　牙嵌式离合器

牙嵌式离合器常用的牙型有：三角形、矩形、梯形和锯齿形，如图4-2-12所示。

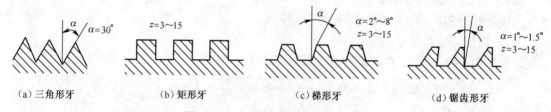

（a）三角形牙　　　　（b）矩形牙　　　　（c）梯形牙　　　　（d）锯齿形牙

图4-2-12　牙嵌式离合器常用的牙型

三角形牙用于传递中小转矩的低速离合器，牙数一般为12～60；矩形牙无轴向分力，接合困难，磨损后无法补偿，冲击也较大，故使用较少；梯形牙强度高，传递转矩大，能自动补偿牙面磨损后造成的间隙，接合面间有轴向分力，容易分离，因而应用最为广泛；锯齿形牙只能单向工作，反转时由于有较大的轴向分力，会迫使离合器自行分离。

牙嵌式离合器的主要失效形式是牙面的磨损和牙根折断，因此要求牙面有较高的硬度，牙根有良好的韧性，常用材料为低碳钢渗碳淬火到HRC54～60，也可用中碳钢表面淬火。

牙嵌式离合器结构简单、尺寸小，接合时两半离合器间没有相对滑动，但只能在低速或停车时接合，以避免因冲击折断牙齿。

2. 圆盘摩擦离合器

摩擦离合器依靠两接触面间的摩擦力来传递运动和动力。按结构形式不同，可分为圆盘式、圆锥式、块式和带式等类型，最常用的是圆盘摩擦离合器。圆盘摩擦离合器分为单片式和多片式两种，如图 4-2-13 和图 4-2-14 所示。

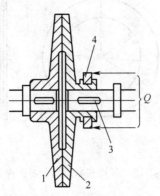

1、2—摩擦圆盘；3—导向键；4—滑环

图 4-2-13 单片式圆盘摩擦离合器

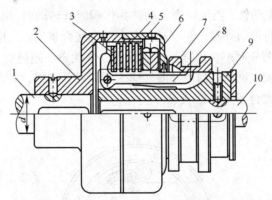

1—主动轴；2—外壳；3—压板；4—外摩擦片；5—内摩擦片；
6—螺母；7—滑环；8—杠杆；9—套筒；10—从动轴

图 4-2-14 多片式圆盘摩擦离合器

单片式摩擦离合器由摩擦圆盘 1、2 和滑环 3 组成。圆盘 1 与主动轴联接，圆盘 2 通过导向键 3 与从动轴联接并可在轴上移动。操纵滑环 4 可使两圆盘接合或分离。轴向压力 F_Q 使两圆盘接合，并在工作表面产生摩擦力，以传递转矩。单片式摩擦离合器结构简单，但径向尺寸较大，只能传递不大的转矩。

多片式摩擦离合器有两组摩擦片，主动轴 1 与外壳 2 相联接，外壳内装有一组外摩擦片 4，形状如图 4-2-15（a）所示，其外缘有凸齿插入外壳上的内齿槽内，与外壳一起转动，其内孔不与任何零件接触。从动轴 10 与套筒 9 相联接，套筒上装有一组内摩擦片 5，形状如图 4-2-15（b）所示，其外缘不与任何零件接触，随从动轴一起转动。滑环 7 由操纵机构控制，当滑环向左移动时，使杠杆 8 绕支点顺时针转动，通过压板 3 将两组摩擦片压紧，实现接合；滑环 7 向右移动，则实现离合器分离。摩擦片间的压力由螺母 6 调节。若摩擦片为图 4-2-15（c）所示的形状，则分离时能自动弹开。

多片式摩擦离合器由于摩擦面增多，传递转矩的能力提高，径向尺寸相对减小，但结构较为复杂。

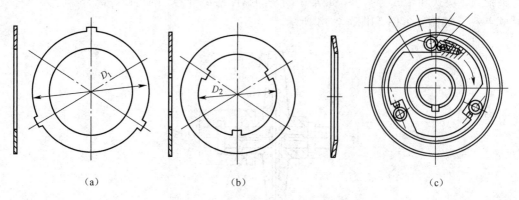

图 4-2-15　多片式摩擦离合器的摩擦片

3. 滚柱超越离合器

超越离合器又称为定向离合器，是一种自动离合器，目前广泛应用的是滚柱超越离合器（如图 4-2-16 所示），由星轮 1、外圈 2、滚柱 3 和弹簧顶杆 4 组成。滚柱的数目一般为 3～8 个，星轮和外圈都可作主动件。当星轮为主动件并作顺时针转动时，滚柱受摩擦力作用被楔紧在星轮与外圈之间，从而带动外圈一起回转，离合器为接合状态；当星轮逆时针转动时，滚柱被推到楔形空间的宽敞部分而不再楔紧，离合器为分离状态。超越离合器只能传递单向转矩。若外圈和星轮作顺时针同向回转，则当外圈转速大于星轮转速时，离合器为分离状态；当外圈转速小于星轮转速时，离合器为接合状态。

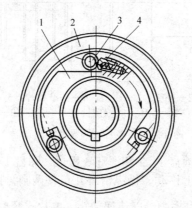

1—星轮；2—外圈；3—滚柱；4—弹簧顶杆

图 4-2-16　滚柱超越离合器

超越离合器尺寸小，接合和分离平稳，可用于高速传动。

【知识链接】

一、联轴器

联轴器一般由两个半联轴器及联接件组成。半联轴器与主动轴、从动轴常采用键、花键等联接。联轴器联接的两轴一般属于两个不同的机器或部件，由于制造、安装的误差，运转时零件的受载变形，以及其他外部环境或机器自身的多种因素，都可使被联接的两轴相对位置发生变化，出现如图 4-2-17 所示的相对位移和偏差。由此可见，联轴器除了能传递所需的转矩外，还应具有补偿两轴线的相对位移或偏差、减振与缓冲，以及保护机器等性能。

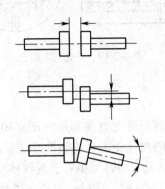

图 4-2-17　联轴器的相对位移和偏差

（一）联轴器的分类

联轴器分为机械式联轴器、液力联轴器和电磁式联轴器，其中以机械式联轴器最为常用，机械式联轴器又分为以下 3 种：

（1）凸缘联轴器。

图 4-2-18（a）所示为凸缘联轴器：上面靠预紧普通螺栓在凸缘边接触表面产生的摩擦力传递力矩，下面用铰制孔螺栓对中，靠螺杆承受挤压与剪切传递力矩，用普通螺栓联接；图 4-2-18（b）所示为用铰制孔螺栓联接。

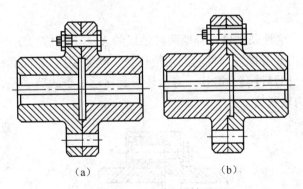

（a）　　　　　　　　　（b）

图 4-2-18　凸缘联轴器

（2）刚性联轴器。

刚性固定式联轴器（无法补偿两轴线相对位移偏差）结构简单、成本低廉，但对被联结的两轴间的相对位移缺乏补偿能力，故对两轴的中性要求很高，若两轴线发生相对位移，就会在轴、联轴器和轴承上引起附加载荷，故用于无冲击、轴的对中性好的场合。

（3）夹壳式联轴器。

夹壳式联轴器是由两个半圆筒形的夹壳及联结它们的螺栓所组成，如图 4-2-19 所示，靠夹壳与轴之间的摩擦力或键来传递转矩，主要用于低速、工作平稳的场合。

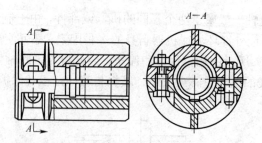

图 4-2-19　夹壳式联轴器

（二）可移式联轴器

1. 十字滑块联轴器

如图 4-2-20 所示，可补偿轴线高度 Y 方向和角度 $\alpha' < 30'$ 的误差，它由两个半联轴器 1、3 与十字滑块 2 组成。十字滑块 2 两侧互相垂直的凸榫分别与两个半联轴器的凹槽组成移动副。联轴器工作时，十字滑块随两轴转动，同时又相对于两轴移动以补偿两轴的径向位移。这种联轴器径向补偿能力较大（d 为轴的直径），同时也有少量的角度和轴向补偿能力。由于十字滑块偏心回转会产生离心力，滑块滑动为往复运动，所以不宜用于高速场合。

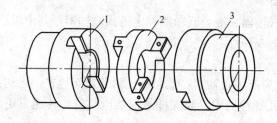

图 4-2-20　十字滑块联轴器

2. 弹性套柱销式联轴器

如图 4-2-21 所示，这种联轴器可补偿两种轴线的 X、Y 和综合误差的影响。在结构上与凸缘联轴器相似，只是用套有橡胶弹性套的柱销代替了联结螺栓。弹性套柱销联轴器制造容易、装拆方便、成本较低，但弹性套易磨损、寿命较短。它适用于载荷平稳、正反转或起动频繁、转速高的中小功率的两轴联接。

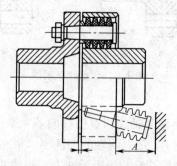

图 4-2-21　弹性套柱销式联轴器

3. 弹性柱销联轴器

如图 4-2-22 所示，弹性柱销将两个半联轴器联接起来。为防止柱销脱落，两侧装有挡板。这种联轴器与弹性套柱销联轴器相比，结构简单、制造安装方便、寿命长，适用于轴向窜动较大、正反转或起动频繁、转速较高的场合。由于尼龙柱销对温度较敏感，故工作温度限制在-20℃~70℃的范围内。

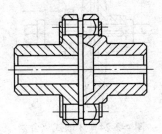

图 4-2-22 弹性柱销联轴器

4. 轮胎联轴器

如图 4-2-23 所示，轮胎联轴器是由橡胶或橡胶织物制成轮胎形的弹性元件，通过压板与螺栓和两半联轴器相联，两半联轴器与两轴相连。这种联轴器因具有橡胶轮胎弹性元件，能缓冲吸振，故适用于潮湿多尘、冲击大、起动频繁及经常正反转的场合。

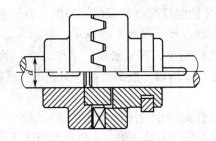

图 4-2-23 轮胎联轴器

二、离合器

（一）离合器的分类

离合器一般由主动部分、从动部分、接合部分、操纵部分等组成。主动部分与主动轴固定联接，主动部分还常用于安装接合元件（或一部分）。从动部分有的与从动轴固定联接，有的可以相对于从动轴作轴向移动并与操纵部分相联，从动部分上安装有接合元件（或一部分）。操纵部分控制接合元件的接合与分离，以实现两轴间转动和转矩的传递或中断。

离合器主要分为嵌入式和摩擦式两类。另外，还有电磁离合器和自动离合器。电磁离合器在自动化机械中作为控制转动的元件而被广泛应用。自动离合器能够在特定的工作条件下（如一定的转矩、一定的转速或一定的回转方向）自动接合与分离。离合器应使机器不论在停车还是运转中都能随时接合或分离，而且迅速可靠。离合器按其工作原理可分为牙嵌式、摩擦式和电磁式三类。

对于已标准化的离合器，其选择步骤和计算方法与联轴器相同。

（二）牙嵌式离合器

牙嵌式离合器主要由两个半离合器组成。半离合器 1（主动部分）用平键与主动轴联接，半离合器 3（从动部分）用导向平键或花键与从动轴联接，并可用拨叉操纵使其轴向移动以实现离合器的接合与分离。啮合与传递转矩是靠两相互啮合的牙来实现的。牙齿可布置在周向，也可布置在轴向，结合时有较大的冲击，影响齿轮寿命，如图 4-2-24 所示。

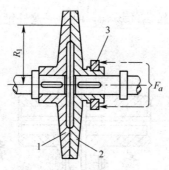

图 4-2-24　牙嵌式离合器

牙嵌式离合器常用的牙形有：矩形、梯形和锯齿形等。

（1）矩形齿：特点是牙的强度低，磨损后无法补偿，难于接合，只能用于静止状态下手动离合的场合。

（2）梯形齿：特点是牙的强度高，承载能力大，能自行补偿磨损产生的间隙，并且接合与分离方便，但啮合齿间的轴向力有使其自行分离的可能。这种牙形的离合器应用广泛。

（3）锯齿形齿：特点是牙的强度高，承载能力最大，但仅能单向工作，反向工作时齿面间会产生很大的轴向力使离合器自行分离而不能正常工作。

牙嵌式离合器的特点是结构简单、尺寸紧凑、工作可靠、承载能力大、传动准确，但在运转时接合有冲击，容易打坏牙，所以一般离合操作只在低速或静止状况下进行。

（三）摩擦式离合器

摩擦式离合器是靠接合元件间产生的摩擦力来传递转矩的。接合元件所受的正压力 F 调整确定后，接合元件之间的最大摩擦力随之确定，离合器的承载能力转矩 T_{max} 也随之确定。离合器正常工作时所传递的转矩 T 应小于或等于 T_{max}。当过载时，接合元件间产生打滑，保护传动系统中的零件不致损坏。打滑时，接合元件磨损严重，摩擦消耗的功转变为热量使离合器温度升高，较高的温升和较大的磨损将影响到离合器的正常工作。

摩擦式离合器接合元件的结构形式有：圆盘式、圆锥式、块式、钢球式、闸块式等。摩擦式离合器的类型很多，最常见的是多盘式摩擦离合器。

图 4-2-25 所示为多盘式摩擦离合器。主动轴 1 与外壳 2 相联接，从动轴 3 与套筒 4 相联接。外壳的内缘开有纵向槽，外摩擦盘 5 以其凸齿插入外壳的纵向槽中，因此外摩擦盘可与轴一起转动，并可在轴向力推动下沿轴向移动。内摩擦盘 6 以其凹槽与套筒 4 上的凸齿相配合，故内摩擦盘可与轴 3 一起转动并可沿轴向移动。内、外摩擦盘相间安装。另外，在套筒 4 上开有三个纵向槽，其中安置可绕销轴转动的曲臂杠杆 8。当滑环 7 向左移动时，通过曲臂杠杆 8、压板 9 使两组摩擦盘压紧，离合器即处于接合状态。若滑环 7 向右移动时，摩擦盘被松开，离合器即分离。多盘式摩擦离合器传递转矩的大小随接合面数量的增加而增大，但接合面数量太多时会影响离合器的灵活性，所以一般接合面数量不大于 25～30。

多盘式摩擦离合器的优点是：两轴能在任何转速下接合；接合与分离过程平稳；过载时会发生打滑；适用载荷范围大；缺点是：结构复杂、成本较高、产生滑动时两轴不能同步转动。

（四）磁粉离合器

磁粉离合器的工作原理是：主动轴与轮芯固定联接，在轮芯外缘的槽内绕有环形激磁线圈，从动外轮毂与轮芯间形成的气隙中填入了导磁率高的铁粉混合物。当线圈通电时，将形成一个经主动壳体、间隙、环形从动件中而闭合的磁通，铁粉被磁场化形成磁粉链。当主动件旋转时，由于磁粉的剪切阻力带动外毂轮从而传递转矩。当断电时，铁粉处于自由松散状态，离合器即被分离。

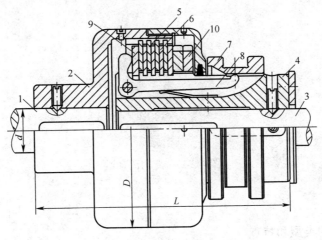

图 4-2-25　多盘式摩擦离合器

磁粉离合器的主要特点有：

- 励磁电流 I 与转矩 T 间呈线性关系，所以转矩控制方便、精度高，调节范围宽。
- 可实现恒张力控制，为一些有特殊要求的场合提供恒张力。
- 过载时磁粉层打滑，可以起到过载保护作用。
- 可用作制动器。

（五）安全离合器

如图 4-2-26 所示，采用弹簧自动压紧，当离合器接合面上产生的作用力的轴向分量超过压紧力时，离合器产生分离，起到安全保护作用。

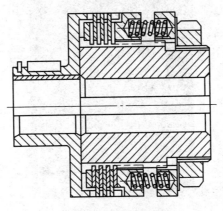

图 4-2-26　安全离合器

（六）定向离合器

定向离合器只能传递单向转矩，反向时能自动分离。锯齿形牙嵌离合器就是一种定向离合器，它只能单方向传递转矩，反向时会自动分离。图 4-2-27 所示为摩擦式定向离合器，它主要由星轮、外圈、弹簧顶杆和滚柱组成。弹簧的作用是将滚柱压向星轮的楔形槽内，使滚柱与星轮、外圈相接触。设离合器以图示转向转动，当外圈的转速大于内圈时，由于摩擦力的作用使滚柱滑出楔形槽，这时离合器呈分离状态；当外圈转速小于内圈时，或外圈反转时，由于摩擦力和弹簧的共同作用，使滚柱滑入楔形槽内，这时离合器呈闭合状态。因此这种离合器也称为超越离合器。

图 4-2-27   定向离合器

三、制动器

（一）制动器的类型和特点

制动器是利用摩擦力矩来实现制动的。如果把制动器的从动部分固定起来，就构成了一个制动器，接合时就起制动作用。制动器应满足的基本要求是：能产生足够大的制动力矩，制动平稳、可靠，操纵灵活、方便，散热好，体积小，有较高的耐磨性（足够的寿命），结构简单，维修方便等。

常用的制动器有：锥形制动器、带状制动器、电磁制动器、盘式制动器等。

（二）带式制动器

特点是：结构简单、紧凑，制动力矩大，如图 4-2-28 所示。

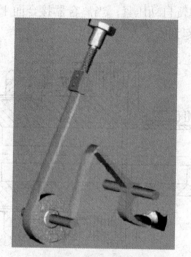

图 4-2-28   带式制动器

（三）块式制动器

块式制动器的结构如图 4-2-29 所示，其特点是：构造简单、使用可靠、制造和安装方便、双瓦块无轴向力、维护方便、价格便宜，但制动时有冲击和振动，适用于各种起重运输机械、工程机械、建筑机械等。

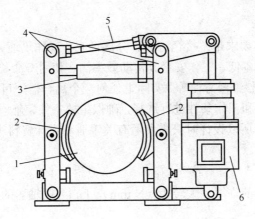

1—制动轮；2—制动块；3—弹簧；4—制动臂；5—推杆；6—松闸器

图 4-2-29 块式制动器

四、联轴器、离合器、制动器的选择和维护

联轴器、离合器、制动器的类型很多，其中大多数已经标准化，可供设计者选用。

（一）联轴器的选择

对于标准联轴器而言，其选择的主要任务是确定联轴器的类型和型号。

1. 联轴器类型的选择

选择联轴器的前提是：全面了解常用联轴器的性能、应用范围及使用场合。设计人员根据机械设计中对联轴器的要求和工作条件，选用适合的联轴器类型。另外也可以参考同类机械或相似机械上的应用进行选择。

通常对于低速、刚性大的轴，可选用固定式联轴器；对于低速、刚性小的轴或长轴，可选用可移式刚性联轴器；对于大功率重载传动，应选用齿轮联轴器；对于高速且有冲击或振动的轴，应选用弹性联轴器；对轴线相交的两轴，应选用万向联轴器；对有严重冲击或要求减振的传动，应选用轮胎式联轴器。

2. 联轴器型号的选择

当联轴器的类型确定后，应根据轴端直径 d、转矩 T、转速 n 和空间尺寸等要求在标准中选择适当的联轴器型号。所选的联轴器应满足：

（1）计算名义转矩 $[T]$：

$$[T]=9550p/n$$

式中，$[T]$ 为所选联轴器的许用转矩，p 为所选联轴器传动的最大功率，n 为轴的转速。

（2）计算转矩 T_C：

$$T_C = KT$$

式中，T_C 为计算转矩，T 为联轴器所传递的名义转矩，单位为 N·mm；K 为联轴器工作情况系数，可根据原动机和工作机的类型从表中选取。

（3）选择联轴器的型号。

根据轴端直径、转速 n、计算转矩 T_C 等参数查手册，选择适当的型号，必须满足：

$$T_C \leqslant [T_C] \quad n \leqslant [n]$$

式中，$[T_C]$ 为联轴器的许用最大转矩（N·mm），$[n]$ 为联轴器的许用最高转速（r/min）。

（二）离合器的选择

离合器应满足的基本要求是：接合可靠、分离彻底、动作迅速、操纵灵活、平稳无冲击；结构简单、制造容易、成本低、工作安全、传动效率高、使用寿命长；重量轻、惯性小、外形尺寸小、散热能力强、调整维修方便等。实际上任何一个离合器不可能同时满足全部的基本要求，一般应根据使用要求和工作条件进行选择，确保主要条件、兼顾其他条件。由于大多数离合器已标准化或规格化，所以设计时只需参考有关手册和设计资料进行类比设计或选择即可，且满足：

$$T_C \leqslant [T_C] \qquad n \leqslant [n]$$

式中，$[T_C]$ 为联轴器的许用最大转矩（N·mm），$[n]$ 为联轴器的许用最高转速（r/min）。

（三）制动器的选择

制动器的选择与联轴器的选择所考虑的条件和选择内容大致相同，但在制动器型号选择时制动力矩计算较为复杂，由于受篇幅的限制，不便在此一一列出，可参考《机械设计手册》等设计资料进行制动器的设计选择，且满足：

$$T_C = S T_{\max}$$

式中，$T_{\max}$ 为制动轮所传递的最大转矩（N·mm），S 为制动安全系数。

（四）联轴器、离合器、制动器的维护

1. 连轴器的安装与调整

为了保证联轴器正常运转，达到预定的工作性能和使用寿命，在安装联轴器时，需要进行适当的调整，以使联轴器所联两轴具有较高的同轴度。两轴的相对位移可用各种量具进行测定。调整后应达到两轴对中精度与联轴器推荐的许用相对位移（具体见有关手册），应采用定位销将部件间的相对位置固定下来。

2. 维护

（1）对刚性可移式联轴器应注意润滑，考虑载荷大小、速度及工作情况来选择润滑剂。

（2）对摩擦式离合器应注意润滑与冷却。

（3）对摩擦式制动器使用时应注意使摩擦材料工作表面散热好，保持良好的通风与清洁。

【任务总结】

（1）联轴器、离合器和制动器大多数型号已标准化或规格化，所以它们的设计主要是从标准化、规格化的类型中选择。选择时应根据设计要求对主要参数进行计算，再按设计准则选择满足设计要求的联轴器、离合器或制动器。

（2）联轴器是用于联接两轴的。考虑两轴相对的位置主要是机器工作时的两轴相对位置，若机器的刚度不够，工作时受力变形就可能造成两轴相对位置的变化；高速运转的机器所产生的冲击、振动、动载荷、离心力等都会影响两轴的相对位置。刚性联轴器结构简单、成本低，可传递较大的转矩，但它补偿能力差，故对两轴对中性要求很高，一般用于速度低、无冲击、轴的刚性大、对中性较好的场合。

（3）掌握常用类型的联轴器、离合器的结构特点、工作原理、应用场合，合理选择联轴器、离合器是本任务学习的重点。

【技能训练】

训练内容：

某离心水泵与电动机之间选用弹性柱销联轴器联接，电动机功率 $p=22\text{kW}$，转速 $n=970\text{r/min}$，两轴轴径均为 $d=55\text{mm}$，试确定联轴器的轴孔与键槽结构形式、代号及尺寸，写出联轴器的标记，并绘制出其装配简图。

训练目的：

使学生掌握联轴器的选择方法。

训练过程：

（1）根据工作条件选择联轴器的类型。

（2）计算联轴器的工作扭矩 T_C。

（3）查出联轴器的型号。

训练总结：

通过训练使学生对联轴器的类型、特点有进一步的了解，掌握联轴器在选择时应该考虑的问题。

思考问题：

1．为什么常将制动器装在高速轴上？在什么情况下，应将制动器装在低速轴上？

2．试述对制动器的基本要求。